KB145444

기초부터 실무,
자격증 준비에 이르기까지
꼭! 필요한 명령어로 구성된 활용서!

AutoCAD 2019 Ver. 이상

2D 도면작성에
필요한
명령어와
실습예제

이정호 지음

예문사

PREFACE

AutoCAD는 2D도면 작성에 가장 기본이 되는 프로그램이기 때문에 설계 관련 업무 및 국가 자격증에서도 많이 활용하고 있습니다.

AutoCAD를 활용하여 국가기술자격증 준비 및 설계도면을 작성하려는 분들을 위해 기초가 되는 명령어와 실무 및 자격증 시험에서 많이 활용되는 명령어를 선택하여 책의 내용을 구성하였습니다.

이 책은 AutoCAD의 다양한 명령어를 소개하기보다는 꼭 필요한 명령어의 내용을 체계적으로 정리하여 이해도를 높일 수 있도록 구성하였으며, 도면 작성 순서와 명령어 습득 순서를 고려하여 명령어를 전개하였습니다.

또한 명령어 소개와 더불어 해당 명령어의 습득을 위한 따라하기 형식의 내용과 실습도면 예제를 제공하여 명령어의 이해와 활용을 높일 수 있도록 구성하였습니다.

이 책이 AutoCAD를 활용한 실무 2D도면 작성 및 관련 국가기술자격증 준비에 보탬이 되길 바랍니다.

마지막으로 출간을 위해 도움을 주신 예문사 편집부 직원들께 감사의 인사를 전합니다.

저자 이정호

CONTENTS

AutoCAD 2019

CONTENTS

CONTENTS

AutoCAD 2019

6

CONTENTS

CONTENTS

CHAPTER 13 문자 작성 및 편집

CHAPTER 14 블록 작성과 객체 분할

CHAPTER 15 치수 형식 및 스타일 지정

AutoCAD
시작 및 화면 구성

01 AutoCAD 시작하기

바탕화면에서 **A** 아이콘을 선택하여 시작하면 AutoCAD 윈도우가 열립니다.

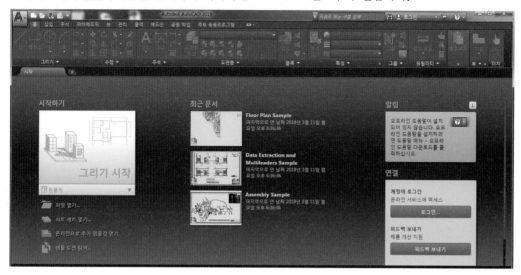

 그리기 시작 을 클릭하면 새 도면이 작성됩니다.

✦ **알아두기**

마우스의 기능

• 마우스 왼쪽 버튼 : 위치 지정, 편집을 위한 객체 선택, 메뉴 옵션 및 대화상자 버튼과 필드 선택을 할 때 사용합니다.

• 마우스 오른쪽 버튼 : 진행 중인 명령 종료와 이전 명령 반복 실행, 바로 가기 메뉴 표시, 객체 스냅 메뉴 표시를 선택할 때 사용합니다.

• 마우스 휠 및 가운데 버튼 : 초점 이동 및 줌을 확대 · 축소할 때 사용합니다.

줌 확대 및 축소	줌을 확대하려면 휠을 앞으로 굴리고 줌을 축소하려면 휠을 뒤로 굴립니다.
도면 범위로 줌	휠 버튼을 두 번 클릭합니다.
초점 이동(PAN)	뷰 방향이나 배율을 변경하지 않고 뷰를 이동하고자 할 때 휠 버튼을 누른 상태에서 마우스를 끕니다. 커서가 손 모양 커서로 변경됩니다.

02 | AutoCAD 작업환경

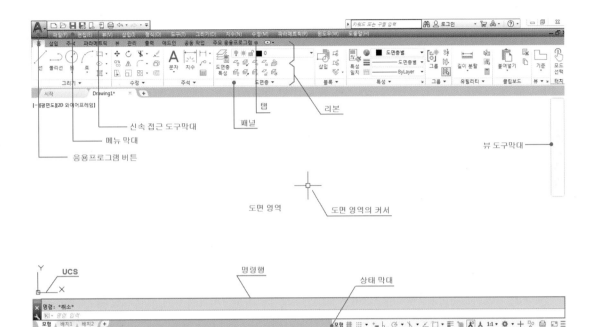

1 응용프로그램 버튼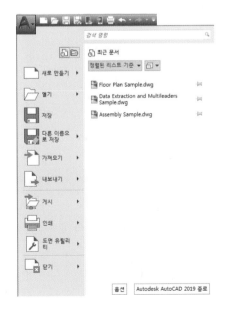

명령어 검색, 새로 만들기, 열기, 저장 등을 수행할 수 있습니다. 응용프로그램 버튼을 두 번 클릭하여 응용프로그램 메뉴를 닫을 수도 있습니다.

① **검색 명령 창** [검색 명령] : 검색할 명령어를 입력하여 입력 값과 일치하는 명령어와 관련 명령어를 찾아줍니다.

② **새로 만들기** : 기본 도면 템플릿 파일에서 새 도면을 작성합니다.

③ **열기** : 파일 선택 대화상자가 표시되며 열고자 하는 파일을 선택합니다.

④ **저장** : 도면 파일의 확장자는 .dwg이며 현재 사용 중인 파일이름으로 파일을 저장합니다. 도면에 대한 작업을 할 때는 자주 도면을 저장해야 합니다.

⑤ **다른 이름으로 저장** : 현재 사용 중인 도면을 다른 이름으로 저장할 경우 사용합니다.

⑥ **내보내기** : 도면을 DWF, DWFx, 3D DWF, PDF, DGN, FBX, 등 다른 파일 형식으로 내보냅니다.

⑦ **게시** : 3D 인쇄 서비스 보내기, 보관, 전자 전송, 전자 우편, 뷰 공유의 방법으로 도면을 공유합니다.

⑧ **인쇄** : 플로터 또는 다른 장치로 도면을 출력합니다.

⑨ **도면 유틸리티** : 도면을 유지 · 관리하는 도구입니다.

✏️ **알아두기**

새 도면 시작방법

• 새 도면 명령어 NEW
• 단축키 Ctrl + N
• 신속 접근 도구막대 〉 새로 만들기 를 클릭합니다.

• 새 도면 작성 대화상자를 사용하려면 STARTUP 시스템 변수 값을 1로 설정해야 새 도면 작성 시 새 도면 작성 대화상자가 표시됩니다.

명령: STARTUP
STARTUP STARTUP에 대한 새 값 입력 <3>: 1

[STARTUP 시스템 변수 값]
0 : 정의된 설정 없이 도면을 시작
1 : 시작하기 또는 새 도면 작성 대화상자를 표시
2 : 시작 탭이 표시, 응용프로그램에서 사용 가능한 경우 사용자 대화상자 표시
3 : 새 도면을 열거나 작성하면 시작 탭이 표시되고 리본이 미리 로드됩니다.

2 신속 접근 도구막대

신속 접근 도구막대에 자주 사용하는 도구를 표시할 수 있습니다.

드롭다운 버튼을 🖱 클릭하고 드롭다운메뉴에서 선택하여 도구막대를 추가할 수 있습니다.

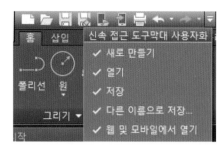

🖱 알아두기

신속 접근 도구막대의 기능

① 명령어 추가방법

신속 접근 도구막대에 명령어를 추가하려면 리본의 명령어를 마우스 오른쪽 버튼 🖱 으로 클릭하고 신
속 도구막대에 추가를 클릭합니다.

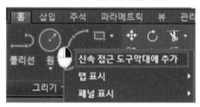 

② 메뉴 막대 숨기기 및 표시방법

메뉴 막대를 숨기거나 표시하려면 신속 접근 도구막대의 오른쪽 끝에서 드롭다운 메뉴 〉 메뉴 막대 표시
를 클릭하거나 메뉴 막대 숨기기를 클릭합니다.

메뉴 막대 표시 상태　　　　　메뉴 막대가 숨겨진 상태

③ 리본

리본은 여러 도구막대를 탭으로 구성하며 탭은 도구막대에서 사용 가능한 명령어 및 패널로 구성되어 있습니다.

리본 탭에 마우스를 가져다 놓은 다음 마우스 오른쪽 버튼을 클릭합니다. 바로가기 메뉴에서 고정해제를 선택하여 리본을 원하는 위치에 배치할 수 있습니다.

✦ 알아두기

리본 닫기 및 사라진 리본 표시방법

① 리본 닫기 : 리본 탭에 마우스를 가져다 놓은 다음 마우스 오른쪽 버튼을 클릭하고 닫기를 선택하거나
    명령행에 RIBBONCLOSE를 입력하고 [Enter↵]를 누릅니다.

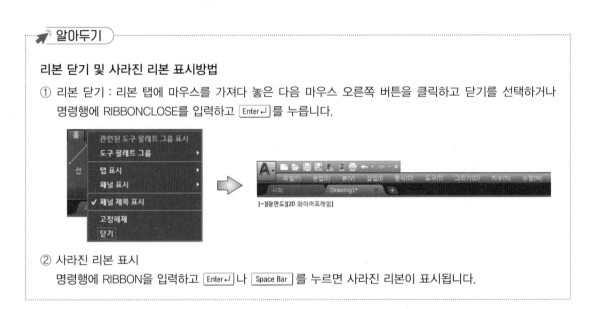

② 사라진 리본 표시
    명령행에 RIBBON을 입력하고 [Enter↵]나 [Space Bar]를 누르면 사라진 리본이 표시됩니다.

---

(1) 리본 탭

❶ 리본 탭 표시

리본 탭의 드롭다운 버튼을 클릭하고 모두 순환을 선택한 다음 탭 순환 버튼 ▣을 클릭할 때마다 전체 리본 표시, 탭으로 최소화, 패널버튼으로 최소화, 패널제목으로 최소화로 순환되며 표시됩니다.

• 전체 리본 표시

• 탭으로 최소화

• 패널버튼으로 최소화

• 패널제목으로 최소화

❷ **리본 탭 추가 및 삭제**

리본 탭에 마우스를 가져다 놓은 다음 마우스
오른쪽 버튼을 클릭합니다. 바로가기 메뉴에서
탭 표시에 마우스를 가져다 놓고 탭을 선택하여
추가하거나 삭제합니다.

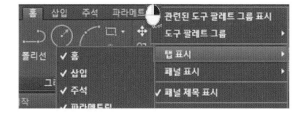

(2) 패널

❶ **슬라이더 아웃 패널**

패널 확장기 아이콘을 클릭하면 패널이 확장되
어 추가 명령어가 표시됩니다. 슬라이더 아웃
패널은 기본적으로 마우스를 움직여 패널을 벗
어나거나 다른 패널을 클릭하면 자동으로 닫힙
니다. 패널을 확장 상태로 유지하려면 패널, 확
장 및 고정 누름핀 █▄을 클릭합니다.

패널 확장기 아이콘

패널, 확장 및 고정

일부 패널에서는 대화상자 실행 화살표 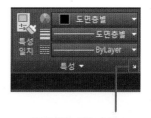를 클릭하여 대화상자를 표시합
니다.

대화상자 실행 화살표

❷ 패널 추가 및 삭제

리본 탭 및 패널영역 안에 마우스를 가져다 놓은 다음 마우스 오른쪽 버튼을 클릭합니다. 바로가기 메뉴에
서 패널 표시에 마우스를 가져다 놓고 패널을 선택하여 추가하거나 삭제합니다.

❸ 패널 이동

패널 이름란에 마우스를 가져다 놓고 마우스를 클릭한 상태로 드래그 하여 도면영역이나 다른 모니터에
가져다 놓을 수 있습니다.

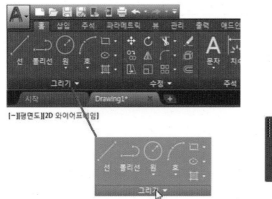

리본으로 돌아가기

다시 리본 상태로 배치하려면 리본으로 돌아가기 버튼을 클릭합니다.

🔖 **알아두기**

도구막대 가져오기

메뉴 막대가 표시된 상태에서 도구 〉 도구막대 〉 AutoCAD에서 필요한 도구막대를 선택합니다.

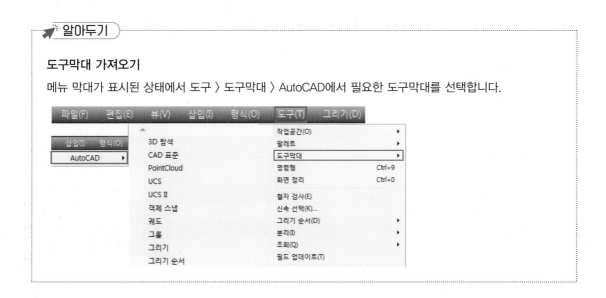

---

4 명령행

최근 사용한 명령표시   프롬프트   명령 사용 내역

사용자화

명령어를 입력하거나 도구모음의 명령버튼을 클릭하여 명령을 실행하며 해당 명령에 관한 옵션과 실행에 필요한 값을 입력합니다.

(1) 명령행 표시 및 숨기기

리본 뷰 탭에서 명령행 버튼 ▶▬을 클릭하거나 [Ctrl]+[9]를 눌러 명령행 윈도우를 닫거나 표시할 수 있습니다.

(2) 명령행 배치

❶ 고정된 명령행 윈도우는 응용프로그램의 윈도우와 폭이
  같습니다. 명령행 윈도우를 ⌁ 두 번 클릭하여 고정을
  해제할 수 있습니다.

❷ 고정 해제된 부동 명령행 윈도우는 화면의 어느 위치로든
  이동할 수 있습니다. 명령행 윈도우의 ⣿를 선택한 상
  태에서 드래그하여 이동합니다.

(3) 명령행에 명령 입력방법

❶ 명령행에 명령을 입력한 후 [Enter↵]나 [Space Bar]를 누릅니다.

🔖 알아두기

- 일부 명령에는 명령행에 입력할 수 있는
  명령 별칭(단축키)이 있습니다. 예를 들어,
  Line을 입력하여 선 명령을 시작하는 대신
  L을 입력하고 [Enter↵]나 [Space Bar]를 누르
  면 됩니다.
- 명령 제안 사항 리스트에서 명령 이름
  앞에 별칭이 표시됩니다.

명령 제안 사항 리스트 ——

- 명령 입력 시 커서가 명령행에 놓이지 않아도 됩니다.

---

❷ 동적 입력 툴 팁에 명령을 입력합니다.

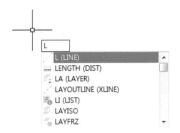

❸ 리본, 도구막대 또는 메뉴에서 해당 명령 버튼을 클릭합니다.

5 상태막대

상태막대에서는 일반적으로 도면작성 보조도구를 켜는 데 사용할 수 있는 버튼들이 있습니다. 여기에서 그리드, 스냅, 극좌표 추적, 객체 스냅, 선 가중치 등과 같은 설정을 전환할 수 있습니다.

6 도면영역

도면이 그려지는 영역입니다. 도면영역의 크기를 확장(Ctrl+0)하면 상태막대 및 명령창, 메뉴 막대가 숨겨지면서 도면영역을 확장시킬 수 있습니다.

🖱 알아두기

LIMITS(도면의 한계)

점 위치를 클릭하거나 입력하여 현재 모형 탭 또는 배치 탭의 그리드 표시 및 도면용지의 한계와 화면의 한계를 설정합니다.

- 예를 들어, 도면 용지의 한계와 화면의 한계를 A2 도면용지로 설정하고자 한다면
  ① 명령행에 LIMITS를 입력하고 [Enter↵]를 누릅니다.
  ② 왼쪽 아래 구석 지정 또는 [켜기(ON)/끄기(OFF)] ⟨0.0000,0.0000⟩ : 0,0을 입력한 후 [Enter↵]를 누르거나 [Enter↵]를 눌러 ⟨⟩ 안의 0,0 값을 지정합니다.
  ③ 오른쪽 위 구석 지정 ⟨420.0000,297.0000⟩ : 594,420을 입력한 후 [Enter↵]를 누릅니다.

- A열 Size 도면의 크기

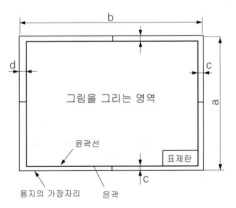

용지크기의 호칭		A0	A1	A2	A3	A4
a × b		841×1,189	594×841	420×594	297×420	210×297
c (최소)		20		10		
d (최소)	철하지 않을 때	20		10		
	철할 때	25				

[비고] d의 부분은 도면을 접었을 때 표제란의 좌측이 되는 쪽에 설치한다.

7 도면영역의 커서

■ 상황에 따른 커서의 모양

활성 명령이 없을 때 커서는 십자선과 작은 사각형의 조합으로 된 모양으로 표시됩니다.

명령 윈도우 점 위치를 지정하라는 프롬프트가 표시되면 십자선 커서가 표시됩니다.

객체를 선택하라는 프롬프트가 표시되면 커서는 작은 사각형으로 표시됩니다.

문자를 입력하라는 프롬프트가 표시되면 커서가 문자 입력 막대로 표시됩니다.

8 사용자 좌표계(UCS) 아이콘

도면의 방향을 보여 줍니다. AutoCAD 도면은 보이지 않는 모눈이나 좌표계 위에 놓입니다. 좌표계는 X, Y 및 Z(3D의 경우)를 기반으로 합니다. AutoCAD에는 고정된 표준 좌표계(WCS)와 이동 가능한 사용자 좌표계(UCS)가 있습니다. UCS 위치와 방향을 잘 볼 수 있도록 도면영역의 왼쪽 아래 구석에는 UCS 아이콘이 표시됩니다.

좌푯값 입력 및
선 그리기

01 | 좌표계와 객체 스냅

1 좌표계의 종류

(1) 절대좌표

❶ 절대좌표는 X축과 Y축의 교차점인 UCS 원점(0,0)을 기준으로 X값과 Y값에 의해 점을 지정합니다.

❷ **표기방법** : 절대좌표를 사용하여 점을 지정하려면 X값 및 Y값을 쉼표로 구분하여 입력합니다.

그림에서 A점의 절대좌표 X값은 3이고 Y값은 2입니다.

B점의 절대좌표 X값은 −2이고 Y값은 −1입니다.

그러므로 A점은 3,2, B점은 −2,−1로 표기합니다.

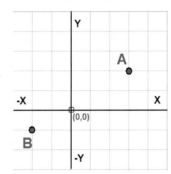

📌 **알아두기**

동적 입력 상태에서 절대좌표를 사용하려면 포인터 입력설정의 기본값이 상대좌표이므로 좌푯값 앞에 #을 기입하여 지정합니다. (예를 들어, #10,10으로 입력합니다.)

1. 동적 입력

동적 입력이 켜져 있으면 툴팁이 커서 근처에 나타나며 툴팁 입력상자에 좌푯값과 툴팁 프롬프트에 명령어를 입력할 수 있습니다.

① 동적 입력을 켜거나 끄려면 상태 막대에서 동적 입력 버튼 ⊞을 클릭하거나 F12키를 눌러 동적 입력을 켜거나 끕니다.

모형 ⊞ ⠿ ▾ ⌊ ⟲ ▾ ⋋ ⟋ ∠ ⧉ ▾ ⧧ 🅰 🅰 1:1 ▾ ⚙ ▾ ┼ ⧠ ⧈ ⧉ ☰

F12를 누르고 있으면 임시로 동적 입력을 끌 수 있습니다.

② 동적 입력 탭
상태막대에서 동적 입력 버튼에 마우스를 가져다 놓고 마우스 오른쪽 버튼을 클릭한 후 동적 입력 설정을 선택하여 제도 설정 대화상자를 엽니다.

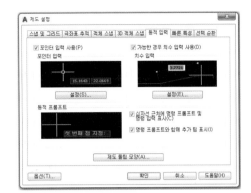

2. 포인터 입력 사용(P)

명령행에 좌푯값을 입력하는 대신 툴팁에 좌표를 입력할 수 있습니다.

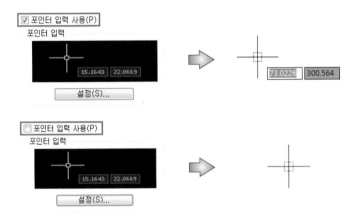

포인터 입력 설정 버튼을 클릭하여 두 번째 점 또는 다음 점의 기본값과 툴팁의 가시성을 설정할 수 있습니다.

① 형식
• 두 번째 또는 다음 점의 기본값 설정 : 예를 들어, 상대 좌표를 기본값으로 설정하였다면 두 번째 점 또는 다음 점부터는 @기호를 툴팁에 입력할 필요가 없습니다. 만약 기본값이 상대 좌표인 상태에서 절대 좌표를 사용하려는 경우 좌푯값 앞에 # 기호를 기입합니다.

② 가시성
• 좌표 툴팁 표시 : 포인터 입력이 표시되는 시기를 조정합니다.

3. 가능한 경우 치수 입력 사용(O)

치수 입력을 설정합니다. 두 번째 점을 지정하라는 메시지가 나타나는 일부 명령어에는 치수 입력을 사용할 수 없습니다.

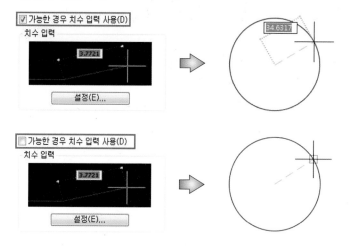

치수 입력 설정 버튼을 클릭하여 치수 입력 툴팁 설정을 조정합니다.

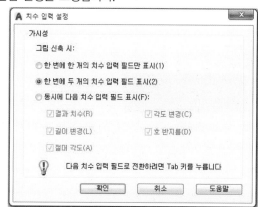

가시성 : 가능한 경우 치수 입력 사용에 체크되어 있을 때 그립 신축 동안 표시할 툴팁을 조정합니다.

* 한 번에 한 개의 치수 입력 필드만 표시 : 그립 편집을 사용하여 객체를 신축하는 경우 길이 변경 치수 입력 툴팁만 표시합니다.

* 한 번에 두 개의 치수 입력 필드 표시 : 그립 편집을 사용하여 객체를 신축하는 경우 길이 변경 및 결과 치수 입력 툴팁을 표시합니다.

4. 십자선 근처에 명령 프롬프트 및 명령 입력 표시(C)

체크 시 동적 입력 툴팁에 프롬프트를 표시하여 명령행 대신 커서 근처의 툴팁에 명령어를 입력할 수 있습니다.

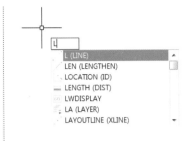

5. 명령 프롬프트와 함께 추가팁 표시(I)

동적 입력이 켜져 있는 상태에서 그립을 선택하면 커서의 팁에 ⎡Shift⎤ 키 또는 ⎡Ctrl⎤키를 사용하여 순환할
수 있는 해당 그립 옵션이 나열됩니다.

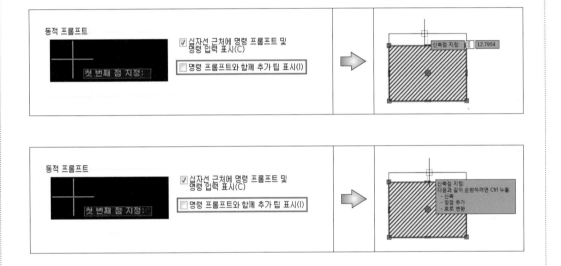

(2) 상대좌표

❶ 상대좌표는 마지막으로 입력된 점을 원점(0,0)으로 X축과 Y축의 변위를 좌표로 점을 지정합니다.

❷ 표기방법

상대 좌표를 사용하여 점을 지정하려면 좌푯값 앞에 마지막으로 입력한 점을 의미하는 @기호를 사용하고
X값 및 Y값을 쉼표로 구분하여 입력합니다.

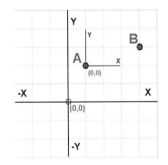

예를 들어, A점이 마지막으로 입력한 점이라고 한다면 A점을 기준으
로 B점의 상대좌표 X값은 3이고 Y값은 1입니다.
A점을 기준으로 B점의 상대좌표는 @3,1로 표기합니다.

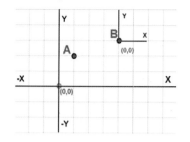

만약 B점이 마지막으로 지정한 점이라면 B점을 기준으로 A점의 상대
좌표는 @-3,-1로 표기합니다.

(3) 절대극좌표

❶ 절대극좌표는 X축과 Y축의 교차점인 UCS 원점(0,0)을 기준으로 원점으로부터 지정하고자 하는 점까지의
거리와 X축과 이루는 각도를 기입합니다.

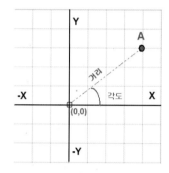
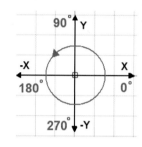
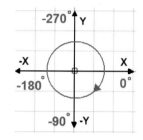

각도는 +X축을 기준으로 반시계 방향으로 회전하면 각도는 양수값을 가지며, 시계방향으로 회전하면
음수값을 갖습니다.

❷ 표기방법

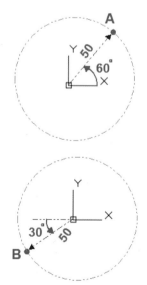

　ㄱ UCS 원점(0,0)을 기준으로 지정하고자 하는 점까지의 거리와 각도를
꺾쇠(〈)로 구분하여 입력합니다.

　ㄴ A점은 원점으로부터 거리 50만큼 X축을 기준으로 반시계 방향으로
60° 각도에 위치합니다.

　ㄷ A점을 절대 극좌표로 지정하기 위해 50〈60으로 표기합니다. 또한 A점
은 시계방향으로 -300° 각도에 위치하므로 50〈-300으로 표기하여도
됩니다.

　ㄹ B점은 절대극좌표로 50〈210 또는 50〈-150으로 표기하면 됩니다.
만약 거리 값을 음수로 표기하면 -X축을 기준으로 회전하며 각도를 측
정합니다. 즉 B점을 -50〈30 또는 -50〈-330으로 표기할 수 있습니다.

(4) 상대극좌표

❶ 상대극좌표는 마지막으로 입력된 점을 원점(0,0)으로 하여 원점을 기준으로 지정하고자 하는 점까지의 거리
와 X축과 이루는 각도를 기입합니다.

❷ 표기방법

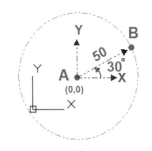

ⓐ 상대극좌표를 사용하여 점을 지정하려면 좌푯값 앞에 마지막으로 입력한 점을 의미하는 @기호를 사용하고 거리와 각도를 꺾쇠(〈)로 구분하여 입력합니다.

ⓑ A점이 마지막으로 입력한 점이라고 하면 B점은 A점을 원점(0,0)으로 하여 거리 50만큼 X축을 기준으로 반시계 방향으로 30° 각도에 위치합니다.

ⓒ B점을 상대극좌표로 지정하기 위해 @50〈30으로 표기합니다. 또한 B점은 시계방향으로 −330° 각도에 위치하므로 @50〈−330으로 표기하여도 됩니다.

📌 알아두기

• 선 명령에서 거리값만 입력하면 커서의 위치가 방향이 됩니다. 직교 모드에서 거리 값만 입력하면 수평선과 수직선을 그릴 수 있습니다. 또한 〈 각도 값만 입력하면 커서의 방향을 해당 각도로 제한할 수 있습니다.

• 직교(F8) 모드
  ① 커서의 이동방향을 X축 수평방향과 Y축 수직방향으로 제한합니다.
    지정된 거리만큼 수평선과 수직선을 작성하거나 지정한 거리만큼 수평 또는 수직으로 객체를 이동하거나 복사할 때 사용합니다.

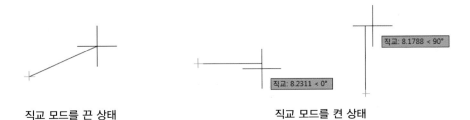

직교 모드를 끈 상태   직교 모드를 켠 상태

  ② 직교 모드를 켜거나 끄려면 키보드에서 F8을 누르거나 상태막대 직교 [ ] 버튼을 클릭합니다.

  ③ 직교 모드를 켠 상태에서 직교 모드를 잠시 끄려면 Shift 키를 누른 상태로 작업하면 됩니다.

---

2 객체 스냅

객체 스냅은 명령 상태에서 사용하며 도면에 그려진 객체의 정확한 위치를 지정하기 위해 사용합니다.

(1) 객체 스냅 실행

명령행의 점에 대한 프롬프트에서 객체 스냅을 실행하기 위한 방법은 다음과 같습니다.

❶ Shift 키를 누르고 마우스 오른쪽 버튼 🖱을 클릭하면 객체 스냅 바로가기 메뉴가 표시됩니다.

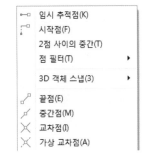

❷ 객체 스냅 도구막대에서 선택합니다.

(2) 2D 참조점으로 커서 스냅

많이 사용하거나 반복 사용해야 할 경우 2D 참조점으로 커서 스냅을 켤 수 있습니다.

❶ 상태막대에서 객체 스냅 버튼을 클릭하거나 F3을 눌러 2D 참조점으로 커서 스냅을 켜고 끌 수 있습니다.

❷ 상태막대에서 객체 스냅 옵션 화살표를 클릭하고 많이 사용하거나 반복 사용할 객체 스냅의 종류를 체크합니다. 객체 스냅 설정을 선택하고 객체 스냅의 종류를 체크할 수도 있습니다.

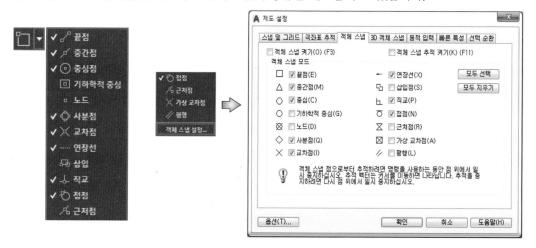

❸ 객체 스냅을 지정하고자 하는 객체에 객체 스냅이 둘 이상 지정되면 점을 지정하기 전에 Tab 키를 눌러 원하는 객체 스냅을 선택할 수 있습니다.
예를 들어, 교차점과 중간점이 겹치는 객체에서 교차점을 선택하고자 할 때 Tab 키를 눌러 원하는 객체 스냅을 선택할 수 있습니다.

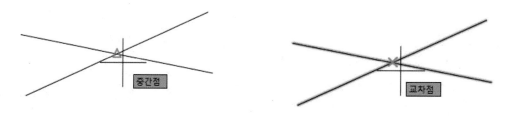

02 | LINE(선)

시작점과 다음 점을 지정하여 점과 점을 연결하는 직선을 만듭니다.

(1) 점 지정방법

❶ 좌표계를 사용하여 점을 지정합니다.
❷ 도면영역의 임의의 위치에 마우스 왼쪽 버튼을 클릭하여 점을 지정합니다.
❸ 객체 스냅(Osnap)을 사용하여 그려진 객체의 정확한 위치에 점을 지정합니다.

(2) 선 명령어 실행

❶ 리본 〉 홈 탭 〉 그리기 패널에서 선을 선택합니다.

❷ 명령행에 LINE을 입력하거나 단축키(별칭) L을 입력하고
　 Enter↵ 나 Space Bar 를 눌러 실행합니다.
　 명령어는 대소문자 구별 없이 기입하시면 됩니다.

❸ 명령을 종료하려면 Enter↵ 나 Space Bar 또는 Esc 키를 누릅니다.

> ✈ **알아두기**
>
> • 응용프로그램 버튼 **A** 의 화살
>   표를 클릭하고 옵션을 선택하여
>   옵션 대화상자를 표시합니다. 옵
>   션 대화상자의 사용자 기본 설정
>   탭 아래, Windows 표준 동작란
>   에 도면영역의 바로 가기 메뉴
>   를 체크하면 마우스 오른쪽 버
>   튼으로 도면영역에서 기본값, 편
>   집 및 명령상태의 바로가기 메
>   뉴를 사용할 수 있습니다.
>
> • 마우스 오른쪽 버튼으로 Enter↵
>   와 같은 명령 종료와 이전 명령
>   반복 실행을 하고자 한다면 도면
>   바로가기 메뉴에 체크하지 않습
>   니다.

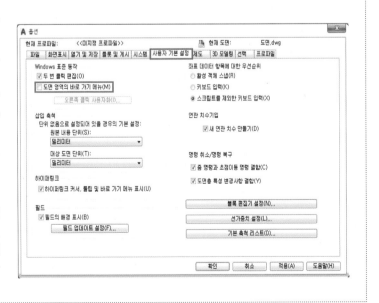

(3) 선 명령 실행 후 프롬프트 표시 내용

❶ LINE 첫 번째 점 지정

점 지점 방법으로 선의 시작점 위치를 지정합니다.

🖋 알아두기

- 명령 입력 완료 : 입력한 값을 적용하거나 명령을 완료하려면 [Enter↵]키를 누르거나 [Space Bar]를 누릅니다. 옵션 대화상자의 기본 설정 탭에서 도면영역의 바로가기 메뉴가 체크 안 된 상태라면 마우스 오른쪽 버튼을 클릭해도 됩니다.
- 명령 반복 : 명령이 완료되면 [Enter↵]키를 누르거나 [Space Bar]를 눌러 마지막으로 실행한 명령을 반복할 수 있습니다. 옵션 대화상자의 기본 설정 탭에서 도면영역의 바로가기 메뉴가 체크 안 된 상태라면 마우스 오른쪽 버튼을 클릭해도 됩니다.
- 명령취소 : 명령을 취소하고자 한다면 [Esc]키를 누릅니다.
- 점을 지정하는 대신 [Enter↵]키를 누르면 마지막에 작성된 선, 폴리선, 호의 끝점에서 선이 시작됩니다. 호의 끝점에서 선이 시작할 때는 호와 접하는 선이 시작됩니다.
- LINE 첫 번째 점 지정 : 프롬프트에 @를 기입하고 [Enter↵]키를 누르면 마지막으로 지정한 점으로 시작점의 위치가 지정됩니다.

---

❷ LINE 다음 점 지정 또는 [명령취소(U)]

- 시작점으로부터 연결될 선의 다음 점을 지정합니다.
- 명령취소(U)는 최근 지정한 점부터 순서대로 제거합니다.

❸ 닫기(C)

세 점 이상 지정한 다음 나타나는 프롬프트의 옵션이며, 첫 번째 지정한 점과 마지막으로 지정한 점을 연결해 줍니다.

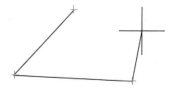 

🖋 알아두기

1. ID 점

지정한 점의 X, Y, Z 좌푯값을 알아보고자 할 때 사용합니다.

- 홈탭 〉 유틸리티 패널 〉 ID 점 🔍 을 클릭하거나 명령행에 ID를 입력하고 [Enter↵]나 [Space Bar]를 눌러실행합니다.
- 끝점, 중간점, 중심점, 교차점 등 그려진 객체의 스냅 점을 지정하면 지정된 점의 X, Y, Z 좌푯값이 명령 프롬프트에 표시됩니다.

---

2. UNDO(명령취소) / REDO(명령복구)

① UNDO(명령취소)

신속 접근 도구막대에서 UNDO(명령취소) ⬅ ▯ 🗁 🖫 🖫 🗈 🗈 🖨 ◱▾ ⮕▾ ▾ 를 선택하거나 명령행에 U를 입력하고 [Enter↵] 나 [Space Bar] 를 눌러 실행합니다. UNDO는 명령의 효과, 즉 이전 작업을 되돌립니다.

② REDO(명령복구)

신속 접근 도구막대에서 REDO(명령 복구) ➡ ▯ 🗁 🖫 🖫 🗈 🗈 🖨 ◱▾ ⮕▾ ▾ 를 선택하거나 명령행에 REDO를 입력하고 [Enter↵] 나 [Space Bar] 를 눌러 실행합니다. REDO는 UNDO 명령 효과의 이전으로 되돌립니다.

1. 절대좌표를 사용하여 A → L점까지 지정하여 도면 작성하기

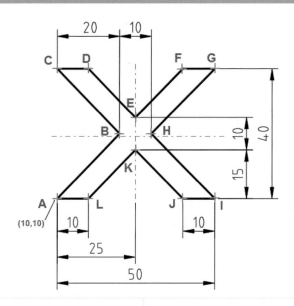

❶ 명령행에 L을 입력하고 [Enter↵]나 [Space Bar]를 눌러 실행합니다.

❷ A점을 첫 번째 점으로 지정합니다.

LINE 첫 번째 점 지정 : 10,10 [Enter↵]

❸ B점 지정

LINE 다음 점 지정 또는 [명령취소(U)] :
30,30 [Enter↵]

❹ C점 지정

LINE 다음 점 지정 또는 [명령취소(U)] :
10,50 [Enter↵]

❺ D점 지정

LINE 다음 점 지정 또는 [닫기(C) 명령취소(U)] :
20,50 [Enter↵]

❻ E점 지정

LINE 다음 점 지정 또는 [닫기(C) 명령취소(U)] :
35,35 [Enter↵]

❼ F점 지정

LINE 다음 점 지정 또는 [닫기(C) 명령취소(U)] :
50,50 [Enter↵]

❽ G점 지정

LINE 다음 점 지정 또는 [닫기(C) 명령취소(U)] :
60,50 [Enter↵]

❾ H점 지정

LINE 다음 점 지정 또는 [닫기(C) 명령취소(U)] :
40,30 [Enter↵]

❿ I점 지정

LINE 다음 점 지정 또는 [닫기(C) 명령취소(U)] :
60,10 [Enter↵]

⓫ J점 지정

LINE 다음 점 지정 또는 [닫기(C) 명령취소(U)] :
50,10 [Enter↵]

⓬ K점 지정

LINE 다음 점 지정 또는 [닫기(C) 명령취소(U)] :
35,25 [Enter↵]

⓭ L점 지정

LINE 다음 점 지정 또는 [닫기(C) 명령취소(U)] :
20,10 [Enter↵]

⓮ A점 지정

LINE 다음 점 지정 또는 [닫기(C) 명령취소(U)] : C

⓯ [Enter↵]나 [Space Bar] 또는 [Esc] 키를 눌러 선 명령을 종료합니다.

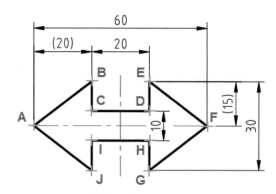

❶ 명령행에 L을 입력하고 [Enter↵]나 [Space Bar]를 눌러 실행합니다.

❷ A점을 첫 번째 점으로 지정하여 도면영역 임의의 위치에서 마우스 왼쪽 버튼을 클릭합니다.

❸ B점 지정

LINE 다음 점 지정 또는 [명령취소(U)] :
@20,15 [Enter↵]

❹ C점 지정

LINE 다음 점 지정 또는 [명령취소(U)] :
@0,−10 [Enter↵]

❺ D점 지정

LINE 다음 점 지정 또는 [닫기(C) 명령취소(U)] :
@20,0 [Enter↵]

❻ E점 지정

LINE 다음 점 지정 또는 [닫기(C) 명령취소(U)] :
@0,10 [Enter↵]

❼ F점 지정

LINE 다음 점 지정 또는 [닫기(C) 명령취소(U)] :
@20,−15 [Enter↵]

❽ G점 지정

LINE 다음 점 지정 또는 [닫기(C) 명령취소(U)] :
@−20,−15 [Enter↵]

❾ H점 지정

LINE 다음 점 지정 또는 [닫기(C) 명령취소(U)] :
@0,10 [Enter↵]

❿ I점 지정

LINE 다음 점 지정 또는 [닫기(C) 명령취소(U)] :
@−20,0 [Enter↵]

⓫ J점 지정

LINE 다음 점 지정 또는 [닫기(C) 명령취소(U)] :
@0,−10 [Enter↵]

⓬ A점 지정

LINE 다음 점 지정 또는 [닫기(C) 명령취소(U)] : C

⓭ [Enter↵]나 [Space Bar] 또는 [Esc] 키를 눌러 선 명령을 종료합니다.

✍ 알아두기

DIST

두 점 사이의 거리와 각도를 측정합니다.

① 명령행에 단축키(별칭) DI를 입력하고 [Enter↵]나 [Space Bar]를 눌러 실행합니다.

② 거리와 각도를 측정하고자 하는 두 점을 지정하면 명령 프롬프트에 거리와 각도가 표시됩니다.

따라하기

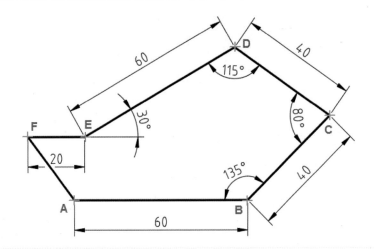

❶ 명령행에 L을 입력하고 Enter↵ 나 Space Bar 를 눌러 실행
합니다.

❷ A점을 첫 번째 점으로 지정하여 도면영역 임의의 위치에
서 마우스 왼쪽 버튼을 클릭합니다.

❸ B점 지정

LINE 다음 점 지정 또는 [명령취소(U)] :
@60<0 Enter↵

❹ C점 지정

LINE 다음 점 지정 또는 [명령취소(U)] :
@40<45 Enter↵

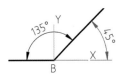

❺ D점 지정

LINE 다음 점 지정 또는 [닫기(C) 명령취소(U)] :
@40<145 Enter↵

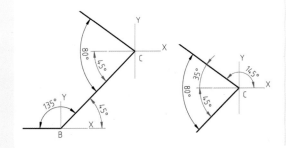

알아두기

두 직선이 서로 평행이면
엇각의 크기가 같습니다.

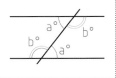

❻ E점 지정

LINE 다음 점 지정 또는 [닫기(C) 명령취소(U)] :
@60<-150 Enter↵

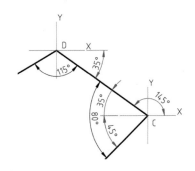

❼ F점 지정

LINE 다음 점 지정 또는 [닫기(C) 명령취소(U)] :
@20<180 Enter↵

❽ A점 지정

LINE 다음 점 지정 또는 [닫기(C) 명령취소(U)] : C

❾ Enter↵ 나 Space Bar 또는 Esc 키를 눌러 선 명령을 종료합
니다.

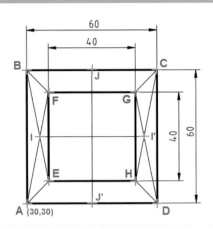

❶ 명령행에 L을 입력하고 Enter↵ 나 Space Bar 를 눌러 실행합니다.

❷ A점을 첫 번째 점으로 지정합니다.
   LINE 첫 번째 점 지정 : 30,30 Enter↵

❸ F8을 누르거나 상태막대에서 직교 🔲 버튼을 클릭합니다.

❹ B점 지정

직교: 60.0000 < 90°

• 마우스를 +Y축 방향으로, 즉 B점 방향으로 가져다 놓고 거리 값 60을 기입합니다.
• LINE 다음 점 지정 또는 [명령취소(U)] : 50 Enter↵

❺ C점 지정

직교: 60.2527 < 0°

• 마우스를 +X축 방향으로, 즉 C점 방향으로 가져다 놓고 거리 값 60을 기입합니다.
• LINE 다음 점 지정 또는 [명령취소(U)] : 60 Enter↵

❻ D점 지정

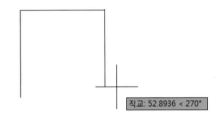

직교: 52.8936 < 270°

• 마우스를 −Y축 방향으로, 즉 D점 방향으로 가져다 놓고 거리 값 60을 기입합니다.
• LINE 다음 점 지정 또는 [닫기(C) 명령취소(U)] : 60

❼ A점 지정
   LINE 다음 점 지정 또는 [닫기(C) 명령취소(U)] : C

❽ Enter↵ 를 눌러 마지막 명령을 반복합니다.

❾ E점 지정
   • E점을 첫 번째 점으로 지정합니다.
   • LINE 첫 번째 점 지정 : 40,40 Enter↵

❿ F부터 E점까지는 B부터 D점까지 지정한 방법과 동일한 방법으로 지정합니다.

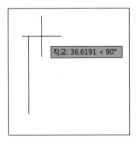

직교: 36.6191 < 90°

- LINE 다음 점 지정 또는 [명령취소(U)] : 40 Enter↵

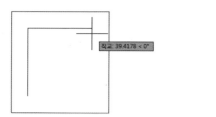

- LINE 다음 점 지정 또는 [명령취소(U)] : 40 Enter↵

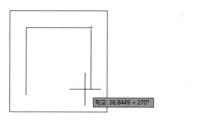

- LINE 다음 점 지정 또는 [닫기(C) 명령취소(U)] : 40 Enter↵

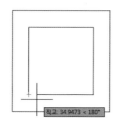

- LINE 다음 점 지정 또는 [닫기(C) 명령취소(U)] : 40

⑪ Enter↵ 나 Space Bar 또는 Esc 키를 눌러 선 명령을 종료합니다.

⑫ Enter↵ 를 눌러 마지막 명령을 반복합니다.

⑬ A점과 E점 연결하기

- LINE 첫 번째 점 지정 프롬프트가 나타나면 Shift 키를 누른 상태에서 마우스 오른쪽 버튼을 누릅니다.
- 객체 스냅 바로가기 상자가 나타나면 끝점을 선택하고 선분에 마우스를 가져다 놓고 끝점을 지정합니다.

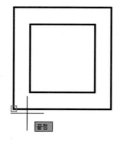

- LINE 다음 점 지정 또는 [명령취소(U)] 프롬프트가 나타나면 위와 같은 방법으로 E점을 지정합니다.

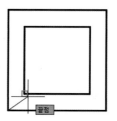

⑭ ⑬과 같은 방법으로 객체 스냅으로 끝점을 선택하여 해당 점을 연결하는 선을 그립니다.

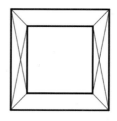

⑮ I-I'는 객체 스냅 교차점을 선택하여 연결합니다.

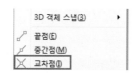

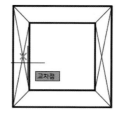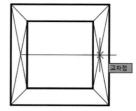

⑯ J-J'는 객체 스냅 중간점을 선택하여 연결합니다.

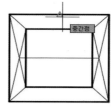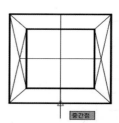

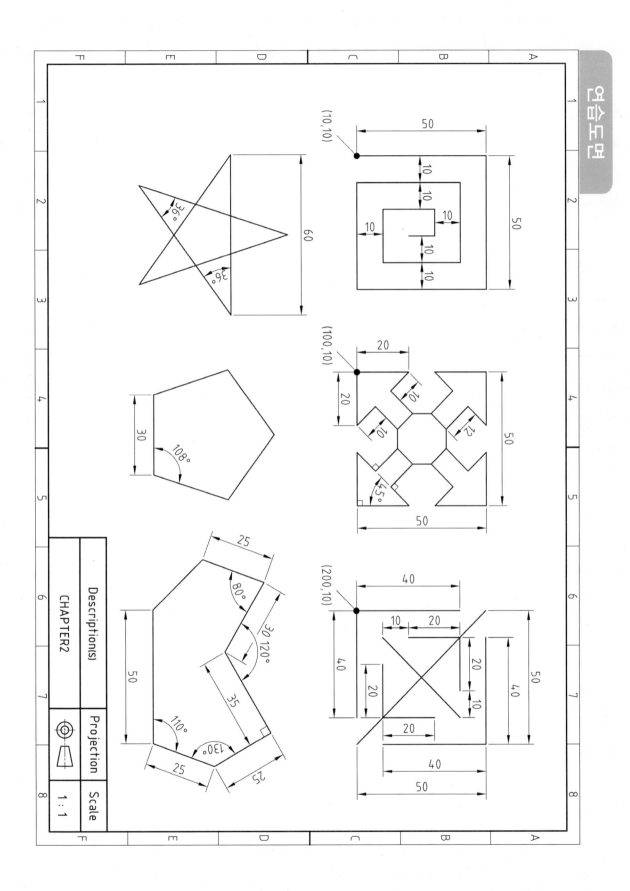

Descriptions		Projection	Scale
CHAPTER2			1:1

Chapter

03

원 그리기와 객체
선택 자르기 및 연장

01 | 객체 선택

도면영역에서 객체를 선택하거나 명령 상태에서 객체를 선택하라는 프롬프트가 표시된 경우 마우스 왼쪽 버튼이나 윈도우, 걸침 등으로 객체를 선택합니다.

1 객체 선택방법

마우스 왼쪽 버튼을 사용하여 객체를 하나하나씩 선택합니다.

(1) 윈도우 선택(W)

첫 번째 점을 지정하고 오른쪽 반대 구석으로 커서를 이동시켜 실선의 직사각형이 나타나도록 합니다. 직사각형 영역으로 완전히 둘러싸인 객체만 선택됩니다.

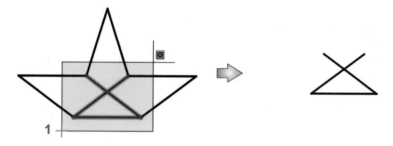

(2) 걸침 선택(C)

첫 번째 점을 지정하고 왼쪽 반대 구석으로 커서를 이동시켜 점선의 직사각형이 나타나도록 합니다. 직사각형 영역으로 완전히 둘러싸인 객체와 직사각형 윈도우와 교차되는 객체가 선택됩니다.

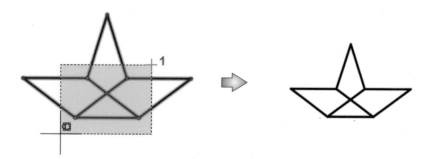

(3) 올가미

마우스 왼쪽 버튼을 누른 상태에서 드래그하여 올가미 선택상태가 되도록 합니다. Space Bar 로 올가미 선택방법을 윈도우, 걸침으로 전환할 수 있습니다.

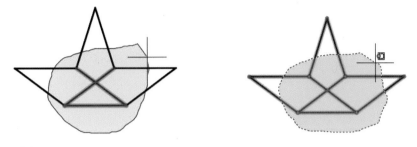

(4) 울타리(F)

여러 개의 라인을 그려 그 라인에 교차하는 모든 객체를 선택합니다.

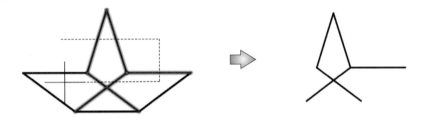

✦ **알아두기**

- 선택된 객체를 선택 취소하려면 Shift 키를 누른 상태에서 선택 취소하고자 하는 객체를 선택합니다.
- 명령 객체선택 프롬프트에서 이전 편집에 사용했던 객체를 다시 선택하려면 P를, 마지막으로 그린 물체를 선택하려면 L을 기입합니다.

02 | ZOOM

도면에 그려진 객체의 절대 크기의 변경 없이 뷰의 배율을 늘리거나 줄일 때 사용합니다.

1 ZOOM 실행방법

명령행에 단축키(별칭) Z를 입력하고 [Enter↵] 나 [Space Bar] 를 눌러 실행합니다.

2 ZOOM 명령 실행 후 프롬프트에 표시 내용

윈도우 구석 지정, 축척 비율(nX 또는 nXP) 입력 또는 [전체(A)/중심(C)/동적(D)/범위(E)/이전(P)/축척(S)/
윈도우(W)/객체(O)] 〈실시간〉

① 전체(A)

Limits 명령에서 설정한 영역 안에 모든 객체가 그려진 경우 Limits에서 설정한 도면영역을 화면에 보여
주며 만약 Limits 명령에서 설정한 영역 밖에 객체가 그려져 있으면 Limits 도면영역과 객체 모두를 화면에
보여줍니다.

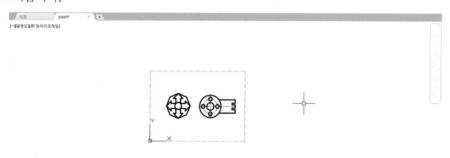

ZOOM 사용 전

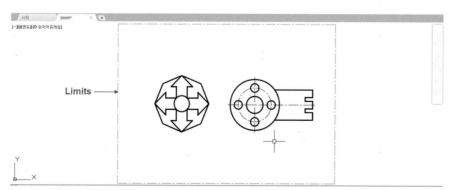

ZOOM 사용 후 : Limits 명령에서 설정한 영역 안에 모든 객체가 그려진 경우

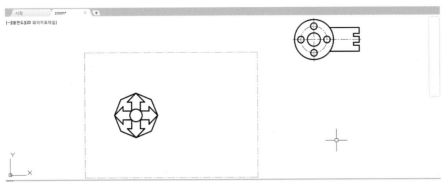

ZOOM 사용 후 : Limits 명령에서 설정한 영역 밖에 객체가 그려져 있는 경우

❷ 중심(C)

중심점과 배율 값 또는 높이에 의해 정의된 뷰를 줌하여 표시합니다. 높이 값이 작을수록 배율이 증가하며, 클수록 배율이 감소합니다(높이는 지정한 중심점으로부터 Z축 방향의 높이입니다).

❸ 동적(D)

직사각형 뷰 상자를 사용하여 초점 이동 및 줌합니다. 뷰 상자는 축소 또는 확대하고 도면 주위로 이동할 수 있는 뷰를 나타냅니다. 뷰 상자를 배치하고 크기를 조절하면 뷰 상자 내의 이미지로 뷰포트가 채워지도록 초점이 이동되거나 줌됩니다.

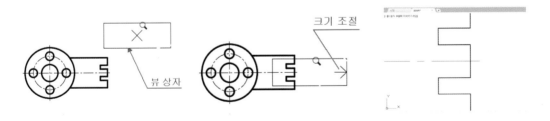

❹ 범위(E)

Limits에서 설정한 도면영역과는 상관없이 도면 범위를 모든 객체가 가능한 한 최대 크기로 포함된 상태로 줌하여 표시합니다.

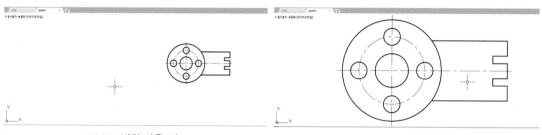

ZOOM 범위 사용 전   ZOOM 범위 사용 후

❺ 이전(P)

이전 뷰를 줌하여 표시하며 10개까지 복원할 수 있습니다.

❻ 축척(S)

지정한 축척 비율로 줌합니다. 현재 뷰를 기준으로 축척을 지정하려면 값 뒤에 x를 붙여 입력합니다(예를 들어, 0.5x를 입력하면 각 객체가 현재 크기의 절반 크기로 화면에 표시됩니다). 도면의 한계를 기준으로 축척을 지정하려면 값을 지정합니다(예를 들어, 2를 입력하면 도면 한계를 기준으로 두 배로 객체를 표시합니다).

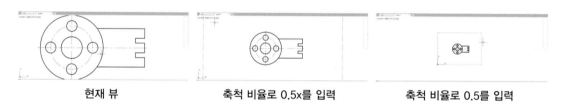

현재 뷰   축척 비율로 0.5x를 입력   축척 비율로 0.5를 입력

❼ 윈도우(W)

첫 번째 구석과 두 번째 구석을 지정하여 직사각형 윈도우에 의해 지정된 영역을 줌하여 표시합니다.

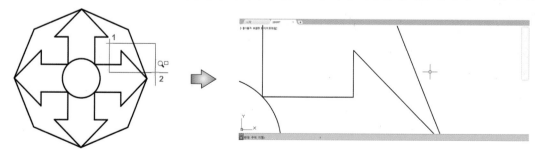

⑧ **객체(O)**

선택한 하나 이상의 객체가 뷰의 중심에 최대한 크게 표시되도록 줌합니다. ZOOM 명령을 시작하기 전 또는 후에 객체를 선택할 수 있습니다.

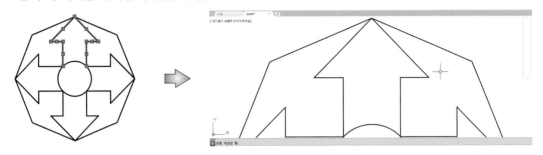

⑨ **실시간**

좌표입력 장치를 사용하여 논리적인 범위를 대화식으로 줌합니다. 커서는 더하기 돋보기 🔍⁺ 및 빼기 돋보기 🔍⁻ 로 변경됩니다. 줌을 종료하려면 Esc 또는 Enter↵ 키를 누릅니다.

✏ 알아두기

REGEN

• 현재 뷰포트에서 도면을 재생성합니다. REGEN은 현재 뷰포트에서 모든 객체의 가시성을 다시 계산하며, 최적의 화면표시 및 객체 선택 성능을 위해 도면 데이터베이스를 다시 색인화합니다. 또한 현재 뷰포트에서 실시간 초점 이동 및 줌을 위해 사용 가능한 전체 영역을 재설정합니다.

• 명령행에 단축키(별칭) RE를 입력하고 Enter↵ 나 Space Bar 를 눌러 실행합니다.

REGEN 전

REGEN 후

---

03 | CIRCLE(원)

원의 중심점과 반지름, 지름 점을 지정하거나 원주를 다른 객체와 조합하여 원을 그립니다.

1 원 명령 실행방법

❶ 리본 〉 홈 탭 〉 그리기 패널 〉 원 ⊘을 선택하여 실행합니다.
❷ 리본 〉 홈 탭 〉 그리기 패널 〉 원 드롭다운 ▾ 에서 원하는 원 그리기 방법을 선택하여 실행합니다.

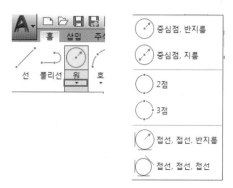

❸ 명령행에 Circle을 입력하거나 단축키(별칭) C를 입력하고 [Enter↵] 나 [Space Bar] 를 눌러 실행합니다.

2 원 그리기 방법

(1) ⊘중심점, 반지름

원의 중심점과 원의 중심점으로부터 원주상의 반지름에 해당되는 점을 지정하여 원을 생성합니다.
점 지정방법은 좌표계, 마우스 왼쪽 버튼, 객체 스냅(Osnap)을 사용하면 됩니다.

❶ 원 드롭다운 ▾ 에서 ⊘중심점, 반지름을 선택합니다.
❷ 원에 대한 중심점 지정을 합니다.

❸ 원의 중심점으로부터 원주상의 반지름에 해당되는 점을 지정합니다.

> ✏ 알아두기
>
> 중심점과 원주상의 한 점의 길이는 같으며, 원주상의 점은 무수히 많으므로 반지름에 해당하는 점을 지정
> 시 거리 값만 입력하면 됩니다. 거리 값만 입력 시 커서의 위치가 방향이 됩니다.

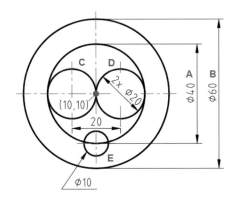

(1) A원 그리기

❶ 명령행에 C를 입력하거나 원 드롭다운 ▾ 에서 ⊙중심점, 반지름을 선택합니다.

❷ 원에 대한 중심점 지정 또는 [3점(3P)/2점(2P)/Ttr-접선 접선 반지름(T)] : 10,10 [Enter↵]

❸ CIRCLE 원의 반지름 지정 또는 [지름(D)] : 20 [Enter↵]

(2) B원 그리기

❶ [Enter↵] 나 [Space Bar] 또는 마우스 오른쪽 버튼을 눌러 마지막 명령을 반복합니다.

❷ 원에 대한 중심점 지정 또는 [3점(3P)/2점(2P)/Ttr-접선 접선 반지름(T)]

- [Shift] 키를 누른 상태에서 마우스 오른쪽 버튼을 누른 후 객체 스냅 바로가기 상자가 나타나면 중심점을 선택합니다.
- A원의 중심점을 지정합니다.

❸ CIRCLE 원의 반지름 지정 또는 [지름(D)]⟨20.0000⟩ : 30 [Enter↵]

(3) C원 그리기

❶ [Enter↵] 나 [Space Bar] 또는 마우스 오른쪽 버튼을 눌러 마지막 명령을 반복합니다.

❷ 원에 대한 중심점 지정 또는 [3점(3P)/2점(2P)/Ttr-접선 접선 반지름(T)] : 0,10 [Enter↵]

❸ CIRCLE 원의 반지름 지정 또는 [지름(D)]⟨30.0000⟩ : 10 [Enter↵]

(4) D원 그리기

❶ [Enter↵] 나 [Space Bar] 또는 마우스 오른쪽 버튼을 눌러 마지막 명령을 반복합니다.

❷ 원에 대한 중심점 지정 또는 [3점(3P)/2점(2P)/Ttr-접선 접선 반지름(T)] : 20,10 [Enter↵]

❸ CIRCLE 원의 반지름 지정 또는 [지름(D)]⟨10.0000⟩ : 마지막 입력한 반지름 값⟨10.0000⟩을 다시 입력하고자 한다면 [Enter↵] 나 [Space Bar] 또는 마우스 오른쪽 버튼을 누릅니다.

(5) E원 그리기

❶ [Enter↵] 나 [Space Bar] 또는 마우스 오른쪽 버튼을 눌러 마지막 명령을 반복합니다.

❷ 원에 대한 중심점 지정 또는 [3점(3P)/2점(2P)/Ttr-접선 접선 반지름(T)]

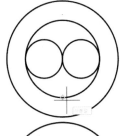

- [Shift] 키를 누른 상태에서 마우스 오른쪽 버튼을 누른 후 객체 스냅 바로가기 상자가 나타나면 사분점을 선택합니다.
- A원의 사분점을 지정합니다.

❸ CIRCLE 원의 반지름 지정 또는 [지름(D)] ⟨10.0000⟩ : 5 [Enter↵]

(2) ✏️ 중심점, 지름

중심점과 지름 값을 입력하여 원을 작성합니다. 반지름 값을 계산하기 어려울 때 유용하게 사용할 수 있습니다.

❶ 원 드롭다운 ▼ 에서 ✏️ 중심점, 지름을 선택합니다.

❷ 원에 대한 중심점 지정을 합니다.

❸ 원의 지름 값을 입력합니다.

```
X  명령: _circle
   원에 대한 중심점 지정 또는 [3점(3P)/2점(2P)/Ttr - 접선 접선 반지름(T)]:
🔧 ⊙ ▾ CIRCLE 원의 반지름 지정 또는 [지름(D)] <5.0000>: _d 원의 지름을 지정함 <10.0000>:
```

🖱️ 알아두기

• 원 드롭다운 ▼ 에서 ✏️ 중심점, 지름을 선택하였을 때는 지름 값을 바로 입력하고, 명령행에 C를 입력하고
  [Enter↵] 나 [Space Bar] 를 눌러 CIRCLE 명령을 실행하였을 때는 중심점 지정 후 옵션 [지름(D)]의 D를 입력
  후 지름 값을 부여해야 합니다.

```
X  원에 대한 중심점 지정 또는 [3점(3P)/2점(2P)/Ttr - 접선 접선 반지름(T)]:
   원의 반지름 지정 또는 [지름(D)] <5.0000>: D
🔧 ⊙ ▾ CIRCLE 원의 지름을 지정함 <10.0000>:
```

• CIRCLE 원의 반지름 지정 또는 [지름(D)] : 프롬프트에서 자연수/2를 하여 반지름 값을 입력할 수 있지 만,
  소수/2를 하여 반지름 값을 입력할 수는 없습니다.

example

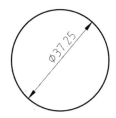

❶ 명령행에 C를 입력하거나 원 드롭다운 ▼ 에서 ✏️ 중심점, 지름을 선택합니다.

❷ **원에 대한 중심점 지정 또는 [3점(3P)/2점(2P)/Ttr–접선 접선 반지름(T)]** : 마우
   스 왼쪽 버튼으로 도면영역 임의의 위치에 점을 지정합니다.

❸ **CIRCLE 원의 반지름 지정 또는 [지름(D)]** : 원의 지름값 37.25를 입력합니다.

(3) ⭕ 2점

지름의 두 점을 지정하여 원을 작성합니다. 지정한 두 점은 원의 지름에 해당합니다.
두 번째 점의 지정에 의해 원의 중심점의 위치와 크기가 정의됩니다.

❶ 원 드롭다운 ▼ 에서 ⭕ 2점을 선택합니다.

❷ **원 지름의 첫 번째 끝점 지정** : 원의 원주에 해당되는 한 점을 지정합니다.

❸ **원 지름의 두 번째 끝점 지정** : 원주의 첫 번째 점으로부터 지정하고자 하는 지름 값에 해당하는 원의 원주
   상의 두 번째 점을 지정합니다.

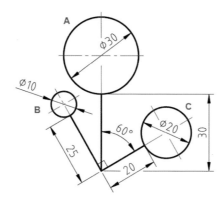

선 명령을 사용하여 다음과 같이 작성합니다.

(1) A원 그리기

❶ 원 드롭다운 ▼ 에서 ◯ 2점을 선택합니다.

❷ _2P 원 지름의 첫 번째 끝점 지정 : 길이 30의 수직한
선분의 끝점을 지정합니다.

❸ CIRCLE 원 지름의 두 번째 끝점 지정 : 첫 번째 지정한
점으로부터 지름에 해당되는 원주상의 두 번째 끝점은
거리가 30이고 방향이 90도에 위치하므로 @30〈90을
기입합니다.

(2) B원 그리기

❶ 원 드롭다운 ▼ 에서 ◯ 2점을 선택합니다.

❷ _2P 원 지름의 첫 번째 끝점 지정 : 길이 25의 선분의
끝점을 지정합니다.

❸ CIRCLE 원 지름의 두 번째 끝점 지정 : 지름에 해당되는
원주상의 두 번째 끝점은 거리가 10이고 방향이 120도
에 위치하므로 @10〈120을 기입합니다.

(3) C원 그리기

❶ 원 드롭다운 ▼ 에서 ◯ 2점을 선택합니다.

❷ _2P 원 지름의 첫 번째 끝점 지정 : 길이 20의 선분의
끝점을 지정합니다.

❸ CIRCLE 원 지름의 두 번째 끝점 지정 : 지름에 해당되는
원주상의 두 번째 끝점은 거리가 20이고 방향이 30도에
위치하므로 @20〈30을 기입합니다.

(4) ◜◝ **3점**

원주상의 세 점을 지정하여 원을 작성합니다. 지정한 세 점에 의해 원의 중심의 위치와 크기가 정의됩니다.

❶ 원 드롭다운 ▾ 에서 ◜◝3점을 선택합니다.
❷ **원 위의 첫 번째 점 지정** : 원의 원주에 해당되는 한 점을 지정합니다.
❸ **원 위의 두 번째 점 지정** : 원의 원주에 해당되는 두 번째 점을 지정합니다.
❹ **원 위의 세 번째 점 지정** : 원의 원주에 해당되는 세 번째 점을 지정합니다.

(5) ◯ **접선, 접선, 접선**

3개의 객체에 접하는 원을 작성합니다. 원주상의 세 점을 3개의 객체의 접점으로 하여 원의 중심 위치와 크기가 정의되며 그려집니다.

┌─── 알아두기 ────────────────────────────────┐

접점

접점은 원과 원 또는 직선과 원이 단 한 점에서 만나는 점입니다.

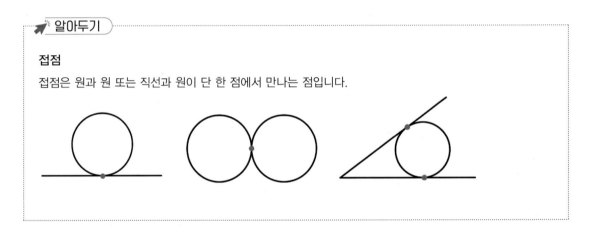

└──┘

❶ 원 드롭다운 ▾ 에서 ◯접선, 접선, 접선을 선택합니다.
❷ **원 위의 첫 번째 점 지정** : _tan 대상 그려질 원과 접할 첫 번째 객체를 선택하여 접점을 원주상의 첫 번째 점으로 지정합니다.
❸ **원 위의 두 번째 점 지정** : _tan 대상 두 번째 객체를 선택하여 접점을 원주상의 두 번째 점으로 지정합니다.
❹ **원 위의 세 번째 점 지정** : _tan 대상 세 번째 객체를 선택하여 접점을 원주상의 세 번째 점으로 지정합니다.

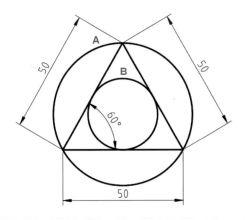

선 명령을 사용하여 다음과 같이 정삼각형을 작성합니다.

(2) B원 그리기

(1) A원 그리기

❶ 원 드롭다운 ▼ 에서 ⬡ 3점을 선택합니다.

❷ _3P 원 위의 첫 번째
점 지정 : 삼각형의 꼭
짓점에 해당하는 선분
의 끝점을 선택합니
다.

❸ CIRCLE 원 위의 두 번
째 점 지정

❹ CIRCLE 원 위의 세 번
째 점 지정

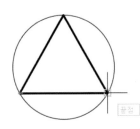

❶ 원 드롭다운 ▼ 에서 ⬡ 접선, 접선, 접선을 선택합니
다.

❷ _3P 원 위의 첫 번째 점 지정 : _tan 대상
그리고자 하는 원의 접점
위치와 가깝게 선 객체를
선택합니다.

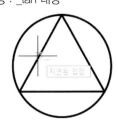

❸ CIRCLE 원 위의 두 번째 점 지정 : _tan 대상
그리고자 하는 원의 접점
위치와 가깝게 두 번째 선
객체를 선택합니다.

❹ CIRCLE 원 위의 세 번째 점 지정 : _tan 대상
그리고자 하는 원의 접점 위치와 가깝게 세 번째 선
객체를 선택합니다.

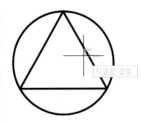

(6) ⊘ 접선, 접선, 반지름

2개의 객체에 접하며 반지름 값에 의한 원을 작성합니다. 원주상의 두 점은 2개의 객체의 접점으로 하며, 객체의 접점과 반지름 값에 의해 원의 중심의 위치와 크기가 정의됩니다.

❶ 원 드롭다운 ▾ 에서 ⊘ 접선, 접선, 반지름을 선택합니다.

❷ **원의 첫 번째 접점에 대한 객체 위의 점 지정** : 그려질 원과 접할 첫 번째 객체를 선택하여 접점을 원주상의 첫 번째 점으로 지정합니다.

❸ **원의 두 번째 접점에 대한 객체 위의 점 지정** : 두 번째 객체를 선택하여 접점을 원주상의 두 번째 점으로 지정합니다.

❹ **원의 반지름 지정** : 반지름 값을 기입합니다.

✦ 알아두기

◯ 접선, 접선, 접선과 ⊘ 접선, 접선, 반지름 원 그리기 방법에서 명령행 프롬프트에 접점을 지정하라는 내용이 나올 때 객체 스냅은 자동으로 접점 ○ 이 실행됩니다. 즉, 접점을 지정하기 위해 객체 스냅 접점을 선택하지 않아도 됩니다.

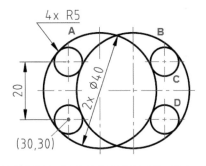

중심점, 반지름을 사용하여 다음과 같이 원을 작성합니다.

(1) A원 그리기

❶ 원 드롭다운 ▼ 에서 접선, 접선, 반지름을 선택합니다.

❷ CIRCLE 원의 첫 번째 접점에 대한 객체 위의 점 지정 : 그려질 원과 접할 첫 번째 객체를 선택하여 접점을 지정합니다. 객체 선택 시 그려질 원의 접점 근처에서 객체를 선택합니다.

❸ CIRCLE 원의 두 번째 접점에 대한 객체 위의 점 지정 : 그려질 원과 접할 두 번째 객체를 선택하여 접점을 지정합니다.

❹ 원의 반지름 지정 : 20을 기입하여 원을 작성합니다.

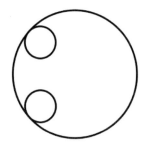

(2) B원 그리기

A원과 같은 방법으로 B, C, D원을 그리며 객체 선택 시 그려질 원의 접점 근처에서 객체를 선택하여 접점을 지정하며 그립니다.

❶ 원 드롭다운 ▼ 에서  접선, 접선, 반지름을 선택합니다.

❷ CIRCLE 원의 첫 번째 접점에 대한 객체 위의 점 지정

❸ CIRCLE 원의 두 번째 접점에 대한 객체 위의 점 지정

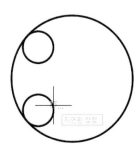

❹ 원의 반지름 지정 : 20을 기입하여 원을 작성합니다.

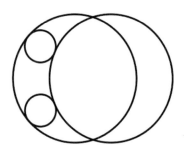

(3) C원 그리기

❶ 원 드롭다운 ▾ 에서 접선, 접선, 반지름을 선택합니다.

❷ CIRCLE 원의 첫 번째 접점에 대한 객체 위의 점 지정

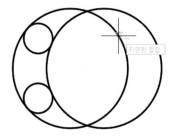

❸ CIRCLE 원의 두 번째 접점에 대한 객체 위의 점 지정

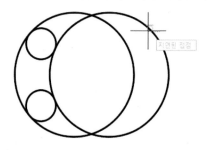

❹ 원의 반지름 지정 : 5를 기입하여 원을 작성합니다.

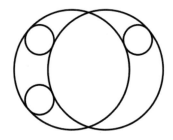

(4) D원 그리기

❶ 원 드롭다운 ▾ 에서 접선, 접선, 반지름을 선택합니다.

❷ CIRCLE 원의 첫 번째 접점에 대한 객체 위의 점 지정

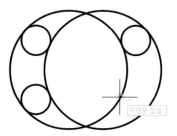

❸ CIRCLE 원의 두 번째 접점에 대한 객체 위의 점 지정

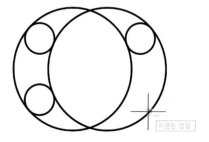

❹ 원의 반지름 지정 : 5를 기입하여 원을 작성합니다.

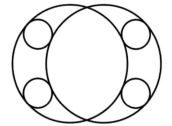

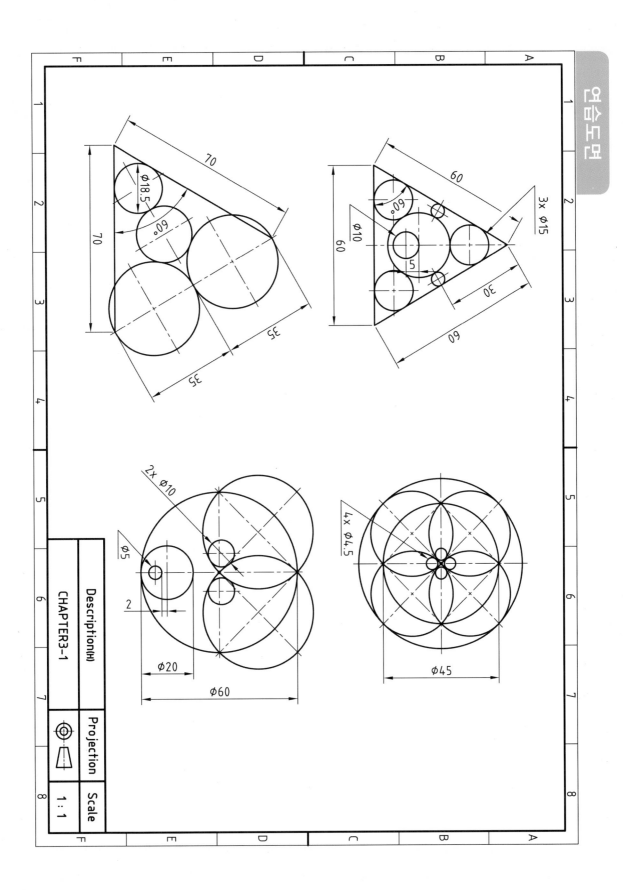

Description(☆)	Projection	Scale
CHAPTER3-1		1:1

04 | TRIM(자르기)

경계가 될 객체를 선택하고 경계에 만나는 부분까지 자를 다른 객체를 선택하여 자르는 수정 명령입니다.

1 TRIM 실행방법

❶ 리본 〉 홈 탭 〉 수정 패널 〉 자르기 ✂ 를 선택하여 실행합니다.
❷ 명령행에 단축키(별칭) TR을 입력하고 [Enter↵]나 [Space Bar]를 눌러 실행합니다.

2 TRIM 명령 실행 후 프롬프트에 표시 내용

(1) TRIM 객체 선택 또는 〈모두 선택〉

경계가 될 객체를 선택하고 [Enter↵]를 누릅니다. 만약 경계가 될 객체를 선택하지 않고 [Enter↵]를 누르면
〈모두 선택〉이 됩니다. 여기서 〈모두 선택〉은 도면에 그려진 모든 객체가 경계가 되는 것을 의미합니다.

(2) 자를 객체 선택 또는 [Shift] 키를 누른 채 선택하여 연장 또는 [울타리(F)/걸치기(C)/프로젝트(P)/모서리(E)/지우기(R)/명령취소(U)]

❶ 자를 객체 선택

자를 객체를 선택하여 경계 객체에 만나는 부분까지 자릅니다. 자를 객체의 선택방향에 따라 잘릴 부위가
달라질 수 있습니다. 예를 들어, 다음 그림과 같이 원이 경계 객체이고 선이 자를 객체라 했을 때 선 객체
선택 위치에 따라 잘라지는 부위가 달라집니다.

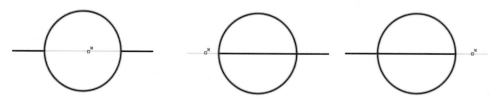

원 안쪽에서 선 객체를 선택하였을 때   원 바깥쪽에서 선 객체를 선택하였을 때

❷ [Shift] 키를 누른 채 선택하여 연장

[Shift] 키를 누른 채 객체를 선택하면 경계 객체와 만나도록 연장할 수 있습니다.

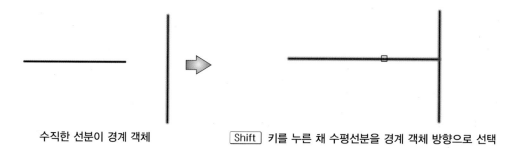

수직한 선분이 경계 객체   [Shift] 키를 누른 채 수평선분을 경계 객체 방향으로 선택

❸ [울타리(F)/걸치기(C)/프로젝트(P)/모서리(E)/지우기(R)/명령취소(U)]

　ㄱ 울타리(F) : 자를 객체 선택방법을 울타리로 지정하고자 할 때 사용합니다.

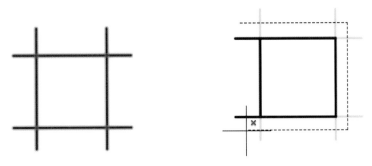

　ㄴ 걸치기(C) : 자를 객체 선택방법을 걸침 선택방법으로 지정하고자 할 때 사용합니다.

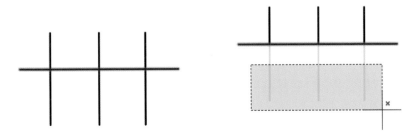

　ㄷ 프로젝트(P) : 3D 공간에서 객체를 자를 때 사용하는 투영방법을 지정합니다.

　ㄹ 모서리(E) : 경계 객체를 자를 객체와 교차하도록 경계 객체의 경로를 따라 가상 연장합니다.

　　모서리 연장 모드 입력 [연장(E)/연장 안 함(N)] 〈연장〉

　　　모서리 연장　　　　　　모서리 연장 안 함일 때 경계 객체와 자를 객체가 교차하지 않아 잘리지 않음

　ㅁ 지우기(R) : 선택한 객체를 삭제합니다. TRIM 명령을 종료하지 않고 불필요한 객체를 삭제할 수 있습니다.

　ㅂ 명령취소(U) : TRIM 명령에서 자른 객체를 되돌립니다.

05 | EXTEND(연장하기)

경계가 될 객체를 선택하고 경계와 만나는 부분까지 연장할 다른 객체를 선택하여 연장하는 수정 명령입니다.
TRIM과 EXTEND는 경계 객체와 만나는 부분까지 자를 것인가 연장할 것인가만 다를 뿐 TRIM과 EXTEND
의 사용방법이나 옵션은 같습니다.

1 EXTEND 실행방법

❶ 리본 〉 홈 탭 〉 수정 패널 〉 연장 ⟶ 을 선택하여 실행합니다.
❷ 명령행에 단축키(별칭) EX를 입력하고 Enter↵ 나 Space Bar 를 눌러 실행합니다.

2 EXTEND 명령 실행 후 프롬프트에 표시 내용

❶ EXTEND 객체 선택 또는 〈모두 선택〉 : 경계가 될 객체를 선택하고 Enter↵ 를 누릅니다.

❷ **연장할 객체 선택 또는** Shift **키를 누른 채 선택하여 자르기 또는 [울타리(F)/걸치기(C)/프로젝트(P)/모서리(E)/명령취소(U)]** : 연장할 객체를 선택하여 경계 객체에 만나는 부분까지 연장합니다.

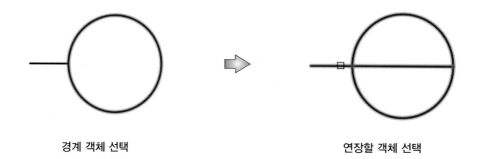

경계 객체 선택   연장할 객체 선택

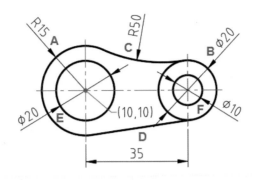

(1) A, B원 그리기

⊙ 중심점, 반지름을 사용하여 다음과 같이 A, B 원을 작성
합니다.

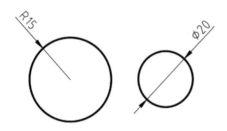

(2) C원 그리기

❶ 원 드롭다운 ▾ 에서 ⊘ 접선, 접선, 반지름을 선택합니
다.

❷ CIRCLE 원의 첫 번째 접점에 대한 객체 위의 점 지정

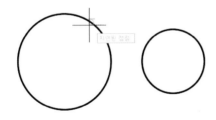

❸ CIRCLE 원의 두 번째 접점에 대한 객체 위의 점 지정

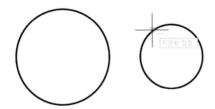

❹ 원의 반지름 지정 : 50을 기입하여 원을 작성합니다.

(3) TRIM으로 수정하기

❶ 자르기 ✂ 를 선택하여 실행합니다.

❷ TRIM 객체 선택 또는 〈모두 선택〉: 경계 객체로 A, B원
을 선택하고 [Enter↵]를 누릅니다.

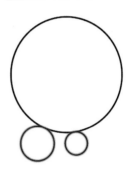

❸ 자를 객체 선택 또는 [Shift] 키를 누른 채 선택하여 연장
또는 [울타리(F)/걸치기(C)/프로젝트(P)/모서리(E)/지
우기(R)/명령취소(U)] :
C원을 선택하여 경계 객체와 만나는 부분까지 자릅
니다.

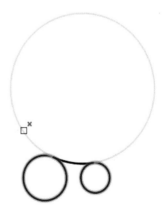

(4) D선 그리기

❶ 그리기 탭에서 선 ✏ 을 클릭합니다.

❷ LINE 첫 번째 점 지정 : Shift 키를 누른 채 마우스 오른쪽 버튼을 눌러 객체 스냅 바로가기에서 접점을 선택합니다. 접점 선택 상태에서 A원을 선택합니다.

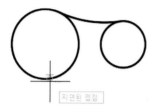

❸ LINE 다음 점 지정 또는 [명령취소(U)] : Shift 키를 누른 채 마우스 오른쪽 버튼을 눌러 객체 스냅 바로가기에서 접점을 선택합니다. 접점 선택 상태에서 B원을 선택합니다.

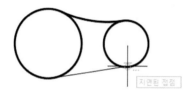

❹ LINE 다음 점 지정 또는 [명령취소(U)] :
Enter↵ 나 Space Bar 또는 Esc 키를 눌러 선 명령을 종료합니다.

(5) TRIM으로 수정하기

❶ 자르기 ✂ 를 선택하여 실행합니다.

❷ TRIM 객체 선택 또는 〈모두 선택〉 : 경계 객체로 C호와, D선을 선택하고 Enter↵ 를 누릅니다.

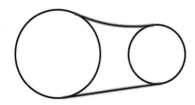

❸ 자를 객체 선택 또는 Shift 키를 누른 채 선택하여 연장 또는 [울타리(F)/걸치기(C)/프로젝트(P)/모서리(E)/지우기(R)/명령취소(U)] :
A원을 선택하여 경계 객체와 만나는 부분까지 자릅니다.

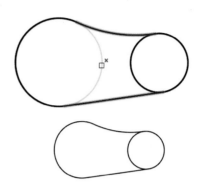

(6) E, F원 그리기

❶ ◯ 중심점, 반지름을 사용하여 A호의 중심점 위치에 E원의 중심점을 지정하고 반지름 10을 기입하여 E원을 그립니다.

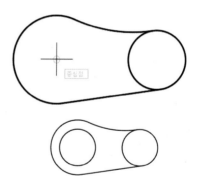

❷ ◯ 중심점, 반지름을 사용하여 B원의 중심점 위치에 F원의 중심점을 지정하고 반지름 5를 기입하여 F원을 그립니다.

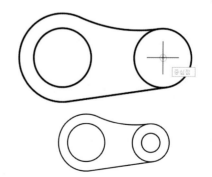

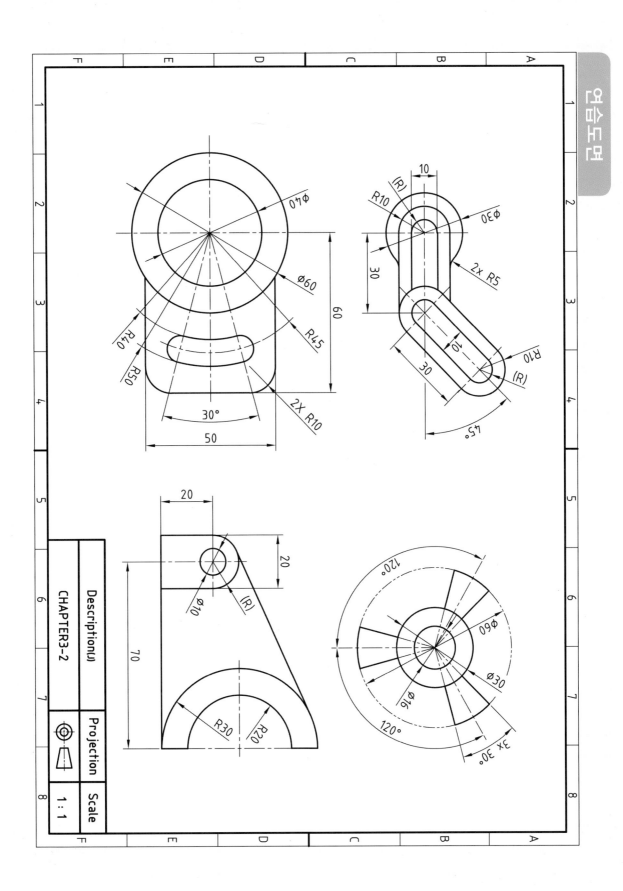

Description(설명)	Projection	Scale
CHAPTER3-2	⊕ ⊙	1:1

Chapter

04

객체 특성과 객체 이동 및 복사

01 객체 특성

특성 패널에서 객체의 색상, 선 종류, 선 종류 축척, 선 가중치, 투명도 등 객체 특성에 대한 설정을 하거나 변경할 수 있습니다.

1 특성 패널

(1) 객체 색상

선택한 객체가 없을 때 사용할 색상을 선택하거나 선택한 객체의 색상을 변경하고자 할 때 사용하며, 객체 색상 드롭다운을 눌러 색상을 지정합니다.

❶ 도면층별

현재 도면층을 지정된 색상으로 작성합니다.

❷ 블록별

현재 도면층이나 지정된 색상, 선 종류, 선 가중치가 아닌 블록으로 정의한 객체의 색상, 선 종류, 선 가중치 및 투명도 특성을 그대로 유지하여 도면에 삽입하고자 할 때 사용합니다.

❸ 객체 색상 지정

객체의 색상은 색상표에서 색상을 선택할 수 있습니다. 색인 색상 팔레트 위로 마우스를 움직이면 ACI 색상번호가 표시됩니다. 색인 색상 팔레트 아래의 두 번째 팔레트는 1~9번까지 번호와 색상 이름이 나타나며 일반적으로 도면에서 많이 사용되는 색상입니다.

(2) 선 가중치

선의 용도에 따른 선의 굵기를 표현하고자 할 때 사용합니다. 재생성 시간은 선 가중치에 따라 증가합니다.

따라서 성능을 최적화하려면 상태막대에서 선 가중치 표시 를 끕니다. 선 가중치 표시를 꺼도 선 가중치 플롯에는 영향을 주지 않습니다.

(3) 선 종류

선의 용도에 따른 선의 종류를 표현하고자 할 때 사용합니다. 기본적으로 실선이 표현되어 있으며 다른 선 종류를 사용하려면 사용하고자 하는 선 종류를 로드해야 합니다.

■ 선 종류 로드

다른 선 종류를 사용하려면 선 종류 드롭다운에서 기타를 선택합니다. 선 종류 관리자에서 로드 버튼을 눌러 사용하려는 선 종류를 선택하고 선 종류 리스트에 추가합니다.

(4) 특성 일치(MATCHPROP)

도면에 그려진 객체의 특성을 다른 객체에 적용하고자 할 때 사용합니다. 적용할 수 있는 특성 유형에는 색상, 도면층, 선 종류, 선 종류 축척, 선 가중치, 플롯 스타일, 투명도 및 기타 지정한 특성이 포함됩니다.

특성 패널에서 특성 일치를 선택하거나 명령행에 단축키(별칭) MA를 기입하여 실행합니다.

■ 특성 일치 명령 실행 후 프롬프트에 표시 내용

❶ MATCHPROP 원본 객체를 선택하십시오.

다른 객체에 적용할 특성을 가지고 있는 객체를 선택합니다.

❷ 대상 객체를 선택 또는 [설정(S)]

원본 객체로 선택한 객체의 특성을 부여할 다른 객체를 선택합니다.

❸ [설정(S)]

S를 기입하고 [Enter↵]를 누르면 특성설정 대화상자가 나타나며 부여하고자 하는 객체 특성의 종류를 선택할 수 있습니다.

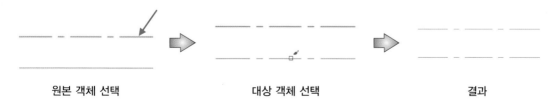

원본 객체 선택   대상 객체 선택   결과

(5) PROPERTISE

특성 대화상자 실행 화살표 를 클릭하면 특성 팔레트가 표시되고 다시 클릭하면 닫힙니다.

특성 팔레트에 선택한 객체의 특성이 나열되며 나열된 특성 값을 조정하여 기존 객체의 특성을 변화시킵니다.

☞ 알아두기

LTSCALE 시스템변수

- MATCHPROP, PROPERTISE와 달리 LTSCALE 시스템변수는 도면의 모든 선 종류의 모양에 대한 축척 비율을 설정할 수 있습니다.
- 단축키(별칭)는 LTS이며, 기본 전체 축척 비율은 1.0입니다. 축척 비율이 작을수록 패턴이 더 많이 반복되고 패턴 내의 간격이 좁아집니다.

1.0	0.5	0.25

02 | MOVE(이동)

선택한 객체를 한 점으로부터 지정한 거리와 방향으로 이동합니다.

1 이동 명령 실행방법

❶ 리본 〉홈 탭 〉수정 패널 〉이동 ✛을 선택하여 실행합니다.
❷ 명령행에 MOVE를 입력하거나 단축키(별칭) M을 입력하고 Enter↵ 나 Space Bar 를 눌러 실행합니다.

2 MOVE 명령 실행 후 프롬프트에 표시 내용

(1) MOVE 객체 선택

객체 선택 방법으로 이동할 객체를 선택합니다.

(2) MOVE 기준점 지정 또는 [변위(D)] 〈변위〉

이동의 시작점이자 기준이 되는 점을 지정합니다.

- 옵션의 변위(D)

  객체의 현재 위치에서 기입한 X와 Y 변위량만큼 객체를 이동시키고자 할 때 사용합니다. 현재 위치에서 기입한 X와 Y 값만큼 이동되기 때문에 X와 Y 값 앞에 @를 기입하지 않습니다.

> **알아두기**
>
> 명령 프롬프트에서 〈 〉안에 있는 값을 실행하려면 Enter↵ 를 누릅니다.

(3) 두 번째 점 지정 또는 〈첫 번째 점을 변위로 사용〉

기준점으로부터 선택한 객체가 이동되는 거리 및 방향을 지정합니다.

- 〈첫 번째 점을 변위로 사용〉

  첫 번째 점으로 지정한 점, 즉 기준점으로 지정한 점을 변위로 사용하여 두 번째 점을 지정합니다. 예를 들어, 기준점의 절대 좌푯값이 50, 100이라고 하면 그 값이 변위 값이 되어 기준점으로부터 X축 방향으로 50, Y축 방향으로 100만큼 이동되어 두 번째 점이 지정됩니다.

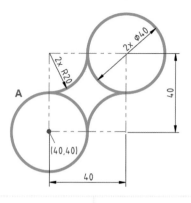

(1) 선 명령을 사용하여 정사각형 그리기

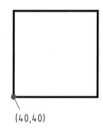

(40,40)

(2) 특성 패널에서 선택한 객체의 색상 변경하기

색상을 변경할 객체를 선택하고 특성 패널에서 변경하고자
하는 색상을 선택한 후 Esc를 누릅니다.

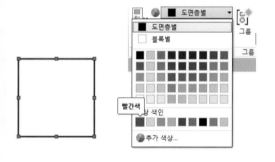

(3) 특성 패널에서 선택한 객체의 선 종류 변경하기

❶ 선 종류 드롭다운에서 기타를 선택합니다.

❷ 선 종류 관리자에서 로드 버튼을 누르고 PHANTOM을 선
택한 후 확인 버튼을 눌러 선 종류 리스트에 추가합니다.

❸ 선 종류를 변경하고자 하는 객체를 선택하고 선 종류 드
롭다운에서 PHANTOM을 선택한 후 Esc를 누릅니다.

❹ 명령행에 LTS를 입력하고 PHANTOM 선 종류가 잘 표현
되도록 축척 비율을 입력합니다.

LTSCALE 새 선 종류 축척 비율 입력 〈1.0000〉: 0.3

(4) 특성 패널에서 선택한 객체의 선 굵기 변경하기

선 굵기를 변경할 객체를 선택하고 선 종류 드롭다운에서
0.25mm를 선택한 후 Esc를 누릅니다.

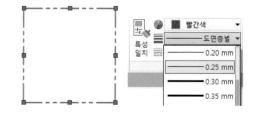

(5) 특성 패널에서 그릴 객체의 색상, 선의 종류, 선의 굵기 지정하기

특성 패널에서 색상은 초록색, 선의 종류는 CONTINUOUS, 선의 굵기는 0.5mm를 선택합니다.

(6) A원 그리기

❶ 명령행에 C를 입력하거나 원 드롭다운 ▾ 에서 ⌒중심점, 반지름을 선택합니다.

❷ 원에 대한 중심점 지정 또는 [3점(3P)/2점(2P)/Ttr–접선 접선 반지름(T)] : 40,40

❸ CIRCLE 원의 반지름 지정 또는 [지름(D)] : 20

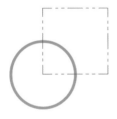

(7) A원 이동하기 1

❶ 명령행에 M을 입력하거나 수정 패널에서 이동 ✛ 을 선택합니다.

❷ MOVE 객체 선택 : 이동할 객체로 원을 선택합니다.

❸ MOVE 기준점 지정 또는 [변위(D)] 〈변위〉 : 이동의 기준점으로 원의 중심점을 지정합니다.

❹ 두 번째 점 지정 또는 〈첫 번째 점을 변위로 사용〉 : Enter↵를 눌러 기준점을 변위로 사용하여 두 번째 점을 지정합니다.

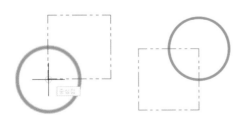

(8) A원을 반복하여 그리기 1

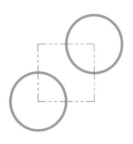

(9) A원 이동하기 2

❶ 명령행에 M을 입력하거나 수정 패널에서 이동 ✛ 을 선택합니다.

❷ MOVE 객체 선택 : 이동할 객체로 원을 선택합니다.

❸ MOVE 기준점 지정 또는 [변위(D)] 〈변위〉 : 이동의 기준점으로 원의 사분점을 지정합니다.

❹ 두 번째 점 지정 또는 〈첫 번째 점을 변위로 사용〉 : 이동하기 전 원의 사분점을 선택하여 이동합니다.

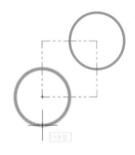

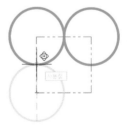

(10) A원을 반복하여 그리기 2

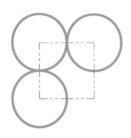

(11) A원 이동하기 3

❶ 명령행에 M을 입력하거나 수정 패널에서 이동 ✛을 선택합니다.

❷ MOVE 객체 선택 : 이동할 객체로 원을 선택합니다.

❸ MOVE 기준점 지정 또는 [변위(D)] 〈변위〉 : 이동의 기준점으로 원의 중심점을 지정합니다.

❹ 두 번째 점 지정 또는 〈첫 번째 점을 변위로 사용〉 : @40,0을 입력하여 이동합니다.

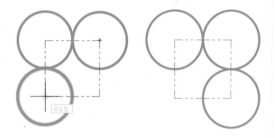

(12) A원을 반복하여 그리기 3

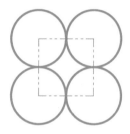

(13) TRIM으로 수정하기

❶ 자르기 ✂ 를 선택하여 실행합니다.

❷ TRIM 객체 선택 또는 〈모두 선택〉 : 경계 객체로 A원과 대각선 방향의 원을 선택합니다.

❸ 자를 객체 선택 또는 Shift 키를 누른 채 선택하여 연장 또는 [울타리(F)/걸치기(C)/프로젝트(P)/모서리(E)/지우기(R)/명령취소(U)] :

경계 객체로 선택이 안 된 두 원을 자를 객체로 선택하여 경계 객체와 만나는 부분까지 자릅니다.

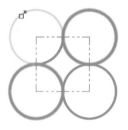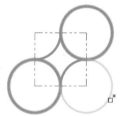

03 | COPY(복사)

선택한 객체를 한 점으로부터 지정한 거리와 방향으로 복사합니다. 일부 옵션을 제외하고 사용방법은 이동과 같습니다.

1 복사 명령 실행방법

❶ 리본 〉 홈 탭 〉 수정 패널 〉 복사 ♋ 를 선택하여 실행합니다.
❷ 명령행에 COPY를 입력하거나 단축키(별칭) CO 또는 CP를 입력하고 [Enter↵] 나 [Space Bar] 를 눌러 실행합니다.

2 COPY 명령 실행 후 프롬프트에 표시 내용

(1) COPY 객체 선택

복사할 객체를 선택합니다.

(2) COPY 기본점 지정 또는 [변위(D)/모드(O)] 〈변위〉

복사의 시작점이자 기준이 되는 점을 지정합니다.

■ 옵션의 모드(O)
  객체복사를 반복할지 아니면 한 번만 복사하고 명령을 끝낼지를 결정합니다.
  • COPY 복사 모드 옵션 입력 [단일(S)/다중(M)] 〈다중(M)〉 : 단일(S)은 단일 복사를 하고 다중(M)은 객체를 여러 번 복사할 수 있습니다.

(3) COPY 두 번째 점 지정 또는 [배열(A)] 〈첫 번째 점을 변위로 사용〉

기준점으로부터 선택한 객체가 복사될 거리 및 방향을 지정합니다.

■ 옵션의 [배열(A)]
  선형 배열을 할 때 사용하며 항목 수를 입력합니다.
❶ COPY 배열할 항목 수 입력 : 배열의 항목 수는 원래 선택한 객체를 포함한 항목 수입니다.
❷ COPY 두 번째 점 지정 또는 [맞춤(F)]
  ㉠ 기준점을 기준으로 배열의 거리와 방향을 지정합니다. 원본 객체로부터 지정한 거리 값만큼 동일한 간격으로 항목 수만큼 복사합니다.
  ㉡ 맞춤(F)은 두 번째 점으로 지정한 거리 및 방향 값이 원본 객체와 최종 복사된 객체의 거리와 방향 값으로 계산되어 그 거리 안에 지정한 항목 수만큼 객체를 복사합니다.

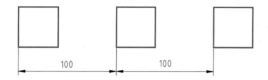

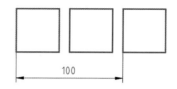

배열할 항목 수가 3이고 두 번째 점은 기준점으로부터
수평방향의 100이며 옵션의 맞춤을 사용하지 않은 경우

배열할 항목 수가 3이고 두 번째 점은
기준점으로부터 수평방향의 100이며 옵션의 맞춤을
사용한 경우

(4) COPY 두 번째 점 지정 또는 [배열(A)/종료(E)/명령취소(U)] 〈종료〉

기준점을 기준으로 복사될 객체의 거리와 방향을 지정합니다.

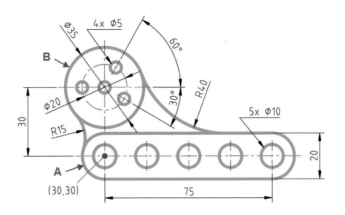

(1) A원(∅20)과 B원(∅35) 그리기

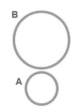

(2) A원 복사하기

❶ 명령행에 CO를 입력하거나 수정 패널에서 복사 를 선택합니다.

❷ COPY 객체 선택 : 복사할 객체로 A원을 선택합니다.

❸ COPY 기본점 지정 또는 [변위(D)/모드(O)] 〈변위〉: 복사의 기준점으로 A원의 중심점을 지정합니다.

❹ COPY 두 번째 점 지정 또는 [배열(A)] 〈첫 번째 점을 변위로 사용〉: @75,0을 입력합니다.

❺ COPY 두 번째 점 지정 또는 [배열(A)/종료(E)/명령취소(U)] 〈종료〉:
Enter↵ 를 눌러 명령을 종료합니다.

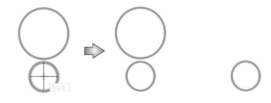

(3) 원 그리기
A원의 중심점에 중심점을 지정하고 ∅10 크기의 원을 그립니다.

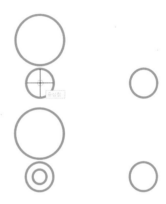

(4) 원(∅10) 복사하기

❶ 명령행에 CO를 입력하거나 수정 패널에서 복사 를 선택합니다.

❷ COPY 객체 선택 : 복사할 객체로 ∅10 원을 선택합니다.

❸ COPY 기본점 지정 또는 [변위(D)/모드(O)] 〈변위〉: 복사의 기준점으로 원의 중심점을 지정합니다.

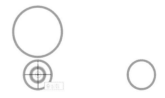

❹ COPY 두 번째 점 지정 또는 [배열(A)] 〈첫 번째 점을 변위로 사용〉: A를 입력합니다.

❺ COPY 배열할 항목 수 입력 : 5를 입력합니다.

❻ COPY 두 번째 점 지정 또는 [맞춤(F)] : F를 입력합니다.

❼ COPY 두 번째 점 지정 또는 [배열(A)] : A원으로부터 +X축 방향으로 거리 75만큼 떨어져 복사한 원의 중심점을 지정합니다.

❽ COPY 두 번째 점 지정 또는 [배열(A)/종료(E)/명령취소(U)] 〈종료〉:
Enter↵ 를 눌러 명령을 종료합니다.

(5) 선 그리기 1

❶ 리본 〉 홈 탭 〉 그리기 패널에서 선 / 을 선택합니다.

❷ LINE 첫 번째 점 지정 : A원의 사분점을 선택합니다.

❸ LINE 다음 점 지정 또는 [명령취소(U)] : ∅20 원의 사분점을 선택합니다.

❹ Enter↵ 나 Space Bar 또는 Esc 키를 눌러 선 명령을 종료합니다.

(6) 선 그리기 2

선 그리기 1과 같은 방법으로 두 원을 사분점을 지정하여 선을 그립니다.

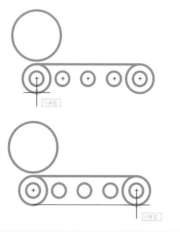

(7) TRIM으로 수정하기

❶ 자르기 ✂ 를 선택하여 실행합니다.

❷ TRIM 객체 선택 또는 〈모두 선택〉 : 경계 객체로 두 선을 선택합니다.

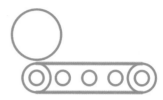

❸ 자를 객체 선택 또는 Shift 키를 누른 채 선택하여 연장 또는 [울타리(F)/걸치기(C)/프로젝트(P)/모서리(E)/지우기(R)/명령취소(U)]
∅20 크기의 두 원을 선택하여 경계 객체와 만나는 부분까지 자릅니다.

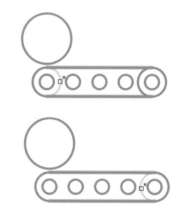

(8) 원 그리기 1

B원 중심점에 중심점을 지정하고 ∅5 크기의 원을 그립니다.

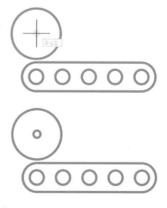

(9) 원(∅5) 다중 복사하기

❶ 명령행에 CO를 입력하거나 수정 패널에서 복사 ⟶를 선택합니다.

❷ COPY 객체 선택 : 복사할 객체로 ∅5 원을 선택합니다.

❸ COPY 기본점 지정 또는 [변위(D)/모드(O)] 〈변위〉 : 복사의 기준점으로 원의 중심점을 지정합니다.

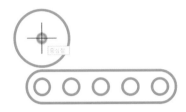

❹ COPY 두 번째 점 지정 또는 [배열(A)] 〈첫 번째 점을 변위로 사용〉 : @10〈60을 입력합니다.

❺ COPY 두 번째 점 지정 또는 [배열(A)/종료(E)/명령취소(U)] 〈종료〉 : @10〈-30을 입력합니다.

❻ COPY 두 번째 점 지정 또는 [배열(A)/종료(E)/명령취소(U)] 〈종료〉 : @10〈180을 입력합니다.

❼ COPY 두 번째 점 지정 또는 [배열(A)/종료(E)/명령취소(U)] 〈종료〉 :
Enter↵를 눌러 명령을 종료합니다.

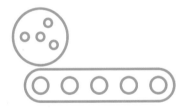

(10) 원 그리기 2

원 드롭다운 ▼ 에서 ⬭ 접선, 접선, 반지름을 선택하고 R15와 R40 원을 그립니다.

(11) TRIM으로 수정하기

❶ 자르기 ✂ 를 선택하여 실행합니다.

❷ TRIM 객체 선택 또는 〈모두 선택〉 : 경계 객체로 A ,B원과 선을 선택합니다.

❸ 자를 객체 선택 또는 Shift 키를 누른 채 선택하여 연장 또는 [울타리(F)/걸치기(C)/프로젝트(P)/모서리(E)/지우기(R)/명령취소(U)] :
R15와 R40 두 원을 선택하여 경계 객체와 만나는 부분까지 자릅니다.

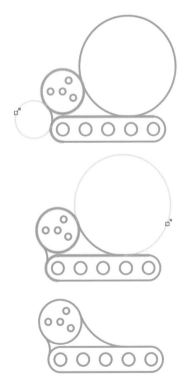

04 | MIRROR(대칭)

대칭선을 중심으로 객체를 반전시켜 대칭이미지를 복사하거나 이동합니다.

1 대칭 명령 실행방법

❶ 리본 〉홈 탭 〉수정 패널 〉대칭 ⚠ 을 선택하여 실행합니다.
❷ 명령행에 MIRROR를 입력하거나 단축키(별칭) MI를 입력하고 [Enter↵] 나 [Space Bar] 를 눌러 실행합니다.

2 MIRROR 명령 실행 후 프롬프트에 표시 내용

❶ MIRROR 객체 선택

객체 선택방법을 사용하여 대칭시킬 객체를 선택합니다.

❷ MIRROR 대칭선의 첫 번째 점 지정

대칭선의 첫 번째 점을 지정합니다.

❸ MIRROR 대칭선의 두 번째 점 지정

첫 번째 점으로부터 대칭선의 두 번째 점을 지정합니다.
첫 번째 점으로부터 대칭선의 두 번째 점까지의 거리값은 중요하지 않으나 방향은 중요합니다.

❹ MIRROR 원본 객체를 지우시겠습니까? [예(Y)/아니오(N)] 〈아니오〉

예(Y)를 선택하면 원본 객체가 지워 지면서 대칭이동이 되고 아니오(N)를 선택하면 원본 객체가 유지되면 대칭복사가 됩니다.

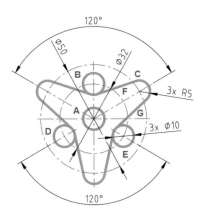

(1) A원 그리기

(2) B, C원 복사하기

❶ 명령행에 CO를 입력하거나 수정 패널에서 복사 🔁 를 선택합니다.

❷ COPY 객체 선택 : 복사할 객체로 A원을 선택합니다.

❸ COPY 기본점 지정 또는 [변위(D)/모드(O)] ⟨변위⟩ : 복사의 기준점으로 원의 중심점을 지정합니다.

❹ COPY 두 번째 점 지정 또는 [배열(A)] ⟨첫 번째 점을 변위로 사용⟩ : @0,16 또는 @16⟨90을 입력합니다.

❺ COPY 두 번째 점 지정 또는 [배열(A)/종료(E)/명령취소(U)] ⟨종료⟩ : @25⟨30을 입력합니다.

❻ COPY 두 번째 점 지정 또는 [배열(A)/종료(E)/명령취소(U)] ⟨종료⟩ : Enter↵ 를 눌러 명령을 종료합니다.

(3) B, C원 대칭복사하기

❶ 명령행에 MI를 입력하거나 수정 패널에서 대칭 ⚠ 을 선택합니다.

❷ MIRROR 객체 선택 : 대칭복사할 원본 객체로 B, C원을 선택합니다. Enter↵

❸ MIRROR 대칭선의 첫 번째 점 지정 : 대칭선의 첫 번째 점으로 A원의 중심점을 지정합니다.

❹ MIRROR 대칭선의 두 번째 점 지정 : 거리 값은 양수로 하며 각도 값은 150도 또는 -30도를 기입합니다. @10⟨150 또는 @10⟨-30을 기입합니다.

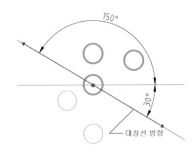

❺ MIRROR 원본 객체를 지우시겠습니까? [예(Y)/아니오(N)] ⟨아니오⟩ : Enter↵ 를 눌러 명령을 종료합니다.

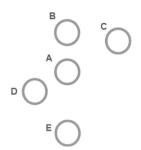

(4) C, D원 대칭복사하기

❶ 명령행에 MI를 입력하거나 수정 패널에서 대칭 ⚠ 를 선택합니다.

❷ MIRROR 객체 선택 : 대칭복사할 원본 객체로 C, D원을 선택합니다. Enter↵

❸ MIRROR 대칭선의 첫 번째 점 지정 : 대칭선의 첫 번째 점으로 A원의 중심점을 지정합니다.

❹ MIRROR 대칭선의 두 번째 점 지정 : 거리 값은 양수로 하며 각도 값은 90도 또는 −90도를 기입합니다. @10⟨90 또는 @10⟨−90을 기입합니다.

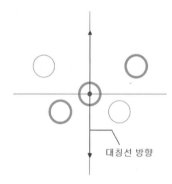

대칭선 방향

❺ MIRROR 원본 객체를 지우시겠습니까? [예(Y)/아니오(N)] ⟨아니오⟩ : Enter↵를 눌러 명령을 종료합니다.

(5) B원과 C원에 접하는 F선 그리기

❶ 리본 〉홈 탭 〉그리기 패널에서 선 ╱ 을 선택합니다.

❷ LINE 첫 번째 점 지정 : B원의 접점을 선택합니다.

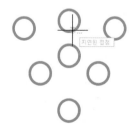

❸ LINE 다음 점 지정 또는 [명령취소(U)] : C원의 접점을 선택합니다.

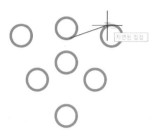

(6) C원과 E원에 접하는 G선 그리기

❶ 리본 〉홈 탭 〉그리기 패널에서 선 ╱ 을 선택합니다.

❷ LINE 첫 번째 점 지정 : C원의 접점을 선택합니다.

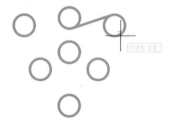

❸ LINE 다음 점 지정 또는 [명령취소(U)] : E원의 접점을 선택합니다.

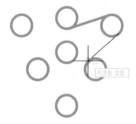

(7) 대칭복사하기 1

❶ 명령행에 MI를 입력하거나 수정 패널에서 대칭 ⚠ 을 선택합니다.

❷ MIRROR 객체 선택 : 대칭복사할 원본 객체로 F, G 두 선분을 선택합니다. Enter↵

❸ MIRROR 대칭선의 첫 번째 점 지정 : 대칭선의 첫 번째 점으로 A원의 중심점을 지정합니다.

❹ MIRROR 대칭선의 두 번째 점 지정 : @10〈90 또는 @10〈−90을 기입합니다.

❺ MIRROR 원본 객체를 지우시겠습니까? [예(Y)/아니오(N)] 〈아니오〉 : Enter↵ 를 눌러 명령을 종료합니다.

(8) 대칭복사하기 2

❶ 명령행에 MI를 입력하거나 수정 패널에서 대칭 △△ 을 선택합니다.

❷ MIRROR 객체 선택 : 대칭복사할 원본 객체로 F, G 두 선분을 선택합니다. Enter↵

❸ MIRROR 대칭선의 첫 번째 점 지정 : 대칭선의 첫 번째 점으로 A원의 중심점을 지정합니다.

❹ MIRROR 대칭선의 두 번째 점 지정 : @10〈150 또는 @10〈−30을 기입합니다.

❺ MIRROR 원본 객체를 지우시겠습니까? [예(Y)/아니오(N)] 〈아니오〉 : Enter↵ 를 눌러 명령을 종료합니다.

(9) TRIM으로 수정하기

❶ 자르기 ✂ 를 선택하여 실행합니다.

❷ TRIM 객체 선택 또는 〈모두 선택〉 : 경계 객체로 그려진 6개의 선을 선택합니다.

❸ 자를 객체 선택 또는 Shift 키를 누른 채 선택하여 연장 또는 [울타리(F)/걸치기(C)/프로젝트(P)/모서리(E)/지우기(R)/명령취소(U)] : 원을 선택하여 경계 객체와 만나는 부분까지 자릅니다.

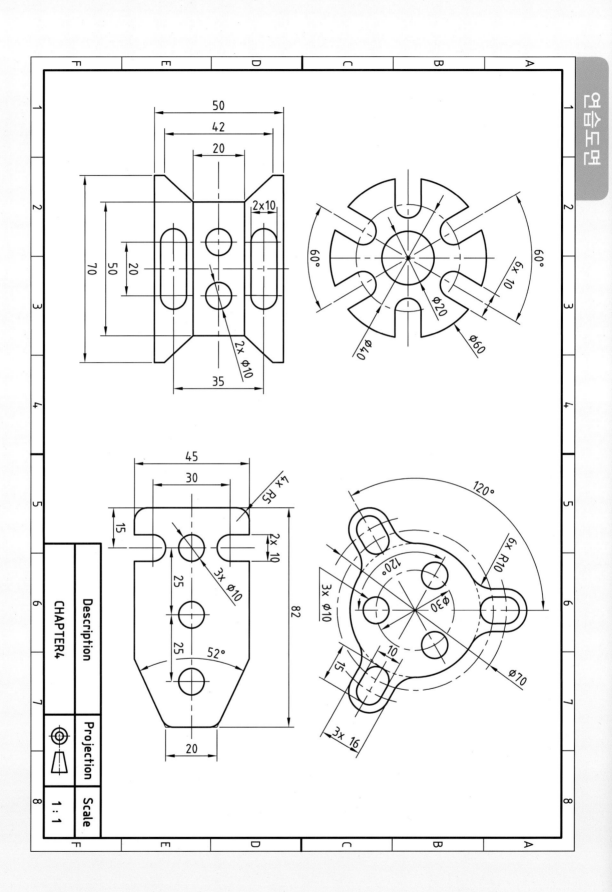

Description	CHAPTER4			
Projection				
Scale	1:1			

MEMO
AutoCAD 2019

도면층 활용 및 객체 간격띄우기와 길이 조정

01 | LAYER

도면층을 사용하여 용도에 따른 객체의 색상, 선 종류, 선의 굵기 등을 미리 지정하여 사용할 수 있으며 도면층으로 분류된 객체를 표시하거나 숨겨 도면의 복잡성을 줄이고 표시성능을 개선할 수 있습니다.

1 도면층 특성

도면층 특성관리자를 사용하여 도면층을 추가, 삭제 및 도면층의 이름을 변경하거나 색상, 선 종류, 선 가중치, 투명도 등의 도면층 특성을 변경합니다.

(1) 도면층 열기

리본 〉홈 탭 〉도면층 패널 〉도면층 특성 을 선택하거나 명령행에 단축키(별칭) LA를 입력하고 Enter↵ 나 Space Bar 를 누르면 도면층 특성 관리자 대화상자가 열립니다.

(2) 새 도면층

- 새 도면층을 작성하고 도면층의 기본 이름을 즉시 변경할 수 있습니다.
- 도면층 리스트에서 도면층을 선택하고 새 도면층을 클릭하면 선택된 도면층의 특성을 상속 받아 새 도면층이 작성됩니다.

❶ 이름 변경

새 도면층을 선택하면 기본 이름을 즉시 변경할 수 있습니다.

❷ 기존 도면층 이름 변경하기

ㄱ 변경하고자 하는 기존 도면층을 선택하고 F2를 누른 후 이름을 변경합니다.

ㄴ 도면층 이름을 마우스 왼쪽 버튼으로 클릭 후 다시 클릭하여 이름을 변경합니다.

ㄷ 도면층 이름에 마우스를 가져다 놓고 마우스 오른쪽 버튼을 클릭하여 바로가기 메뉴에서 도면층 이름 바꾸기를 선택하여 이름을 변경합니다.

(3) 도면층 삭제

불필요한 도면층을 선택하고 도면층 삭제를 누르면 해당 도면층이 삭제됩니다. 또는 마우스 오른쪽 버튼을 클릭하고 바로가기 메뉴에서 도면층 삭제를 선택하여도 됩니다.

■ 도면층 삭제가 안 될 때

- 현재 도면층이면 삭제할 수 없습니다. 현재 도면층은 도면층 상태란에 ✔ 표시가 되어 있습니다.
- 도면에 삭제하고자 하는 도면층으로 그려진 객체나 블록으로 정의된 객체가 있을 때
- 도면층 0 및 Defpoints
- 외부참조에서 사용되는 도면층

(4) 현재로 설정

선택한 도면층을 현재 도면층으로 설정합니다. 현재로 설정하고자 하는 도면층을 더블클릭하거나 바로가기 메뉴에 현재로 설정을 선택하여도 됩니다. 현재로 설정된 도면층의 특성에 의해 새 객체가 작성됩니다.

(5) 새 도면층 VP가 모든 뷰포트에서 동결됨

도면층을 작성하고 기존의 모든 배치 뷰포트에서 동결합니다.

(6) 도면층 리스트

도면층 리스트를 사용하여 도면층의 특성을 변경할 수 있습니다.

❶ **켜기** ♀ : 선택한 도면층을 켜거나 끕니다. 도면층 리스트에서 켜기 ♀ 버튼을 누르면 켜지거나 꺼집니다. 도면층이 꺼져 있으면 해당 도면층으로 작성된 객체는 보이지 않으며 도면층 리스트에 플롯이 켜져 있어도 플롯이 되지 않습니다.

❷ **동결** ☼ : 선택한 도면층을 동결하거나 동결 해제합니다. 복잡한 도면에서 도면층을 동결하여 재생성 시간을 줄이고, ZOOM, PAN 및 기타 작업속도와 객체선택 성능을 향상시킬 수 있습니다. 동결된 도면층의 객체는 표시, 플롯 또는 재생성이 되지 않습니다.

❸ **잠금** 🔓 : 선택한 도면층을 잠그거나 잠금 해제합니다. 잠금된 도면층의 객체는 수정할 수 없습니다.

❹ **플롯** 🖶 : 선택된 도면층의 플롯 여부를 결정합니다. 플롯금지 상태표시는 🖶 입니다.

⑤ **색상** : 선택한 도면층에 대한 색상을 지정할 수 있는 색상 선택 대화상자를 표시합니다.

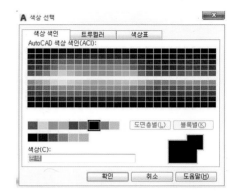

⑥ **선 종류** : 선택한 도면층에 대한 선 종류를 지정할 수 있는 선 종류 선택 대화상자를 표시합니다.

⑦ **선 가중치** : 선택한 도면층에 대한 선 가중치를 지정할 수 있는 선 가중치 선택 대화상자를 표시합니다.

⑧ **투명도** : 선택한 도면층에 대한 투명도를 지정할 수 있는 투명도 대화상자를 표시합니다. 값이 클수록 객체는 더 투명하게 표시됩니다.

(7) 새 특성 필터

도면층 필터를 작성할 수 있는 도면층 필터 대화상자를 표시합니다. 도면층 필터는 지정된 설정과 특성을 포함하는 도면층만 도면층 특성관리자에 나열되도록 제한합니다. 예를 들어, 동결 해제된 도면층만 표시되도록 도면층 리스트를 제한할 수 있습니다.

(8) 새 그룹 필터

그룹에 포함할 특정 도면층을 선택하여 도면층 그룹 필터를 작성할 수 있습니다.

❶ 도면층 리스트에서 그룹으로 사용할 도면층을 끌어 새 그룹 필터로 가져다 놓습니다.

❷ 그룹 필터를 선택하면 가져온 도면층만 도면층 리스트에 표시되며 그룹 안에 포함된 도면층을 일괄적으로 관리할 수 있습니다.

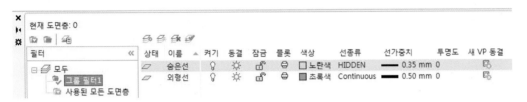

(9) 도면층 상태 관리자

도면층 상태 관리자를 사용하여 도면층 설정을 저장 및 복원하고 가져올 수 있습니다.

❶ 도면층 설정저장

ㄱ 도면층 상태 관리자 대화상자에서 새로 만들기를 클릭합니다.

ㄴ 저장할 새 도면층 상태 대화상자에서 새 도면층 이름을 입력하고 확인을 클릭합니다.

❷ 도면층 상태 내보내기

　㉠ 도면층 상태 관리자 대화상자에서 새로 만든 도면층에서 내보낼 도면층 상태를 클릭하고 내보내기를 클릭합니다.

　㉡ 도면층 상태 내보내기 대화상자에서 도면층 상태 LAS 파일의 대상 폴더를 지정하고 저장을 클릭합니다.

❸ 도면층 상태 LAS 파일 가져오기

　㉠ 도면층 상태 관리자 대화상자에서 가져오기를 클릭합니다.

　㉡ 도면층 상태 가져오기 대화상자에서 LAS 파일을 엽니다.

02 | OFFSET(간격띄우기)

간격띄우기 거리 또는 통과점을 지정하여 원본 객체의 법선방향으로 지정한 거리만큼 간격띄우기를 합니다.

1 OFFSET 실행방법

❶ 리본 〉 홈 탭 〉 수정 패널 〉 간격띄우기 ⊆ 를 선택하여 실행합니다.
❷ 명령행에 단축키(별칭) O를 입력하고 [Enter↵] 나 [Space Bar] 를 눌러 실행합니다.

2 OFFSET 명령 실행 후 프롬프트에 표시 내용

(1) OFFSET 간격띄우기 거리 지정 또는 [통과점(T)/지우기(E)/도면층(L)] 〈1.0000〉:

거리 값을 입력하거나 두 점을 선택하여 측정된 값을 거리로 지정할 수 있습니다.

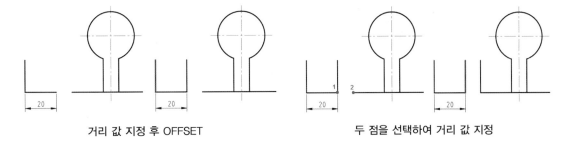

거리 값 지정 후 OFFSET   두 점을 선택하여 거리 값 지정

❶ **통과점(T)** : 원본 객체를 선택하고 점을 지정하여 지정한 점을 통과하는 객체를 작성합니다.

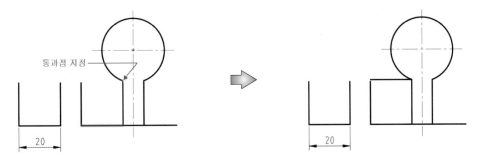

❷ **지우기(E)** : 간격띄우기 한 후 원본 객체를 지웁니다.
   • **간격띄우기 후 원본 객체를 지우시겠습니까? [예(Y)/아니오(N)] 〈아니오〉** : 예(Y)를 선택하면 원본 객체가 지워지고 아니오(N)를 선택하면 원본 객체를 유지합니다.

예(Y)를 선택   아니오(N)를 선택

❸ **도면층(L)** : 간격띄우기 객체를 현재 도면층에서 생성할지 원본객체의 도면층에서 생성할지 여부를 결정 합니다.

- **간격띄우기 객체의 도면층 옵션 입력 [현재(C)/원본(S)] 〈원본〉** : 현재(C)를 선택하면 현재 도면층에서 생성되고 원본(S)을 선택하면 원본 객체의 도면층에서 간격띄우기 객체가 생성됩니다.

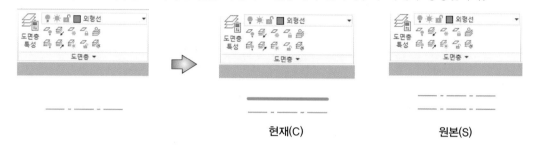

현재(C)   원본(S)

(2) OFFSET 간격띄우기 할 객체 선택 또는 [종료(E)/명령취소(U)] 〈종료〉

원본 객체를 선택합니다.

(3) OFFSET 간격띄우기 할 면의 점 지정 또는 [종료(E)/다중(M)/명령취소(U)] 〈종료〉

원본 객체의 법선방향으로 간격띄우기 할 객체의 방향을 지정합니다.

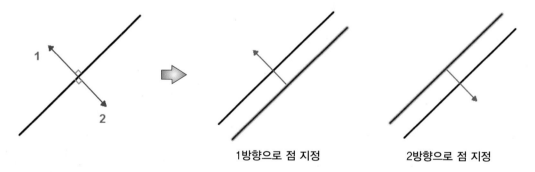

1방향으로 점 지정   2방향으로 점 지정

■ 다중(M)

- 현재 간격띄우기 거리를 사용하여 다음 객체를 선택하기 전까지 간격띄우기 작업을 반복할 수 있습니다.

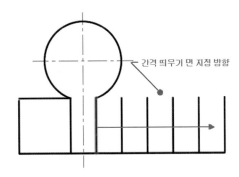

간격 띄우기 면 지정 방향

- 다중(M)을 사용하면 간격띄우기 할 면지정 방향으로 간격띄우기 할 객체를 같은 간격으로 반복적으로 생성할 수 있습니다.

(4) OFFSET 간격띄우기 할 객체 선택 또는 [종료(E)/명령취소(U)] 〈종료〉

OFFSET 명령은 편의상 반복되며 OFFSET 명령을 끝내고자 하면 종료를 선택합니다.

03 | LENGTHEN(길이 조정)

선택한 객체의 길이와 호의 길이, 사이각을 측정할 수 있으며 선, 열린 폴리선, 열린 스플라인, 호, 타원호 길이와 호의 사이각을 변경합니다.

1 LENGTHEN 실행방법

❶ 리본 〉 홈 탭 〉 수정 패널 〉 길이조정 ╱ 을 선택하여 실행합니다.
❷ 명령행에 단축키(별칭) LEN을 입력하고 Enter↵ 나 Space Bar 를 눌러 실행합니다.

2 LENGTHEN 명령 실행 후 프롬프트에 표시 내용

(1) LENGTHEN 측정할 객체 또는 [증분(DE)/퍼센트(P)/합계(T)/동적(DY)] 선택 〈증분(DE)〉

선택한 객체의 길이와 호의 길이, 사이각을 측정합니다.

❶ 증분(DE)

객체를 선택한 방향으로 기입한 값만큼 객체의 길이나 호, 타원호의 사이각을 늘리거나 줄입니다.

㉠ LENGTHEN 증분 길이 또는 [각도(A)] 입력 〈0.0000〉 : 양의 값을 기입하면 객체 선택방향으로 늘어나고 음의 값을 기입하면 줄어듭니다.

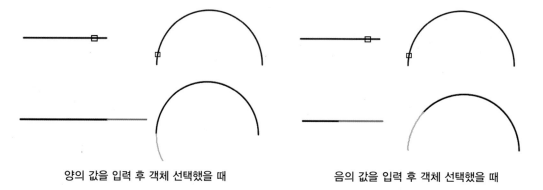

양의 값을 입력 후 객체 선택했을 때   음의 값을 입력 후 객체 선택했을 때

㉡ 각도(A)

LENGTHEN 증분 각도 입력 〈0〉 : 양의 값과 음의 값을 입력하여 호나 타원호 객체 선택방향으로 사이각을 줄이거나 늘립니다.

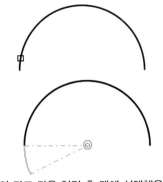

양의 각도 값을 입력 후 객체 선택했을 때   음의 각도 값을 입력 후 객체 선택했을 때

❷ 퍼센트(P)

객체의 길이를 전체 길이에 대해 지정된 퍼센트로 설정합니다.

❸ 합계(T)

객체를 선택한 위치에서 가장 가까운 끝점으로부터 객체의 길이나 사이각이 줄거나 늘어 지정된 값만큼
전체 길이와 전체 각도를 표현합니다.

❹ 동적(DY)

선택된 객체의 끝점 중 하나를 끌어 객체 길이를 변경할 수 있습니다.

(2) 변경할 객체 선택 또는 [명령취소(U)]

변경될 방향으로 가장 가까운 끝점 위치에서 객체를 선택합니다.

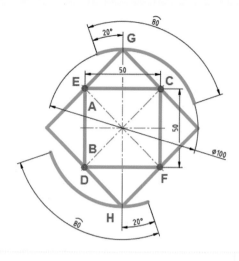

도면층 이름	색상(color)	선 종류
외형선	초록(Green)	Continuous
중심선	빨강(Red)	Center

(1) 도면층 만들기

❶ 리본〉홈 탭〉도면층 패널〉도면층 특성 을 선택하거나 명령행에 단축키(별칭) LA를 입력하고 Enter↵를 눌러 도면층 특성 관리자를 실행합니다.

❷ 새 도면층 을 클릭하여 새 도면층을 만들고 도면층 이름을 외형선으로 변경합니다.

❸ 색상을 클릭하여 색상 선택 대화상자를 표시한 후 초록색을 선택합니다.

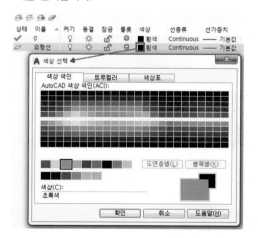

❹ 새 도면층 을 클릭하거나 만들어진 도면층 이름을 마우스 왼쪽 버튼으로 클릭한 후 Enter↵를 눌러 새 도면층을 만들고 도면층 이름을 중심선으로 변경합니다.

❺ 색상을 선택하여 색상 선택 대화상자를 표시한 후 빨간색을 선택합니다.

❻ 선 종류를 클릭하여 선 종류 선택 대화상자를 표시한 후 로드버튼을 클릭합니다.

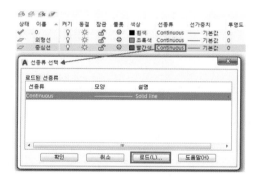

❼ 선 종류 로드 또는 다시 로드 대화상자에서 Center를 선택한 후 확인 버튼을 누르고 선 종류 선택 대화상자 리스트에서 Center를 선택하고 확인을 누릅니다.

❽ 현재로 설정

중심선 도면층을 더블클릭하거나 중심선 도면층을 선택한 후 현재로 설정 을 클릭하여 현재 도면층으로 설정합니다.

(2) 선 그리기

Lts 또는 Ch 명령을 사용하여 적당한 선 종류 축척을 합니다.

(3) OFFSET 사용하기 1

❶ 리본 〉홈 탭 〉수정 패널 〉간격띄우기 를 클릭하거나 명령행에 단축키(별칭) O를 입력하고 Enter↵ 를 눌러 실행합니다.

❷ OFFSET 간격띄우기 거리 지정 또는 [통과점(T)/지우기(E)/도면층(L)] 〈1.0000〉: 25를 입력하고 Enter↵ 를 누릅니다.

❸ OFFSET 간격띄우기 할 객체 선택 또는 [종료(E)/명령취소(U)] 〈종료〉: 간격띄우기 원본 객체로 수직한 중심선을 선택합니다.

❹ OFFSET 간격띄우기 할 면의 점 지정 또는 [종료(E)/다중(M)/명령취소(U)] 〈종료〉: M을 입력하고 Enter↵ 를 누릅니다.

❺ OFFSET 간격띄우기 할 면의 점 지정 또는 [종료(E)/명령취소(U)] 〈다음 객체〉: 간격띄우기 할 면의 점 지정으로 수직선분을 기준으로 법선방향 오른쪽을 지정하고, 간격띄우기 할 면의 점 지정을 반복하여 수직선분 두 개의 간격을 띄웁니다.

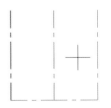

❻ 마우스 오른쪽 버튼을 클릭하거나 Enter↵ 를 눌러 다음 객체로 수평선분을 선택합니다.

❼ OFFSET 간격띄우기 할 면의 점 지정 또는 [종료(E)/명령취소(U)] 〈다음 객체〉: 간격띄우기 할 면의 점 지정으로 수평선분을 기준으로 법선방향 위쪽을 지정하고, 두 개의 수평선분의 간격을 띄웁니다.

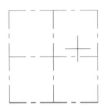

(4) A, B선 그리기

선분의 끝점을 연결하여 대각선 두 개를 그립니다.

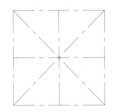

(5) 현재 도면층 바꾸기

도면층 패널의 도면층에서 외형선을 선택하거나 도면층 특성 관리자에서 현재로 설정 을 사용하여 외형선을 현재 도면층으로 바꿉니다.

(6) OFFSET 사용하기 2

❶ 리본 〉홈 탭 〉수정 패널 〉간격띄우기 를 클릭하거나 명령행에 단축키(별칭) O를 입력하고 Enter↵ 를 눌러 실행합니다.

❷ OFFSET 간격띄우기 거리 지정 또는 [통과점(T)/지우기(E)/도면층(L)] 〈25.0000〉: L을 입력하고 Enter↵ 를 누릅니다.

❸ OFFSET 간격띄우기 객체의 도면층 옵션 입력 [현재(C)/원본(S)] 〈원본〉: C를 입력하고 Enter↵ 를 누릅니다.

④ OFFSET 간격띄우기 거리 지정 또는 [통과점(T)/지우기(E)/도면층(L)] 〈25.0000〉 : T를 입력하고 Enter↵ 를 누릅니다.

⑤ OFFSET 간격띄우기 할 객체 선택 또는 [종료(E)/명령취소(U)] 〈종료〉 : 간격띄우기 객체로 A 대각선을 선택합니다.

⑥ OFFSET 통과점 지정 또는 [종료(E)/다중(M)/명령취소(U)] 〈종료〉 : 통과점으로 C점을 선택합니다.

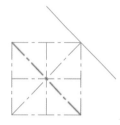

⑦ OFFSET 간격띄우기 할 객체 선택 또는 [종료(E)/명령취소(U)] 〈종료〉 : A 선분을 선택합니다.

⑧ OFFSET 통과점 지정 또는 [종료(E)/다중(M)/명령취소(U)] 〈종료〉 : 통과점으로 D점을 선택합니다.

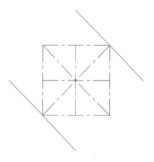

⑨ OFFSET 간격띄우기 할 객체 선택 또는 [종료(E)/명령취소(U)] 〈종료〉 : B 선분을 선택합니다.

⑩ OFFSET 통과점 지정 또는 [종료(E)/다중(M)/명령취소(U)] 〈종료〉 : 통과점으로 E점을 선택합니다.

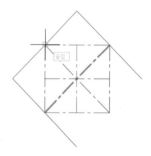

⑪ OFFSET 간격띄우기 할 객체 선택 또는 [종료(E)/명령취소(U)] 〈종료〉 : B 선분을 선택합니다.

⑫ OFFSET 통과점 지정 또는 [종료(E)/다중(M)/명령취소(U)] 〈종료〉 : 통과점으로 F점을 선택하고 Enter↵ 를 눌러 명령을 종료합니다.

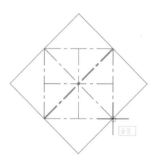

(7) 객체 도면층 변경

❶ 도면층 패널에서 도면층 일치 를 선택합니다.

❷ LAYMCH 변경할 객체 선택 : 사각형을 이루는 중심선 선분을 선택하고 Enter↵ 를 누릅니다.

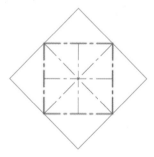

❸ LAYMCH 대상 도면층의 객체 선택 또는 [이름(N)] : 외형선 도면층 선분을 선택하고 Enter↵ 를 누릅니다.

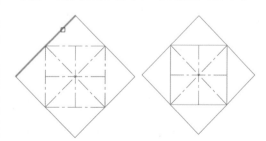

도면층을 변경할 객체를 선택한 후 도면층에서 바꾸려는 도면층을 선택하여 바꿀 수도 있습니다.

(8) 원 그리기

대각선 중심선의 교차점에 원의 중심점을 지정하여 반지름 50인 원을 그립니다.

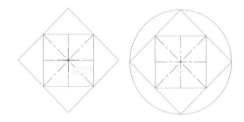

(9) TRIM으로 수정하기

❶ 자르기 ✂ 를 선택하여 실행합니다.

❷ TRIM 객체 선택 또는 〈모두 선택〉 : 경계 객체로 외형선으로 그려진 4개의 선을 선택합니다.

❸ 자를 객체 선택 또는 [Shift] 키를 누른 채 선택하여 연장 또는 [울타리(F)/걸치기(C)/프로젝트(P)/모서리(E)/지우기(R)/명령취소(U)] : 원을 선택하여 경계 객체와 만나는 부분까지 자릅니다.

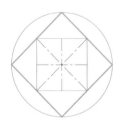 

(10) LENGTHEN 사용하기 1

❶ 리본〉홈 탭〉수정 패널〉길이조정 ╱ 을 선택하거나 명령행에 단축키(별칭) LEN을 입력하고 [Enter↵]를 눌러 실행합니다.

❷ LENGTHEN 측정할 객체 또는 [증분(DE)/퍼센트(P)/합계(T)/동적(DY)] 선택 〈증분(DE)〉 : DE를 입력하고 [Enter↵]를 누릅니다.

❸ LENGTHEN 증분 길이 또는 [각도(A)] 입력 〈0.0000〉 : A를 입력하고 [Enter↵]를 누릅니다.

❹ LENGTHEN 증분 각도 입력 〈0〉 : 20을 입력하고 [Enter↵]를 누릅니다.

❺ LENGTHEN 변경할 객체 선택 또는 [명령취소(U)] : 변경할 객체로 G, H호를 변경할 방향으로 끝점 지점에서 선택하고 [Enter↵]를 눌러 명령을 종료합니다.

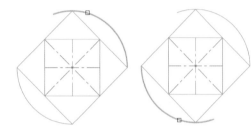

(11) LENGTHEN 사용하기 2

❶ 리본〉홈 탭〉수정 패널〉길이조정 ╱ 을 선택하거나 명령행에 단축키(별칭) LEN을 입력하고 [Enter↵]를 눌러 실행합니다.

❷ LENGTHEN 측정할 객체 또는 [증분(DE)/퍼센트(P)/합계(T)/동적(DY)] 선택 〈증분(DE)〉 : T를 입력하고 [Enter↵]를 누릅니다.

❸ LENGTHEN 전체 길이 또는 [각도(A)] 지정 〈1.0000〉 : 80을 입력하고 [Enter↵]를 누릅니다.

❹ LENGTHEN 변경할 객체 선택 또는 [명령취소(U)] : 변경할 객체로 G, H호를 변경할 방향으로 끝점 지점에서 선택하고 [Enter↵]를 눌러 명령을 종료합니다.

 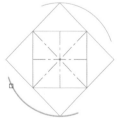

(12) EXTEND 사용하기

❶ 리본〉홈 탭〉수정 패널〉연장 ──→│을 선택하거나 명령
행에 단축키(별칭) EX를 입력하고 [Enter↵]를 누릅니다.

❷ EXTEND 객체 선택 또는〈모두 선택〉:
경계가 될 객체를 선택하고 [Enter↵]를 누릅니다.

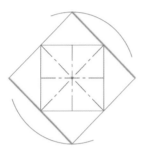

❸ 연장할 객체 선택 또는 [Shift] 키를 누른 채 선택하여
자르기 또는 [울타리(F)/걸치기(C)/프로젝트(P)/모서
리(E)/명령취소(U)] :
중심선을 선택하여 경계 객체에 만나는 부분까지 연
장합니다.

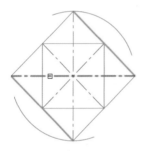

(13) LENGTHEN 사용하기 3

❶ 리본〉홈 탭〉수정 패널〉길이조정 ╱ 을 선택하거나
명령행에 단축키(별칭) LEN을 입력하고 [Enter↵]를 눌러
실행합니다.

❷ LENGTHEN 측정할 객체 또는 [증분(DE)/퍼센트(P)/합
계(T)/동적(DY)] 선택〈증분(DE)〉: DE를 입력하고
[Enter↵]를 누릅니다.

❸ LENGTHEN 증분 길이 또는 [각도(A)] 입력〈0.0000〉:
3을 입력하고 [Enter↵]를 누릅니다.

❹ LENGTHEN 변경할 객체 선택 또는 [명령취소(U)] : 중
심선이 외형선 밖으로 늘어나도록 객체를 선택합니다.

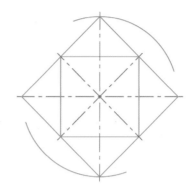

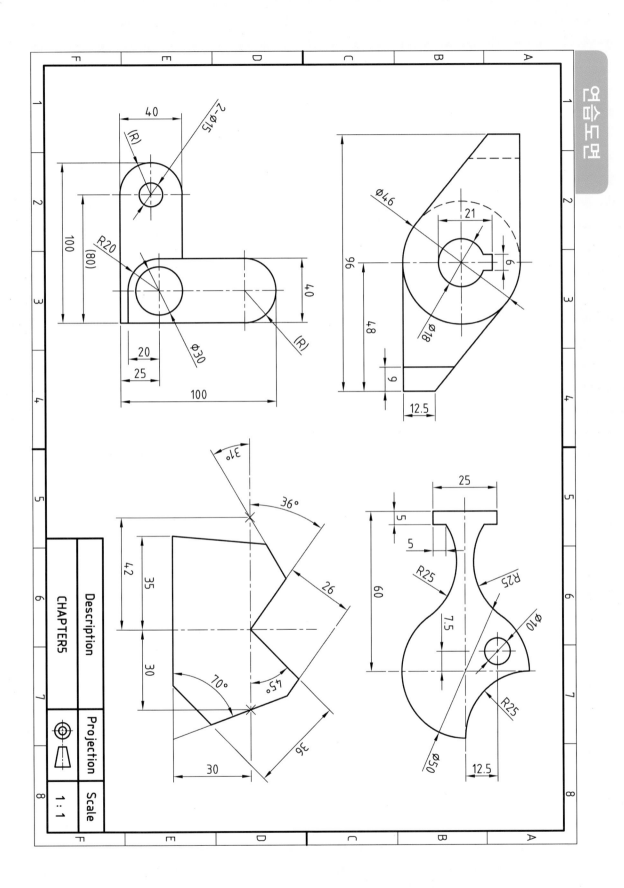

Description	Projection	Scale
CHAPTER5	⊕ / ▽	1 : 1

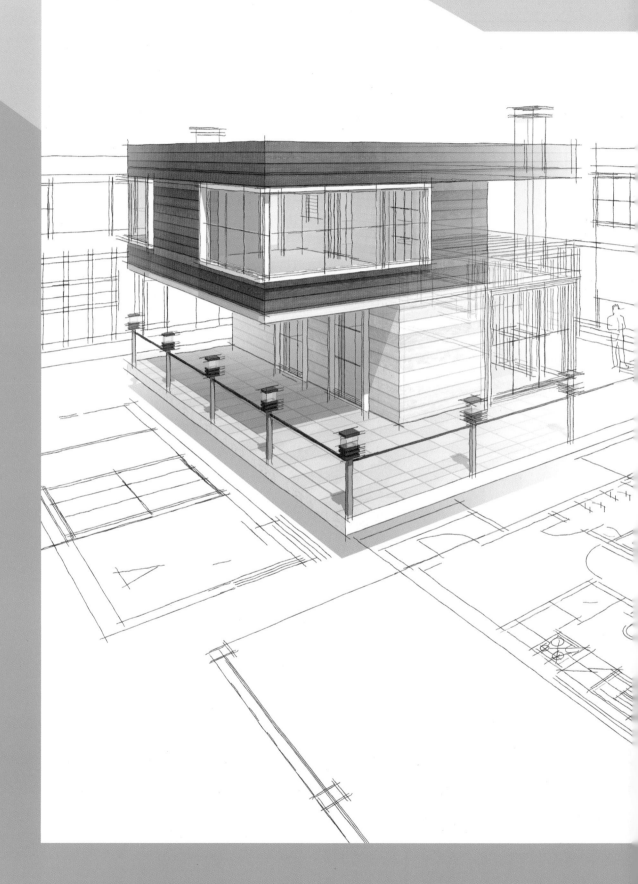

Chapter
06

객체 끊기와 결합 및 객체 모깎기와 모따기

01 | BREAK(끊기)

BREAK의 끊기 기능을 사용하여 객체 내에 간격을 생성하거나 점에서 끊기 기능을 사용하여 두 객체로 나눌 수 있습니다.

1 끊기

객체에서 지정한 두 점 사이의 객체 부분을 지웁니다.

(1) BREAK(끊기) 실행방법

❶ 리본 〉홈 탭 〉수정 패널 〉끊기 ⌐⌐를 선택하여 실행합니다.
❷ 명령행에 단축키(별칭) BR을 입력하고 [Enter↵] 나 [Space Bar] 를 눌러 실행합니다.

2 BREAK 명령 실행 후 프롬프트에 표시 내용

(1) BREAK 객체 선택

끊을 객체를 선택합니다. 기본적으로 객체를 선택한 위치의 점이 첫 번째 끊기점이 됩니다.

(2) BREAK 두 번째 끊기점 지정 또는 [첫 번째 점(F)]

두 번째 끊기 점을 지정합니다.

- **첫 번째 점(F)**
  첫 번째 끊기 점을 다른 점으로 선택하고자 한다면 첫 번째 점 F를 입력하고 [Enter↵] 를 누른 후 BREAK 첫 번째 끊기점 지정을 다시 합니다.

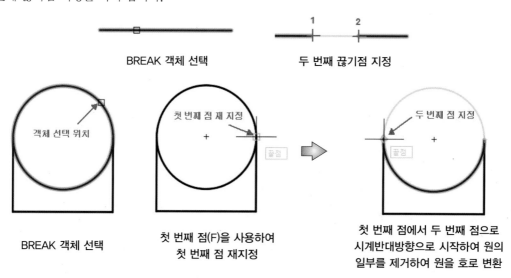

BREAK 객체 선택　　　　두 번째 끊기점 지정

BREAK 객체 선택　　　첫 번째 점(F)을 사용하여　　　첫 번째 점에서 두 번째 점으로
　　　　　　　　　　　첫 번째 점 재지정　　　　　시계반대방향으로 시작하여 원의
　　　　　　　　　　　　　　　　　　　　　　　일부를 제거하여 원을 호로 변환

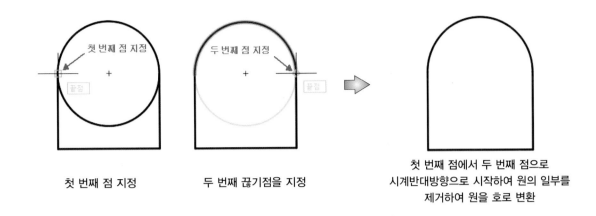

첫 번째 점 지정　　　　　　두 번째 끊기점을 지정

첫 번째 점에서 두 번째 점으로
시계반대방향으로 시작하여 원의 일부를
제거하여 원을 호로 변환

3 점에서 끊기

첫 번째 점과 두 번째 점을 동일한 위치에 지정하여 객체의 일부를 지우지 않고 객체를 둘로 분할할 수 있습니다. BREAK로 점에서 끊기가 가능한 객체로 선, 열린 폴리선 및 원호가 있으며 원과 같이 닫힌 객체는 한 점에서 끊을 수 없습니다.

(1) BREAK(점에서 끊기) 실행방법

❶ 리본 〉홈 탭 〉수정 패널 〉끊기 ⬚를 선택하여 실행합니다.

❷ 명령행에 단축키(별칭) BR을 입력하고 [Enter↵]나 [Space Bar]를 눌러 실행합니다.
　명령행에 단축키 BR을 입력하고 점에서 끊기를 하고자 할 때는 BREAK 두 번째 끊기점을 지정에서 @를 기입하거나 @0,0을 기입하여 첫 번째 점과 동일한 위치에 점을 지정합니다.

(2) 수정 패널 〉끊기 ⬚를 선택 실행 후 프롬프트에 표시 내용

❶ BREAK 객체 선택 : 끊을 객체를 선택합니다.
　BREAK 두 번째 끊기점 지정 또는 [첫 번째 점(F)] : _f → F가 자동으로 입력됩니다.

❷ BREAK 첫 번째 끊기점 지정
　첫 번째 끊기점을 지정합니다.
　BREAK 두 번째 끊기점 지정 : @ → @가 자동으로 입력되어 객체가 둘로 분할되며 명령이 종료됩니다.

BREAK 첫 번째 끊기점 지정　　　　　　두 객체로 분할됨

02 | JOIN(결합)

원본 객체와 결합할 객체를 선택하거나 여러 개의 결합할 객체를 선택하여 하나의 객체로 만듭니다.

1 원본 객체와 같은 종류의 객체 결합

원본 객체와 같은 종류의 객체이며, 원본 객체의 연장선상에 있는 객체와 결합 시 원본 객체의 속성으로 변환되어 결합됩니다.

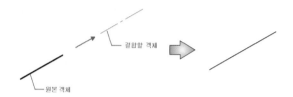 

- 원본 선에는 선 객체만 결합할 수 있으며 선 객체는 동일선상에 있어야 하며 객체 사이에 간격을 둘 수 있습니다.

- 원본 호에는 호만 결합할 수 있으며, 원본 호와 결합할 호는 반지름과 중심점이 같아야 하며 객체 사이에 간격을 둘 수 있습니다.
- 원본 타원호에는 타원형 호만 결합할 수 있으며, 원본 타원호와 결합할 타원 호는 장축과 단축이 같아야 하며 객체 사이에 간격을 둘 수 있습니다.
- 호와 타원호는 원본에서 시작하여 시계반대방향으로 결합할 객체와 결합됩니다.

2 원본 객체와 다른 종류의 객체 결합 시 폴리선으로 변화되어 결합

원본 객체와 다른 종류의 객체이며, 원본 객체의 끝점과 결합할 객체의 끝점이 붙어 있고 동일 평면상에 있어야 결합이 되며 떨어져 있으면 작업이 버려집니다.

3 원본 객체의 연장선상에 위치하지 않은 같은 종류의 객체 결합 시 폴리선으로 변환되어 결합

원본 객체의 끝점과 결합할 객체의 끝점이 붙어 있고 동일 평면상에 있어야 결합이 되며 떨어져 있으면 작업이 버려집니다.

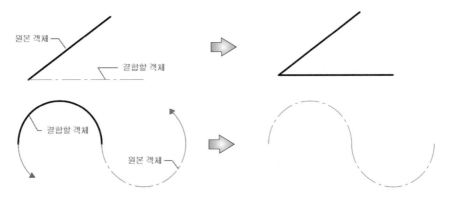

★ **알아두기**

- JOIN의 일반적인 응용방식
  ① 일직선상의 두 선을 단일 선으로 대치
  ② BREAK를 통해 생성된 선의 간격 닫기
  ③ 원본으로 결합할 호 선택 또는 [닫기(L)] : 닫기 L 옵션을 사용하여 호를 원으로 또는 타원호를 타원으로 변환할 수 있습니다.
- JOIN의 유효한 객체로는 선, 호, 타원호, 폴리선, 3D폴리선 및 스플라인이 있으며 구성선, 광선, 및 닫힌 폴리선 객체는 결합할 수 없습니다.

---

4 JOIN(결합) 실행방법

❶ 리본 〉 홈 탭 〉 수정 패널 〉 결합 ⁺⁺ 을 선택하여 실행합니다.
❷ 명령행에 단축키(별칭) J를 입력하고 Enter↵ 나 Space Bar 를 눌러 실행합니다.

5 JOIN 명령 실행 후 프롬프트에 표시 내용

(1) **JOIN 한 번에 결합할 원본 객체 또는 여러 객체 선택** : 원본 객체를 선택하거나 결합할 여러 객체를 선택합니다.

JOIN 결합할 객체 선택 : 원본 객체와 결합할 객체를 선택합니다.

(2) 호를 원으로 또는 타원호를 타원으로 만들기 프롬프트에 표시 내용

❶ 반지름과 중심점이 같은 여러 개의 호를 선택할 때

㉠ JOIN 한 번에 결합할 원본 객체 또는 여러 객체 선택 : 반지름과 중심점이 같은 여러 개의 호를 선택합니다.

㉡ JOIN 결합할 객체 선택 : 결합할 객체를 더 선택하거나 없을 시 Enter↵ 를 누릅니다.

㉢ JOIN 호 세그먼트가 결합되어 원을 형성합니다. 원으로 변환하시겠습니까? [예(Y)/아니오(N)] ⟨예⟩ : Y를 입력하면 원으로 변환되며 N을 입력하면 단일 호가 생성됩니다.

❷ 하나의 호를 선택할 때

㉠ JOIN 한 번에 결합할 원본 객체 또는 여러 객체 선택 : 하나의 호를 선택합니다.

㉡ JOIN 결합할 객체 선택 : Enter↵ 를 누릅니다.

㉢ JOIN 원본으로 결합할 호 선택 또는 [닫기(L)] : L을 입력하면 호가 원으로 변환됩니다.

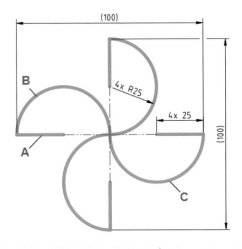

(1) 100 길이의 수평선(A) 그리기

(2) BREAK 점에서 끊기 사용하기

❶ 리본 〉 홈 탭 〉 수정 패널 〉 끊기 ⌐|를 클릭합니다.

❷ BREAK 객체 선택 : 끊을 객체로 선을 선택합니다.

❸ BREAK 두 번째 끊기점을 지정 또는 [첫 번째 점(F)] : _f

❹ BREAK 첫 번째 끊기점 지정 : 첫 번째 끊기점으로 선의
중간점을 지정합니다.

❺ BREAK 두 번째 끊기점 지정 : @ 첫 번째 점 위치에 두
번째 점이 자동으로 지정되어 객체가 둘로 분할되며 명
령이 종료됩니다.

(3) BREAK 끊기 사용하기 1

❶ 리본 〉 홈 탭 〉 수정 패널 〉 끊기⌐」를 클릭하거나 명령
행에 단축키(별칭) BR을 입력하고 Enter↵ 나 Space Bar 를
눌러 실행합니다.

❷ BREAK 객체 선택 : 끊을 객체로 분할된 좌측 선분을 선
택합니다.

❸ BREAK 두 번째 끊기점을 지정 또는 [첫 번째 점(F)] : F
를 입력합니다.

❹ BREAK 첫 번째 점 끊기점 지정 : 선분의 우측 끝점을
첫 번째 점으로 재지정합니다.

❺ BREAK 두 번째 끊기점 지정 : 중간점을 지정하여 첫 번
째 지정한 점으로부터 두 번째 지정한 점까지 객체를 지
웁니다.

(4) BREAK 끊기 사용하기 2

❶ 리본 〉 홈 탭 〉 수정 패널 〉 끊기⌐」를 클릭하거나 명령
행에 단축키(별칭) BR을 입력하고 Enter↵ 나 Space Bar 를
눌러 실행합니다.

❷ BREAK 객체 선택 : 끊을 객체로 분할된 우측 선분을 선
택합니다.

❸ BREAK 두 번째 끊기점을 지정 또는 [첫 번째 점(F)] : F
를 입력합니다.

❹ BREAK 첫 번째 점 끊기점 지정 : 선분의 좌측 끝점을
첫 번째 점으로 재지정합니다.

⑤ BREAK 두 번째 끊기점 지정 : 중간점을 지정하여 첫 번째 지정한 점으로부터 두 번째 지정한 점까지 객체를 지웁니다.

(5) B원 그리기

❶ 명령행에 C를 입력하거나 원 드롭다운 ▼ 에서 ⊙중심점, 반지름을 선택합니다.

❷ 원에 대한 중심점 지정 또는 [3점(3P)/2점(2P)/Ttr-접선 접선 반지름(T)] : 선분의 끝점을 지정합니다.

❸ CIRCLE 원의 반지름 지정 또는 [지름(D)] : 25를 기입합니다.

(6) C원 그리기

❶ 명령행에 C를 입력하거나 원 드롭다운 ▼ 에서 ⊙중심점, 반지름을 선택합니다.

❷ 원에 대한 중심점 지정 또는 [3점(3P)/2점(2P)/Ttr-접선 접선 반지름(T)] : 선분의 끝점을 지정합니다.

❸ CIRCLE 원의 반지름 지정 또는 [지름(D)] : 25를 기입합니다.

(7) TRIM으로 수정하기

❶ 자르기 ✂ 를 선택하여 실행합니다.
모서리 : 연장 상태에서 진행합니다.

❷ TRIM 객체 선택 또는 〈모두 선택〉: 경계 객체로 선분을 선택하고 [Enter↵]를 누릅니다.

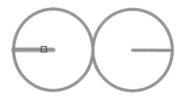

❸ 자를 객체 선택 또는 [Shift] 키를 누른 채 선택하여 연장 또는 [울타리(F)/걸치기(C)/프로젝트(P)/모서리(E)/지우기(R)/명령취소(U)] :
B, C원을 선택하여 경계 객체와 만나는 부분까지 자릅니다.

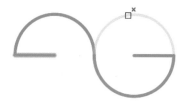

(8) JOIN(결합) 사용하기

❶ 리본 〉 홈 탭 〉 수정 패널 〉 결합 ➤⊢ 을 클릭하거나 명령행에 단축키(별칭) J를 입력하고 [Enter↵]나 [Space Bar]를 눌러 실행합니다.

❷ JOIN 한 번에 결합할 원본 객체 또는 여러 객체 선택 : 그려진 선과 호를 모두 선택합니다.

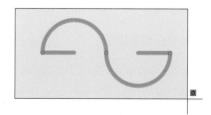

❸ JOIN 결합할 객체 선택 : [Enter↵]를 눌러 종료하면 4개 객체가 1개 폴리선으로 변환됩니다.

(9) 결합된 단일 객체 대칭복사하기 1

❶ 명령행에 MI를 입력하거나 수정 패널에서 대칭 ◭ 을 선택합니다.

❷ MIRROR 객체 선택 : 폴리선을 선택합니다. Enter↵

❸ MIRROR 대칭선의 첫 번째 점 지정 : 호의 끝점을 선택합니다.

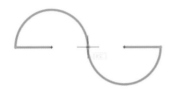

❹ MIRROR 대칭선의 두 번째 점 지정 : 거리 값은 양수로 하며 각도 값은 45도 또는 −135도를 기입합니다. @10〈45 또는 @10〈−90을 기입합니다.

❺ MIRROR 원본 객체를 지우시겠습니까? [예(Y)/아니오(N)] 〈아니오〉 : Enter↵ 를 눌러 명령을 종료합니다.

(10) 결합된 단일 객체 대칭복사하기 2

❶ 명령행에 MI를 입력하거나 수정 패널에서 대칭 ◭ 을 선택합니다.

❷ MIRROR 객체 선택 : 대칭시킨 폴리선을 선택합니다. Enter↵

❸ MIRROR 대칭선의 첫 번째 점 지정 : 호의 끝점을 선택합니다.

❹ MIRROR 대칭선의 두 번째 점 지정 : 거리 값은 양수로 하며 각도 값은 90도 또는 −90도를 기입합니다. @10〈45 또는 @10〈−90을 기입합니다.

❺ MIRROR 원본 객체를 지우시겠습니까? [예(Y)/아니오(N)] 〈아니오〉 : Y를 기입하고 Enter↵ 를 눌러 명령을 종료합니다.

03 | FILLET(모깎기)

객체의 유형이 같거나 다른 두 객체에 접하는 호를 작성하여 모깎기 또는 둥글게 깎기를 합니다.

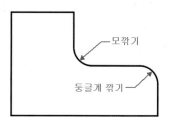

1 FILLET(모깎기) 실행방법

❶ 리본 〉 홈 탭 〉 수정 패널 〉 모따기 및 모깎기 드롭다운 메뉴에서 모깎기 를 선택하여 실행합니다.

❷ 명령행에 단축키(별칭) F를 입력하고 Enter↵ 나 Space Bar 를 눌러 실행합니다.

2 FILLET 명령 실행 후 프롬프트에 표시 내용

(1) FILLET 첫 번째 객체 선택 또는 [명령취소(U)/폴리선(P)/반지름(R)/자르기(T)/다중(M)]

모깎기를 할 첫 번째 객체를 선택합니다.

❶ 자르기(T) : 모깎기가 생성될 두 객체를 자르거나 연장할지 결정합니다.

• FILLET 자르기 모드 옵션 입력 [자르기(T)/자르지 않기(N)] 〈자르기〉

㉠ 자르기(T) : 자르기와 연장이 가능합니다.

두 객체에 작성될 호와 접하는 점까지 잘리면서
모서리를 둥글게 깎음

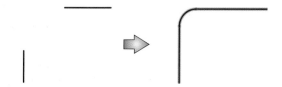

두 객체가 만나는 지점에서 작성될 호의 크기에 따른
접하는 점까지 연장하면서 모서리를 둥글게 깎음

ⓛ **자르지 않기(N)** : 선택한 객체를 자르거나 연장하지 않습니다.

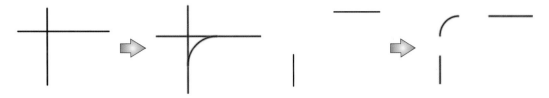

❷ **반지름(R)** : 모깎기의 반지름을 설정합니다.

　ㄱ 자르기 모드에서 반지름 값 0을 사용하면 두 객체가 서로 교차하도록 잘리거나 연장됩니다.

자르기 모드

　ㄴ 평행한 두 선분을 객체로 선택하면 반지름 값에 상관없이 두 선분의 간격의 지름 값이 되어 둥글게 깎기가
　　작성됩니다.

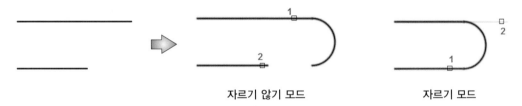

자르기 않기 모드　　　　　자르기 모드

❸ **다중(M)** : 두 객체를 계속 선택하여 모깎기를 합니다.

❹ **폴리선(P)** : 폴리선을 선택하여 두 직선이 만나는 각 정점에 모깎기를 삽입합니다.

2D 폴리선

(2) FILLET 두 번째 객체 선택 또는 Shift 키를 누른 채 선택하여 구석 적용 또는 [반지름(R)]

❶ 모깎기를 할 두 번째 객체를 선택합니다.

❷ Shift 키를 누른 상태로 두 번째 객체를 선택하여 첫 번째 객체와의 구석을 만들 수 있습니다.

❸ Shift 키를 누른 상태로 두 번째 객체를 선택하여 구석을 만들 때 자르기 모드에 상관없이 구석까지 자르기
　와 연장이 됩니다.

04 | CHAMFER(모따기)

길이 및 각도로 정의하여 선택한 두 객체의 모서리를 비스듬히 깎습니다.

1 CHAMFER(모따기) 실행방법

❶ 리본 〉홈 탭 〉수정 패널 〉모따기 및 모깎기 드롭다운 메뉴에서 모따기 를 선택하여
실행합니다.

❷ 명령행에 단축키(별칭) CHA를 입력하고 Enter↵ 나 Space Bar 를 눌러 실행합니다.

2 CHAMFER 명령 실행 후 프롬프트에 표시 내용

(1) CHAMFER 첫 번째 선 선택 또는 [명령취소(U)/폴리선(P)/거리(D)/각도(A)/자르기(T)/메서드(E)/다중(M)]

❶ **거리(D)** : 첫 번째 객체와 두 번째 객체의 교차점에서부터 모따기 거리를 설정합니다. 자르기 모드에서 두
거리를 모두 0으로 설정하면 두 객체가 서로 교차하도록 잘리거나 연장됩니다.

㉠ CHAMFER 첫 번째 모따기 거리 지정 〈1.0000〉 : 첫 번째 선택한 객체의 교차점으로부터 모따기 거리를
지정합니다.

㉡ CHAMFER 두 번째 모따기 거리 지정 〈1.0000〉 : 두 번째 선택한 객체의 교차점으로부터 모따기 거리를
지정합니다.

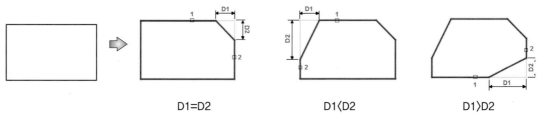

D1=D2 D1〈D2 D1〉D2

❷ **각도(A)** : 교차점으로부터 첫 번째 선택한 객체의 모따기 거리를 지정하고 첫 번째 선으로부터 모따기 각도를
설정합니다.

㉠ CHAMFER 첫 번째 선의 모따기 길이 지정 〈0.0000〉 : 선택한 객체 교차점으로부터의 모따기 거리를 지정
합니다.

ⓛ CHAMFER 첫 번째 선으로부터 모따기 각도 지정 〈0〉 : 첫 번째 선의 모따기 거리 지정점을 기준으로 첫 번째 객체가 두 번째 객체 방향으로 회전하여 만나는 점을 지정하기 위한 각도를 지정합니다.

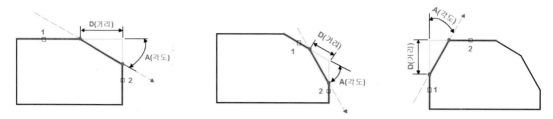

❸ **메서드(E)** : 마지막으로 설정한 거리(D) 또는 각도(A) 방법 중 하나를 선택하여 모따기방법을 조정합니다.

(2) CHAMFER 두 번째 선 선택 또는 Shift 키를 누른 채 선택하여 구석 적용 또는 [거리(D)/각도(A)/메서드(M)]

• 두 번째 선 객체를 선택하여 모따기를 생성합니다.

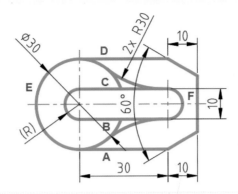

오른쪽 세로 여백: 따라하기

(1) 선 그리기 1

중심선 〉원 〉선의 순서로 그리는 것이 좋으나 명령 연습을 위해 A선을 먼저 그립니다.

(2) OFFSET 사용하기

❶ 리본 〉홈 탭 〉수정 패널 〉간격띄우기 ⊏ 를 클릭하거나 명령행에 단축키(별칭) O를 입력하고 Enter↵ 를 눌러 실행합니다.

❷ OFFSET 간격띄우기 거리 지정 또는 [통과점(T)/지우기(E)/도면층(L)] 〈1.0000〉: 10을 입력하고 Enter↵ 를 누릅니다.

❸ OFFSET 간격띄우기 할 객체 선택 또는 [종료(E)/명령취소(U)] 〈종료〉: 간격띄우기 원본 객체로 A선을 선택합니다.

❹ OFFSET 간격띄우기 할 면의 점 지정 또는 [종료(E)/다중(M)/명령취소(U)] 〈종료〉: M을 입력하고 Enter↵ 를 누릅니다.

❺ OFFSET 간격띄우기 할 면의 점 지정 또는 [종료(E)/명령취소(U)] 〈다음 객체〉: 간격띄우기 할 면의 점 지정으로 수평선분을 기준으로 법선방향 위쪽을 지정하고, 간격띄우기 할 면의 점 지정을 반복하여 수평한 선분 세 개의 간격을 띄웁니다.

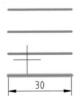

(3) FILLET(모깎기) 1

❶ 리본 〉홈 탭 〉수정 패널 〉모따기 및 모깎기 드롭다운 메뉴에서 모깎기 를 클릭하거나 명령행에 F를 입력하고 Enter↵ 나 Space Bar 를 눌러 실행합니다.

❷ FILLET 첫 번째 객체 선택 또는 [명령취소(U)/폴리선(P)/반지름(R)/자르기(T)/다중(M)]: M을 입력하고 Enter↵ 를 누릅니다.

❸ FILLET 첫 번째 객체 선택 또는 [명령취소(U)/폴리선(P)/반지름(R)/자르기(T)/다중(M)]: 모깎기가 생성될 방향으로 B를 첫 번째 객체로 선택합니다.

❹ FILLET 두 번째 객체 선택 또는 Shift 키를 누른 채 선택하여 구석 적용 또는 [반지름(R)]: 모깎기가 생성될 방향으로 C를 두 번째 객체로 선택합니다.

❺ FILLET 첫 번째 객체 선택 또는 [명령취소(U)/폴리선(P)/반지름(R)/자르기(T)/다중(M)]: 모깎기가 생성될 방향으로 B를 첫 번째 객체로 선택합니다.

❻ FILLET 두 번째 객체 선택 또는 Shift 키를 누른 채 선택하여 구석 적용 또는 [반지름(R)]: 모깎기가 생성될 방향으로 C를 두 번째 객체로 선택합니다.

❼ FILLET 첫 번째 객체 선택 또는 [명령취소(U)/폴리선(P)/반지름(R)/자르기(T)/다중(M)]: 모깎기가 생성될 방향으로 A를 첫 번째 객체로 선택합니다.

❽ FILLET 두 번째 객체 선택 또는 Shift 키를 누른 채 선택하여 구석 적용 또는 [반지름(R)] : 모깎기가 생성될 방향으로 D를 두 번째 객체로 선택합니다.

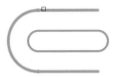

❾ FILLET 첫 번째 객체 선택 또는 [명령취소(U)/폴리선(P)/반지름(R)/자르기(T)/다중(M)] : Enter↵ 를 눌러 명령을 종료합니다.

(4) 연장하기

❶ 리본 〉홈 탭 〉수정 패널 〉연장 ⟶ 을 클릭하거나 명령행에 EX를 입력하고 Enter↵ 를 눌러 실행합니다.

❷ EXTEND 객체 선택 또는 〈모두 선택〉 : B와 C선을 경계 객체로 선택합니다.

❸ 연장할 객체 선택 또는 Shift 키를 누른 채 선택하여 자르기 또는 [울타리(F)/걸치기(C)/프로젝트(P)/모서리(E)/명령취소(U)] : E호를 경계 객체 방향으로 선택하여 경계 객체에 만나는 부분까지 연장합니다.

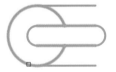

(5) 선 그리기 2

E호의 사분점을 연결하는 선을 그립니다.

(6) 선 복사하기

❶ 명령행에 CO를 입력하거나 수정 패널에서 복사 ⟳ 를 선택합니다.

❷ COPY 객체 선택 : 복사할 객체로 E호의 사분점을 연결하는 선을 선택합니다.

❸ COPY 기본점 지정 또는 [변위(D)/모드(O)] 〈변위〉 : 복사의 기준점으로 선의 끝점을 지정합니다.

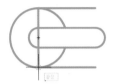

❹ COPY 두 번째 점 지정 또는 [배열(A)] 〈첫 번째 점을 변위로 사용〉 : @40,0을 입력합니다.

❺ COPY 두 번째 점 지정 또는 [배열(A)/종료(E)/명령취소(U)] 〈종료〉 :
Enter↵ 를 눌러 명령을 종료합니다.

(7) CHAMFER(모따기)

❶ 리본 〉홈 탭 〉수정 패널 〉모따기 및 모깎기 드롭다운 메뉴에서 모따기 ⟋ 를 클릭하거나 CHA를 입력하고 Enter↵ 나 Space Bar 를 눌러 실행합니다.

❷ CHAMFER 첫 번째 선 선택 또는 [명령취소(U)/폴리선(P)/거리(D)/각도(A)/자르기(T)/메서드(E)/다중(M)] : T를 입력하고 Enter↵ 를 누릅니다.
  • CHAMFER 자르기 모드 옵션 입력 [자르기(T)/자르지 않기(N)] 〈자르기〉 : T를 입력하고 Enter↵ 를 눌러 자르기 모드로 바꿔 모따기 선분까지 객체가 잘리거나 연장되도록 만듭니다.

❸ CHAMFER 첫 번째 선 선택 또는 [명령취소(U)/폴리선(P)/거리(D)/각도(A)/자르기(T)/메서드(E)/다중(M)] : A를 입력하고 Enter↵ 를 누릅니다.
  • CHAMFER 첫 번째 선의 모따기 길이 지정 〈00.0000〉 : 10을 입력합니다.
  • CHAMFER 첫 번째 선으로부터 모따기 각도 지정 〈0〉 : 30을 입력합니다.

❹ CHAMFER 첫 번째 선 선택 또는 [명령취소(U)/폴리선 (P)/거리(D)/각도(A)/자르기(T)/메서드(E)/다중(M)] : M을 입력하고 Enter↵ 를 누릅니다.

❺ CHAMFER 첫 번째 선 선택 또는 [명령취소(U)/폴리선 (P)/거리(D)/각도(A)/자르기(T)/메서드(E)/다중(M)] : D선을 선택합니다.

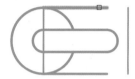

❻ CHAMFER 두 번째 선 선택 또는 Shift 키를 누른 채 선택하여 구석 적용 또는 [거리(D)/각도(A)/메서드(M)] : F선을 선택합니다.

❼ CHAMFER 첫 번째 선 선택 또는 [명령취소(U)/폴리선 (P)/거리(D)/각도(A)/자르기(T)/메서드(E)/다중(M)] : A선을 선택합니다.

❽ CHAMFER 두 번째 선 선택 또는 Shift 키를 누른 채 선택하여 구석 적용 또는 [거리(D)/각도(A)/메서드(M)] : F선을 선택합니다.

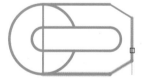

❾ CHAMFER 첫 번째 선 선택 또는 [명령취소(U)/폴리선 (P)/거리(D)/각도(A)/자르기(T)/메서드(E)/다중(M)] : Enter↵ 를 눌러 명령을 종료합니다.

(8) FILLET(모깎기) 2

❶ 리본 〉홈 탭 〉수정 패널 〉모따기 및 모깎기 드롭다운 메뉴에서 모깎기 ⌐ 를 클릭하거나 명령행에 F를 입력 하고 Enter↵ 나 Space Bar 를 눌러 실행합니다.

❷ FILLET 첫 번째 객체 선택 또는 [명령취소(U)/폴리선 (P)/반지름(R)/자르기(T)/다중(M)] : T를 입력하고 Enter↵ 를 누릅니다.
• 자르기 모드 옵션 입력 [자르기(T)/자르지 않기(N)] 〈자르지 않기〉 : N을 입력하고 Enter↵ 를 눌러 자르 지 않기 모드로 변환합니다.

❸ FILLET 첫 번째 객체 선택 또는 [명령취소(U)/폴리선 (P)/반지름(R)/자르기(T)/다중(M)] : R을 입력하고 Enter↵ 를 누릅니다.
FILLET 모깎기 반지름 지정 〈0.0000〉 : 30을 입력하 고 Enter↵ 를 누릅니다.

❹ FILLET 첫 번째 객체 선택 또는 [명령취소(U)/폴리선 (P)/반지름(R)/자르기(T)/다중(M)] : M을 입력하고 Enter↵ 를 누릅니다.

❺ FILLET 첫 번째 객체 선택 또는 [명령취소(U)/폴리선 (P)/반지름(R)/자르기(T)/다중(M)] : E호를 선택합니다.

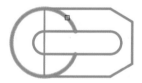

❻ FILLET 두 번째 객체 선택 또는 Shift 키를 누른 채 선 택하여 구석 적용 또는 [반지름(R)] : C선분을 선택합니 다.

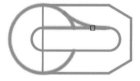

❼ FILLET 첫 번째 객체 선택 또는 [명령취소(U)/폴리선 (P)/반지름(R)/자르기(T)/다중(M)] : E호를 선택합니다.

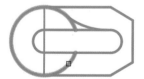

❽ FILLET 두 번째 객체 선택 또는 [Shift] 키를 누른 채 선
택하여 구석 적용 또는 [반지름(R)] : B선분을 선택합니다.

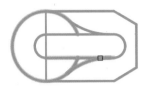

❾ FILLET 첫 번째 객체 선택 또는 [명령취소(U)/폴리선
(P)/반지름(R)/자르기(T)/다중(M)] : [Enter↵]를 눌러 명
령을 종료합니다.

(9) 선 그리기 3

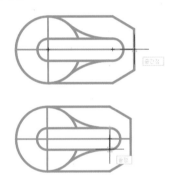

(10) LAYER를 사용하여 중심선 표현하기

변경하고자 하는 객체를 선택한 후 만들어 놓은 중심선 도
면층을 클릭하여 바꿉니다.

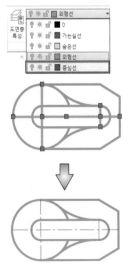

(11) 중심선 연장하기

LENGTHEN의 DE(증분)를 사용하여 외형선으로부터 중선
이 3mm 연장되도록 표현합니다.

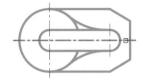

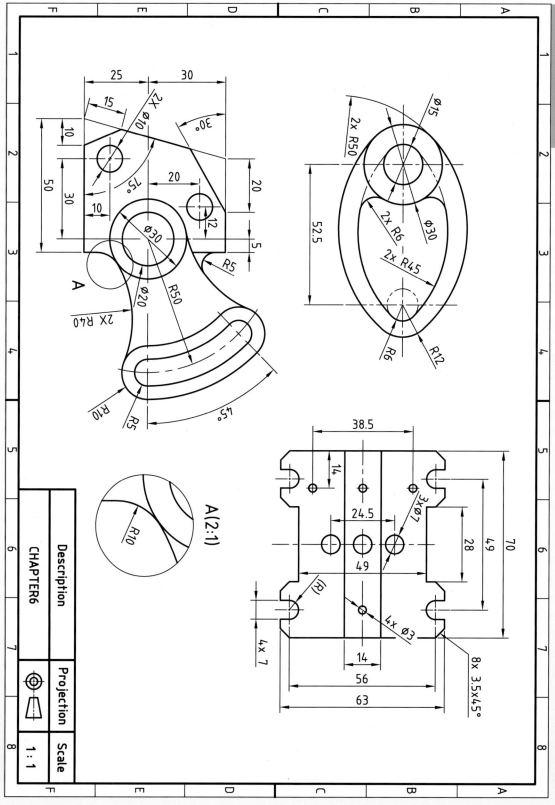

A

A(2:1)

Description CHAPTER6

Projection

Scale 1 : 1

MEMO
AutoCAD 2019

Chapter

07

객체 회전과 객체 크기 및 형태 조정

01 | ROTATE(회전)

기준점을 중심으로 선택한 객체를 회전합니다.

1 ROTATE 실행방법

❶ 리본 〉 홈 탭 〉 수정 패널 〉 회전 ↻ 을 선택하여 실행합니다.
❷ 명령행에 단축키(별칭) RO를 입력하고 [Enter↵]나 [Space Bar]를 눌러 실행합니다.

2 ROTATE 명령 실행 후 프롬프트에 표시 내용

(1) ROTATE 객체 선택

객체 선택 방법을 사용하여 회전할 객체를 선택합니다.

(2) ROTATE 기준점 지정

회전하기 위한 기준점을 지정합니다.

(3) ROTATE 회전 각도 지정 또는 [복사(C)/참조(R)] 〈0〉

0도에서 360도까지 회전 각도 값을 입력합니다. 양의 각도를 입력하면 시계반대방향, 음의 각도를 입력하면 시계방향으로 회전합니다. 각도 방향은 UNITS에서 설정한 값에 따릅니다.

📌 **알아두기**

UNITS(단위)

도면 단위 대화상자에서 좌표, 거리 및 각도 표시형식과 정밀도 등을 설정합니다.
명령행에 단축키(별칭) UN를 입력하고 [Enter↵]나 [Space Bar]를 눌러 도면 단위 대화상자를 표시합니다.

① 길이 : 단위 표시 스타일을 지정하거나 과학, 십진 또는 공학형식 스타일 사용 시 소수점 이하 자릿수(0에서 8)를 설정합니다.
② 각도 : 각도 표시 형식을 지정하고 각도 표시에 대한 정밀도(0에서 8)를 설정합니다. 시계방향에 체크하면 시계방향의 각도 값은 양의 값을 가지며, 시계방향에 체크를 하지 않으면 시계반대방향의 각도 값이 양의 값을 갖습니다.

---

③ 방향 : 방향을 클릭하면 방향 조정대화상자가 표시되며 각도 0의 방향을 설정합니다.

④ 삽입 축척 : 현재 도면에 삽입된 블록 및 도면의 측정단위를 조정합니다.

❶ **복사(C)** : 회전하기 위해 선택된 객체의 사본을 작성합니다.

❷ **참조(R)** : 참조된 각도로부터 새 절대 각도까지 객체를 회전합니다.

　㉠ ROTATE 참조 각도를 지정 〈0〉 : 참조 각도를 입력하거나 각도방향에 해당하는 2개의 점 위치를 지정합니다.

　㉡ ROTATE 새 각도 지정 또는 [점(P)] 〈0〉 : 새 각도를 입력하거나 P를 입력하고 Enter↵를 눌러 각도방향에 해당하는 2개의 점 위치를 지정합니다.

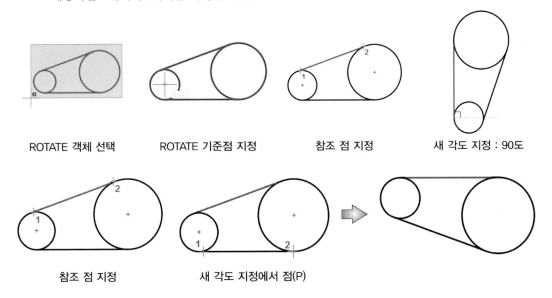

| ROTATE 객체 선택 | ROTATE 기준점 지정 | 참조 점 지정 | 새 각도 지정 : 90도 |

참조 점 지정　　　　새 각도 지정에서 점(P)

02 | SCALE(축척)

기준점을 중심으로 축척비율 값만큼 X축과 Y축 비율을 동일하게 선택한 객체를 확대 또는 축소합니다.

1 SCALE 실행방법

❶ 리본 〉 홈 탭 〉 수정 패널 〉 축척□ 을 선택하여 실행합니다.
❷ 명령행에 단축키(별칭) SC를 입력하고 Enter↵ 나 Space Bar 를 눌러 실행합니다.

2 SCALE 명령 실행 후 프롬프트에 표시 내용

(1) SCALE 객체 선택

객체 선택방법을 사용하여 축척할 객체를 선택합니다.

(2) SCALE 기준점 지정

축척 작업을 위한 기준점을 지정합니다.

(3) SCALE 축척비율 지정 또는 [복사(C)/참조(R)]

축척비율 〉 1일 때 객체가 확대되고, 0〈 축척비율 〈 1이면 객체가 축소됩니다.

> ✏ 알아두기
>
> **45 → 180 확대방법**
> SCALE 축척비율 지정 또는 [복사(C)/참조(R)] : 180/45(나중 길이/처음 길이)
> 를 입력하고 Enter↵ 를 누르면 축척비율이 계산됩니다. 단, 소수를 입력하여 나
> 눌 수는 없습니다.
>
>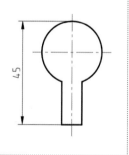

❶ **복사(C)** : 축척하기 위해 선택된 객체의 사본을 작성합니다.
❷ **참조(R)** : 선택한 객체를 참조 길이와 지정한 새 길이를 기준으로 객체를 축척합니다.
　　㉠ SCALE 참조 길이 지정 〈0〉 : 참조 길이 값을 입력하거나 길이에 해당하는 2개의 점 위치를 지정합니다.

ⓛ SCALE 새 길이 지정 또는 [점(P)] ⟨0⟩ : 새 길이 값을 입력하거나 P를 입력하고 [Enter↵]를 눌러 길이에 해당하는 2개의 점 위치를 지정합니다.

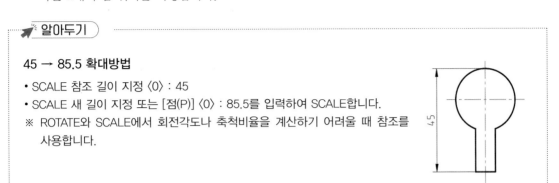

📌 알아두기

45 → 85.5 확대방법
- SCALE 참조 길이 지정 ⟨0⟩ : 45
- SCALE 새 길이 지정 또는 [점(P)] ⟨0⟩ : 85.5를 입력하여 SCALE합니다.
※ ROTATE와 SCALE에서 회전각도나 축척비율을 계산하기 어려울 때 참조를 사용합니다.

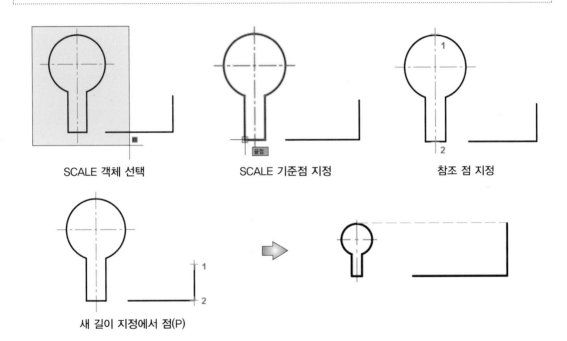

SCALE 객체 선택   SCALE 기준점 지정   참조 점 지정

새 길이 지정에서 점(P)

03 | STRETCH(신축)

선택된 객체를 한 축 방향으로 늘리거나 줄일 수 있습니다.

1 STRETCH 실행방법

❶ 리본 〉 홈 탭 〉 수정 패널 〉 신축⬜ 을 선택하여 실행합니다.
❷ 명령행에 단축키(별칭) S를 입력하고 Enter↵ 나 Space Bar 를 눌러 실행합니다.

2 STRETCH 명령 실행 후 프롬프트에 표시 내용

(1) STRETCH 걸침 윈도우 또는 걸침 폴리곤만큼 신축할 객체 선택

걸침 윈도우에 의해 부분적으로 선택된 객체는 신축되며 걸침 윈도우 내에서 완전히 둘러싸이거나 개별적으로 선택된 객체는 신축되지 않고 이동됩니다. 또한 원, 타원, 블록 등 일부 유형의 객체는 신축할 수 없습니다.

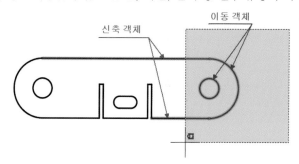

• STRETCH 객체 선택 : 걸침 윈도우를 사용하여 신축할 객체를 선택합니다.

(2) STRETCH 기준점 지정 또는 [변위(D)] ⟨변위⟩

신축할 기준점을 지정합니다.

(3) STRETCH 두 번째 점 지정 또는 ⟨첫 번째 점을 변위로 사용⟩

신축의 거리와 방향에 해당하는 두 번째 점을 지정합니다.

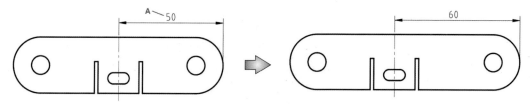

모양은 유지하면서 A부의 길이가 60이 되도록 신축

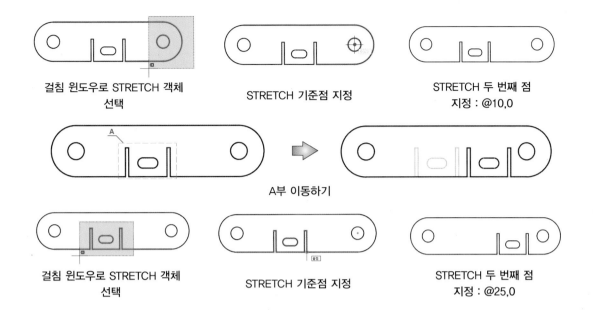

걸침 윈도우로 STRETCH 객체
선택

STRETCH 기준점 지정

STRETCH 두 번째 점
지정 : @10,0

A부 이동하기

걸침 윈도우로 STRETCH 객체
선택

STRETCH 기준점 지정

STRETCH 두 번째 점
지정 : @25,0

04 | ALIGN(정렬)

객체를 이동 또는 회전시키거나 축척하여 다른 객체와 나란하게 정렬되도록 합니다.

1 ALIGN 실행방법

① 리본 〉 홈 탭 〉 수정 패널 〉 정렬 ⊡을 선택하여 실행합니다.
② 명령행에 단축키(별칭) AL을 입력하고 [Enter↵]나 [Space Bar]를 눌러 실행합니다.

2 ALIGN 명령 실행 후 프롬프트에 표시 내용

(1) ALIGN 객체 선택

정렬시킬 객체를 선택합니다.

(2) ALIGN 첫 번째 근원점 및 대상점 지정

첫 번째 근원점과 대상점 한 쌍을 첫 번째 세트로 지정합니다. 선택된 객체가 첫 번째 근원점에서 대상점으로 이동합니다.

(3) ALIGN 두 번째 근원점 및 대상점 지정

① 두 번째 근원점과 대상점 한 쌍을 두 번째 세트로 지정합니다. 선택한 객체가 두 번째 근원점에서 대상점으로 이동하거나 회전합니다.
② 두 번째 세트의 점까지 지정하고 [Enter↵]를 누르면 객체를 축척할 수 있는 프롬프트가 표시됩니다.
　• ALIGN 정렬점을 기준으로 객체에 축척을 적용합니까? [예(Y)/아니오(N)] 〈N〉 : 예(Y)를 입력하고 [Enter↵]를 누르면 첫 번째 대상점과 두 번째 대상점 사이의 거리가 축척될 때의 참조 길이로 사용됩니다.

(4) ALIGN 세 번째 근원점 지정 또는 〈계속〉

세 쌍의 점까지 지정할 수 있으나 세 번째 세트를 선택한 경우에는 선택한 객체를 3차원으로 이동 및 회전하여 정렬합니다.

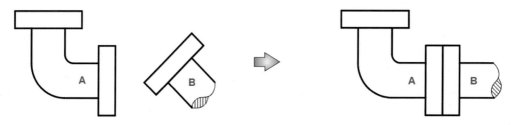

B부 플랜지를 A부 플랜지 방향으로 회전시켜 정렬하기

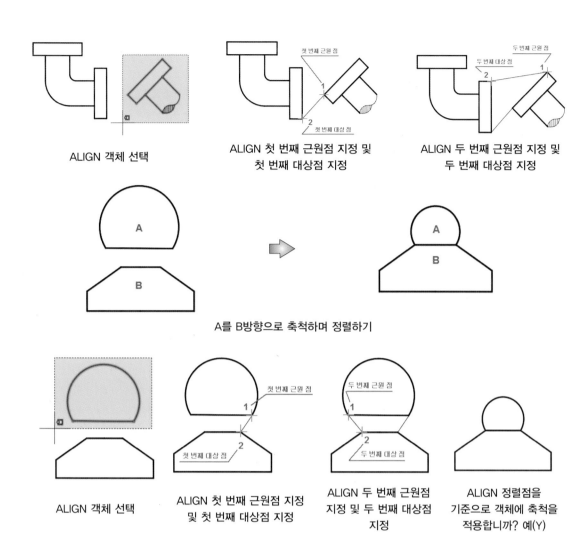

ALIGN 객체 선택

ALIGN 첫 번째 근원점 지정 및
첫 번째 대상점 지정

ALIGN 두 번째 근원점 지정 및
두 번째 대상점 지정

A를 B방향으로 축척하며 정렬하기

ALIGN 객체 선택

ALIGN 첫 번째 근원점 지정
및 첫 번째 대상점 지정

ALIGN 두 번째 근원점
지정 및 두 번째 대상점
지정

ALIGN 정렬점을
기준으로 객체에 축척을
적용합니까? 예(Y)

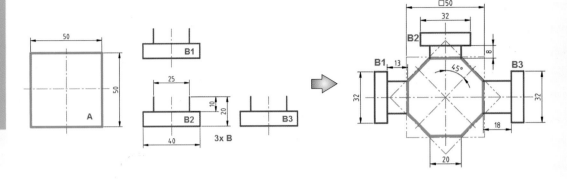

(1) A와 B 그리기

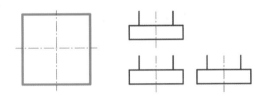

(2) A 사각형을 회전시켜 복사하기

❶ 리본 〉 홈 탭 〉 수정 패널 〉 회전 ↻ 을 클릭하거나 명령행
에 단축키(별칭) RO를 입력하고 [Enter↵] 나 [Space Bar] 를
눌러 실행합니다.

❷ ROTATE 객체 선택 : 사각형을 선택합니다.

❸ ROTATE 기준점 지정 : 중심선의 중간점을 선택합니다.

❹ ROTATE 회전 각도 지정 또는 [복사(C)/참조(R)] ⟨0⟩ :
C를 입력하고 [Enter↵] 를 누릅니다.

❺ ROTATE 회전 각도 지정 또는 [복사(C)/참조(R)] ⟨0⟩ :
45를 입력하고 [Enter↵] 를 누릅니다.

(3) TRIM으로 수정하기

❶ TRIM 객체 선택 또는 ⟨모두 선택⟩ : 사각형을 선택하고
[Enter↵] 를 누릅니다.

❷ 자를 객체 선택 또는 [Shift] 키를 누른 채 선택하여 연장
또는 [울타리(F)/걸치기(C)/프로젝트(P)/모서리(E)/지
우기(R)/명령취소(U)] : 자를 객체를 선택하여 다각형
을 만듭니다.

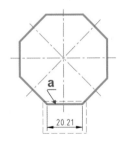

(4) 참조를 활용한 SCALE 사용하기

❶ 리본 〉 홈 탭 〉 수정 패널 〉 축척 ❑ 을 클릭하거나 명령
행에 SC를 입력하고 [Enter↵] 를 누릅니다.

❷ SCALE 객체 선택 : 다각형을 이루는 객체와 중심선을
선택합니다.

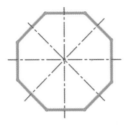

❸ SCALE 기준점 지정 : 중심선의 교차점을 선택합니다.

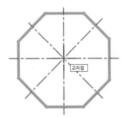

❹ SCALE 축척 비율 지정 또는 [복사(C)/참조(R)] : R을 입력하고 [Enter↵]를 누릅니다.

❺ SCALE 참조 길이 지정 : a 선분의 양 끝점을 지정합니다.

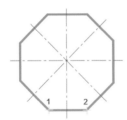

❻ SCALE 새 길이 또는 [점(P)] ⟨0⟩ : 20을 입력하고 [Enter↵]를 누릅니다.

(5) B1을 ALIGN으로 축척하며 정렬하기

❶ 리본 〉 홈 탭 〉 수정 패널 〉 정렬 ⊡ 을 클릭하거나 명령행에 단축키(별칭) AL을 입력하고 [Enter↵]를 눌러 실행합니다.

❷ ALIGN 객체 선택 : 정렬시킬 객체인 B1을 선택합니다.

❸ ALIGN 첫 번째 근원점과 대상점을 지정합니다.

❹ ALIGN 두 번째 근원점과 대상점을 지정합니다.

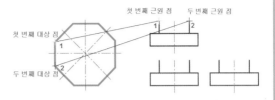

❺ ALIGN 세 번째 근원점 지정 또는 ⟨계속⟩ : [Enter↵]를 누릅니다.

❻ ALIGN 정렬점을 기준으로 객체에 축척을 적용합니까? [예(Y)/아니오(N)] ⟨N⟩ : Y를 입력하고 [Enter↵]를 눌러 축척하며 정렬시킵니다.

(6) B2를 ALIGN으로 축척하며 정렬하기

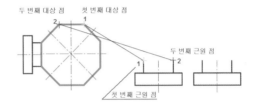

(7) B3을 ALIGN으로 축척하며 정렬하기

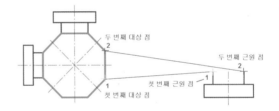

(8) B1을 STRETCH로 신축하기

❶ 리본 〉 홈 탭 〉 수정 패널 〉 신축 ⊡ 을 클릭하거나 명령행에 단축키(별칭) S를 입력하고 [Enter↵]를 눌러 실행합니다.

❷ STRETCH 걸침 윈도우 또는 걸침 폴리곤만큼 신축할 객체 선택 : 신축할 객체를 걸침 윈도우로 선택합니다.

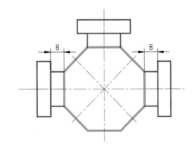

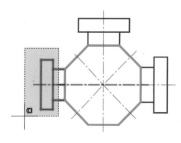

❸ STRETCH 기준점 지정 또는 [변위(D)] 〈변위〉 : 신축할 기준점을 지정합니다.

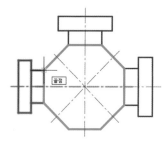

❹ STRETCH 두 번째 점 지정 또는 〈첫 번째 점을 변위로 사용〉 : @5〈180 또는 @-5,0을 입력하여 신축합니다.

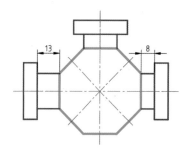

(9) B3을 STRETCH로 신축하기

❶ STRETCH 걸침 윈도우 또는 걸침 폴리곤만큼 신축할 객체 선택 : 신축할 객체를 걸침 윈도우로 선택합니다.

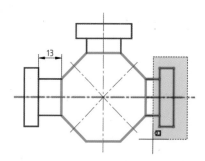

❷ STRETCH 기준점 지정 또는 [변위(D)] 〈변위〉 : 신축할 기준점을 지정합니다.

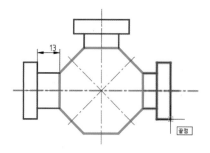

❸ STRETCH 두 번째 점 지정 또는 〈첫 번째 점을 변위로 사용〉 : @10〈0 또는 @10,0을 입력하여 신축합니다.

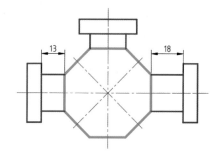

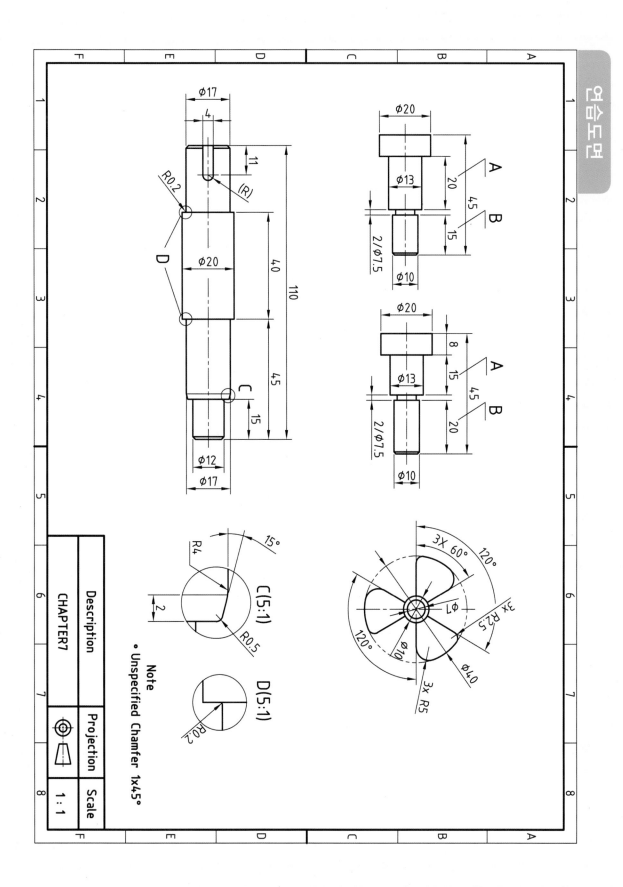

Note
• Unspecified Chamfer 1x45°

Description	Projection	Scale
CHAPTER7		1:1

Chapter

08

선형 및 곡선 그리기

01 | ARC(호)

중심점, 시작점, 끝점, 반지름, 각도, 현의 길이 및 방향 값의 조합으로 호를 작성합니다.

1 ARC 실행방법

❶ 리본 〉 홈 탭 〉 그리기 패널 〉 호 드롭다운 ▾
에서 원하는 호 그리기 방법을 선택하여 실행
합니다.

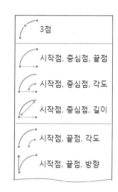

❷ 명령행에 단축키(별칭) A를 입력하고 `Enter↵`
나 `Space Bar` 를 눌러 실행합니다.

2 ARC 그리기 방법

(1) ⌒ 3점

세 점을 지정하여 호를 작성합니다.

❶ 호 드롭다운 ▾ 에서 ⌒ 3점을 선택합니다.

❷ 호의 시작점, 두 번째 점, 끝점을 순차적으로 지정하여 지정한 세 점을 지나는 호를 작성합니다.

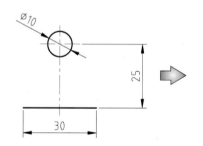

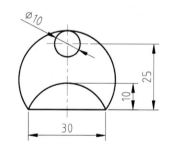

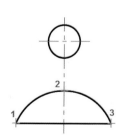

○ 좌푯값에 의한 3점 지정
- 호의 시작점 지정 또는 [중심(C)] : 선분의 끝점을 지정합니다.
- 호의 두 번째 점 또는 [중심(C)/끝(E)] 지정 : @15,10을 입력합니다.
- 호의 끝점 지정 : @15,−10을 입력합니다.

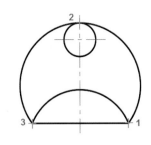

ⓛ 객체 스냅에 의한 3점 지정

- 호의 시작점 지정 또는 [중심(C)] : 선분의 끝점을 지정합니다.
- 호의 두 번째 점 또는 [중심(C)/끝(E)] 지정 : 원의 사분점을 지정합니다.
- 호의 끝점 지정 : 선분의 끝점을 지정합니다.

(2) 시작점, 중심점, 끝점

- 시작점과 중심점 및 끝점을 순차적으로 지정하여 호를 작성합니다. 시작점과 중심점에 의해 호의 반지름이 결정됩니다.
- 기본적으로 호는 시계 반대방향으로 그려지므로 호의 방향을 고려하여 세 점을 지정합니다. 또한 [Ctrl] 키를 누른 상태에서 마우스를 움직여 호의 방향을 전환한 후 끝점을 지정할 수 있습니다.

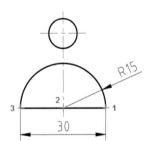

❶ 좌푯값에 의한 3점 지정

ⓐ 호의 시작점 지정 또는 [중심(C)] : 선분의 끝점을 지정합니다.

ⓑ 호의 두 번째 점 또는 [중심(C)/끝(E)] 지정 : _c
  호의 중심점 지정 : @-15,0을 입력합니다.

ⓒ 호의 끝점 지정([Ctrl] 키를 누른 상태에서 방향 전환) 또는 [각도(A)/현의 길이(L)] : @-15,0을 입력합니다.

❷ 객체 스냅에 의한 3점 지정과 호의 방향 반전

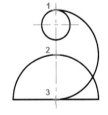

ⓐ 호의 시작점 지정 또는 [중심(C)] : 원의 사분점을 지정합니다.

ⓑ 호의 두 번째 점 또는 [중심(C)/끝(E)] 지정 : _c
  호의 중심점 지정 : 호의 중간점을 지정합니다.

ⓒ 호의 끝점 지정([Ctrl] 키를 누른 상태에서 방향 전환) 또는 [각도(A)/현의 길이(L)] : [Ctrl] 키를 누른 상태에서 마우스를 움직여 호의 방향 전환 후 끝점으로 선분의 중간점을 지정합니다.

(3) 시작점, 중심점, 각도

시작점과 중심점을 지정하고 끝점을 사이각으로 지정하여 호를 작성합니다. 시작점과 중심점에 의해 호의 반지름이 결정되고 사이각에 의해 호의 끝점이 지정됩니다.

> 🔖 알아두기

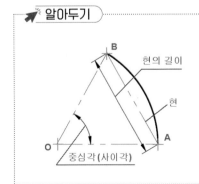

중심점으로부터 두 반지름이 만드는 각 ∠AOB를 중심각이라 하며 AutoCAD에서는 사이각이라는 용어를 씁니다. 또한 원주상의 두 점을 $\overline{AB}$ 직선으로 연결한 길이를 현의 길이라 합니다.

❶ **호의 시작점 지정 또는 [중심(C)]** : 원의 사분점을 지정합니다.

　　호의 두 번째 점 또는 [중심(C)/끝(E)] 지정] : _c

❷ **호의 중심점 지정** : 원의 중심점을 지정합니다.

　　호의 끝점 지정(Ctrl **키를 누른 상태에서 방향 전환) 또는 [각도(A)/현의 길이(L)]** : _a

❸ **사이각 지정(** Ctrl **키를 누른 채 방향 전환)** : 원과 중심선의 교차점을 지정하거나 사이각 40을 입력합니다.

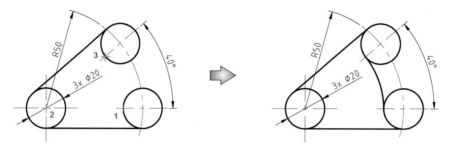

🖈 **알아두기**

• 호 그리는 방법은 같으나 점 지점 순서만 다른 명령

1	⌐ 시작점, 중심점, 끝점	⌐ 중심점, 시작점, 끝점	1~3란의 명령어는 호의 점을
2	⌐ 시작점, 중심점, 각도	⌐ 중심점, 시작점, 각도	지정하는 순서만 다르며 호 그
3	⌐ 시작점, 중심점, 길이	⌐ 중심점, 시작점, 길이	리기 방법은 같습니다.

(4) ⌐ 시작점, 중심점, 길이

시작점, 중심점 및 현의 길이를 지정하여 호를 작성합니다. 시작점과 중심점에 의해 호의 반지름이 결정되고 현의 길이 값에 의해서 끝점이 지정됩니다.

❶ **호의 시작점 지정 또는 [중심(C)]** : 선분의 끝점을 지정합니다.

　　호의 두 번째 점 또는 [중심(C)/끝(E)] 지정] : _c

❷ **호의 중심점 지정** : 원의 중심점을 지정합니다.

　　호의 끝점 지정(Ctrl **키를 누른 상태에서 방향 전환) 또는 [각도(A)/현의 길이(L)]** : _l

❸ **현의 길이 지정(** Ctrl **키를 누른 채 방향 전환)** : 50을 입력합니다.

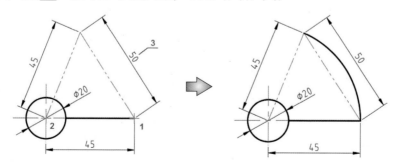

(5) 🌙 **시작점, 끝점, 각도**

시작점과 끝점 및 사이각을 사용하여 호를 작성합니다. 호의 시작점과 끝점 사이의 사이각에 의해 호의 중심점
과 반지름이 결정됩니다.

❶ **호의 시작점 지정 또는 [중심(C)]** : 선분의 끝점을 지정합니다.

　 호의 두 번째 점 또는 [중심(C)/끝(E)] 지정 : _e

❷ **호의 끝점 지정** : 선분의 반대쪽 끝점을 지정합니다.

　 호의 중심점 지정(Ctrl 키를 누른 상태에서 방향 전환) 또는 [각도(A)/방향(D)/반지름(R)] : _a

❸ **사이각 지정(Ctrl 키를 누른 채 방향 전환)** : 280을 입력합니다.

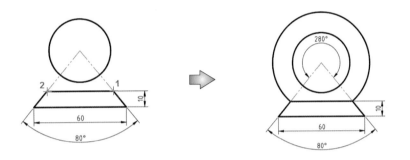

(6) 📐 **시작점, 끝점, 방향**

시작점과 끝점을 지정하고 시작점과 접선 방향의 한 점을 선택하거나 각도를 입력하여 접선 방향을 지정합니
다. 접선에 의해 접하는 호가 작성되어 호의 중심과 반지름이 결정됩니다.

❶ **호의 시작점 지정 또는 [중심(C)]** : 선분의 끝점을 지정합니다.

　 호의 두 번째 점 또는 [중심(C)/끝(E)] 지정 : _e

❷ **호의 끝점 지정** : 선분의 반대쪽 끝점을 지정합니다.

　 호의 중심점 지정(Ctrl 키를 누른 상태에서 방향 전환) 또는 [각도(A)/방향(D)/반지름(R)] : _d

❸ **호의 시작점에 대한 접선 방향 지정(Ctrl 키를 누른 상태에서 방향 전환)** : 140을 입력합니다.

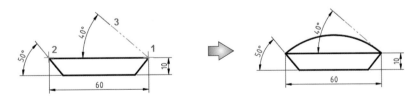

(7) ⟋ 시작점, 끝점, 반지름

시작점과 끝점을 지정하고 반지름에 해당되는 값을 입력하거나 반지름 방향의 한 점을 선택하여 호를 작성합니다.

① **호의 시작점 지정 또는 [중심(C)]** : 선분의 끝점을 지정합니다.

　호의 두 번째 점 또는 [중심(C)/끝(E)] 지정] : _e

② **호의 끝점 지정** : 선분의 끝점을 지정합니다.

　호의 중심점 지정(Ctrl 키를 누른 상태에서 방향 전환) 또는 [각도(A)/방향(D)/반지름(R)] : _r

③ **호의 반지름 지정(Ctrl 키를 누른 상태에서 방향 전환)** : 60을 입력합니다.

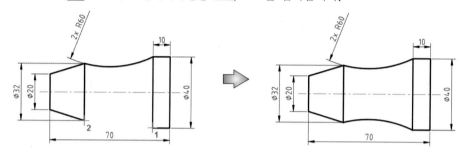

(8) ⌒ 연속

마지막에 작성된 선, 폴리선, 호의 끝점에서 시작하여 그 객체에 접하는 호를 작성합니다.

02 | ELLIPSE(타원)

장축과 단축을 정의하여 타원이나 타원형 호를 작성합니다.

1 ELLIPSE 실행방법

❶ 리본 〉홈 탭 〉그리기 패널 〉타원 드롭다운 〉 ▼ 에서 원하는 타원 그리기 방법을 선택하여 실행합니다.

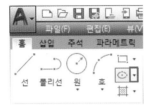 

❷ 명령행에 단축키(별칭) EL을 입력하고 Enter↵ 나 Space Bar 를 눌러 실행합니다.

2 ELLIPSE 그리기 방법

(1) 축, 끝점

단축이나 장축 중 한 축의 시작점과 끝점을 지정하여 한 축의 길이와 방향을 정하고 그 축의 중간점으로부터 반단축, 반장축 거리 값을 입력하여 타원을 작성합니다.

❶ 한 축 끝점과 다른 축까지의 거리

    ㉠ 타원의 축 끝점 지정 또는 [호(A)/중심(C)] : 첫 번째 축의 시작점을 지정합니다.

    ㉡ 축의 다른 끝점 지정 : @80,0 또는 @80〈0을 기입하여 첫 번째 축의 끝점의 거리와 방향을 지정합니다.

    ㉢ 다른 축으로 거리를 지정 또는 [회전(R)] : 25를 기입하여 첫 번째 축의 중간점으로부터 두 번째 축의 반단축 거리를 지정합니다.

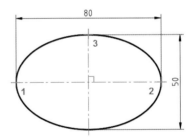

❷ 한 축 끝점 방향과 다른 축까지의 거리

    ㉠ 타원의 축 끝점 지정 또는 [호(A)/중심(C)] : 첫 번째 축의 시작점을 지정합니다.

    ㉡ 축의 다른 끝점 지정 : @50〈45를 기입하여 첫 번째 축의 끝점의 거리와 방향을 지정합니다.

    ㉢ 다른 축으로 거리를 지정 또는 [회전(R)] : 40을 기입하여 첫 번째 축의 중간점으로부터 두 번째 축의 반장축 거리를 지정합니다.

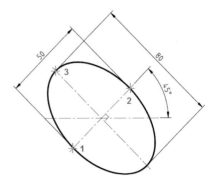

(2) ⊙ 중심점

타원의 중심점을 정하고 반장축과 반단축 값을 입력하거나 그 값에 해당하는 점을 지정하여 타원을 작성합니다.

- **타원의 축 끝점 지정 또는 [호(A)/중심(C)] : _c**
❶ **타원의 중심 지정** : 타원의 중심에 해당하는 점을 지정합니다.
❷ **축의 끝점 지정** : @40,0 또는 @40〈0을 기입하여 타원의 중심점으로부터 첫 번째 축의 반장축 끝점에 해당되는 길이와 방향을 지정합니다.
❸ **다른 축으로 거리를 지정 또는 [회전(R)]** : 25를 기입하여 중심점으로부터 두 번째 축의 반단축 길이를 지정합니다.

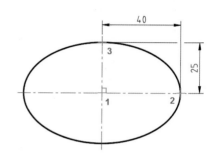

(3) ⊙ 타원형 호

- 장축과 단축에 의해 타원의 크기를 정하고 타원형 호의 시작각도와 끝각도를 지정하여 타원형 호를 작성합니다.
- 타원형 호는 첫 번째 축의 시작점과 끝점 사이에서 시계반대방향으로 그려집니다.

- **타원의 축 끝점 지정 또는 [호(A)/중심(C)] : _a**
❶ **타원 호의 축 끝점 지정 또는 [중심(C)]** : 첫 번째 축의 시작점을 지정합니다.
❷ **축의 다른 끝점 지정** : @80,0 또는 @80〈0을 기입하여 첫 번째 축의 끝점의 거리와 방향을 지정합니다.
❸ **다른 축으로 거리를 지정 또는 [회전(R)]** : 25를 기입하여 첫 번째 축의 중간점으로부터 두 번째 축의 반단축 거리를 지정합니다.
❹ **시작점 지정 또는 [매개변수(P)]** : 45를 기입하여 첫 번째 축 시작점으로부터 호의 시작 위치를 지정합니다.
❺ **끝각도를 지정 또는 [매개변수(P)/사이각(I)]** : 205를 기입하여 첫 번째 축 시작점으로부터 호의 끝 위치를 지정합니다.

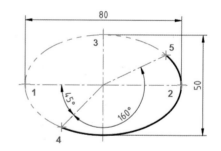

(4) 2D 등각원

2D 등각투영 도면에서 원은 타원을 사용하여 표현합니다.

알아두기

Ellipse에서 등각원 옵션은 ISODRAFT 명령에서 등각평면을 설정하거나 SNAP 명령의 스타일 옵션에서 등각투영으로 설정되어 있을 경우에만 사용할 수 있습니다.

1. ISODRAFT

① 상태막대에서 ISODRAFT 버튼 ╳ 을 누르거나 명령행에 ISODRAFT를 입력하고 [Enter↵]나 [Space Bar]를 눌러 실행합니다.

모형 ⊞ ⠿ ▾ ⊥ ∟ ⟲ ▾ ╳ ▾ ∠ ⬚ ▾ ☰ ⬚ ⋊ ⋏ 1:1 ▾ ⚙ ▾ ╋ ⬚ ⬚ ⬚ ☰

② 옵션 입력 [직교(O)/등각평면 왼쪽(L)/등각평면 맨 위(T)/등각평면 오른쪽(R)] 〈직교(O)〉 : 등각평면 방향으로 등각평면 왼쪽(L)/등각평면 맨 위(T)/등각평면 오른쪽(R) 중 하나를 선택하여 입력하고 [Enter↵]를 누릅니다. 선택된 등각평면에 그림을 그릴 수 있습니다.

※ 옵션 입력 [직교(O)/등각평면 왼쪽(L)/등각평면 맨 위(T)/등각평면 오른쪽(R)] 〈직교(O)〉 : O를 입력하면 표준보기 상태로 됩니다. 또는 상태막대에서 ISODRAFT 버튼 ╳ 을 눌러 끕니다.

2. SNAP

① 명령행에 단축키(별칭) SN을 입력하고 [Enter↵]나 [Space Bar]를 눌러 실행합니다.
② 스냅 간격두기 지정 또는 [켜기(ON)/끄기(OFF)/종횡비(A)/기존(L)/스타일(S)/유형(T)] 〈10.0000〉 : S를 입력합니다.
③ 스냅 그리드 스타일 입력 [표준(S)/등각투영(I)] 〈S〉 : I를 입력합니다.
④ 수직 간격두기 지정 〈10.0000〉 : 지정한 값으로 스냅 모드가 활성화됩니다.
　　㉠ 스냅 그리드 스타일 입력 [표준(S)/등각투영(I)] 〈S〉 : S를 입력하면 표준보기 상태로 됩니다.
　　㉡ 스냅 간격 : 커서 이동을 특정 간격으로 제한하고 정확하게 객체를 배치할 수 있게 하는 기능입니다. [F9]를 눌러 스냅모드를 켜면 지정한 스냅 간격만큼 커서를 제한합니다. [F9]를 누르거나 상태 도구막대의 스냅모드 ⠿ 를 클릭하여 켜거나 끌 수 있습니다.
　　㉢ 그리드 : 도면영역에서 객체 배치를 지원하는 일정한 간격의 모눈선이며 거리를 신속하게 측정할 때도 유용합니다. [F7]을 누르거나 상태 도구막대의 그리드 ⊞ 를 클릭하여 켜거나 끌 수 있습니다.

3. 등각평면 바꾸기

① [F5] 또는 [Ctrl] + [E]를 눌러 등각평면 방향을 전환할 수 있습니다.
② 상태막대의 ISODRAFT 버튼에서 드롭다운 화살표를 클릭하여 원하는 등각평면을 선택합니다.

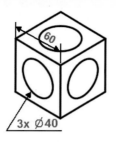

3x Ø40

(1) 정육면체 등각도 그리기

❶ 명령행에 단축키(별칭) SN을 입력하고 [Enter↵]나 [Space Bar]를 눌러 실행합니다.

❷ 스냅 간격두기 지정 또는 [켜기(ON)/끄기(OFF)/종횡비(A)/기존(L)/스타일(S)/유형(T)] ⟨10.0000⟩ : S를 입력합니다.

❸ 스냅 그리드 스타일 입력 [표준(S)/등각투영(I)] ⟨S⟩ : I를 입력합니다.

❹ 수직 간격두기 지정 ⟨10.0000⟩ : 10을 입력합니다.

❺ F5를 눌러 커서를 등각평면 좌측면도로 만듭니다.

❻ F7을 눌러 그리드를 표시합니다.

❼ F9를 눌러 스냅을 켭니다.

❽ LINE 명령을 실행하고 모눈의 한 점을 지정하고 다음 점 지정 시 직교모드 상태에서 60을 입력하여 등각평면 좌측면에 정사각형을 그립니다.

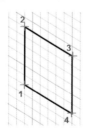

❾ F5를 눌러 커서를 등각평면 평면도로 만듭니다.

❿ LINE 명령을 실행하여 첫 번째 점으로 그려진 선분의 끝점을 지정하고 60거리의 다음 점을 지정하면서 등각평면 평면도에 정사각형을 그립니다.

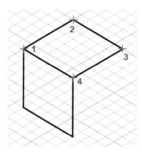

⓫ F5를 눌러 커서를 등각평면 우측면도로 만듭니다.

⓬ LINE 명령을 실행하여 첫 번째 점으로 그려진 선분의 끝점을 지정하고 60거리의 다음 점을 지정하면서 등각평면 우측면도에 정사각형을 그려 정육면체를 완성합니다.

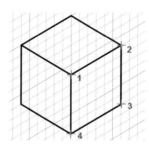

(2) 등각평면 우측면도에 ELLIPSE 등각원 그리기

❶ 명령행에 단축키(별칭) TL을 입력하고 [Enter↵]나 [Space Bar]를 눌러 실행합니다.

❷ ELLIPSE 타원의 축 끝점 지정 또는 [호(A)/중심(C)/등각원(I)] : I를 입력하고 [Enter↵]를 누릅니다.

❸ 등각원의 중심점 지정 : 정사각형 중심위치에서 모눈점을 지정합니다.

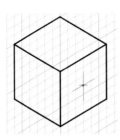

❹ 등각원의 반지름 지정 또는 [지름(D)] : 20을 기입하여
   등각평면 우측면도에 등각원을 그립니다.

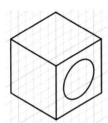

(3) 등각평면 좌측면도에 ELLIPSE 등각원 그리기

❶ F5를 눌러 커서를 등각평면 좌측면도로 만듭니다.

❷ 등각원의 중심점 지정

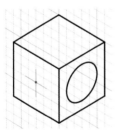

❸ 등각원의 반지름 20을 기입하여 등각평면 좌측면도에
   등각원을 그립니다.

(4) 등각평면 평면도에 ELLIPSE 등각원 그리기

❶ F5를 눌러 커서를 등각평면 평면도로 만듭니다.

❷ 등각원의 중심점 지정

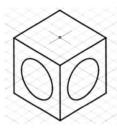

❸ 등각원의 반지름 20을 기입하여 등각평면 평면도에 등
   각원을 그립니다.

❹ 상태막대에서 ISODRAFT 버튼 ⬔ 을 눌러 끕니다.
   F7을 눌러 그리드 표시를 없애고 F9를 눌러 스냅 모
   드를 끕니다.

⚡ **알아두기**

ELLIPSE 명령 실행 후 프롬프트에 표시 내용 중 회전

첫 번째 축을 기준으로 원을 회전시켜 타원
의 장축과 단축 비율을 정의합니다.
그림에서 장축이 첫 번째 축이고 (1)을 첫 번
째 축의 시작점이라 하면 첫 번째 축의 길이
를 지름으로 갖는 원을 시작점을 기준으로
회전 값만큼 회전시켰을 때 시작점에서 장축
과 회전시킨 원이 교차되는 점까지의 거리를
단축의 길이로 결정합니다.

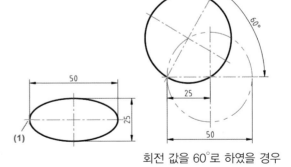

회전 값을 60°로 하였을 경우

03 | XLINE(구성선)

시작점과 끝점이 없는 길이가 무한한 구성선을 작성합니다. 도면이 크거나 복잡할 때 다른 객체에 대한 참조로 사용합니다.

예를 들어, 구성선은 투상작도선이나 도면의 배치공간 참조선으로 사용할 수 있습니다.

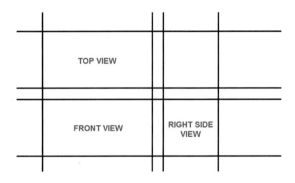

1 XLINE 실행방법

❶ 리본 〉 홈 탭 〉 그리기 패널 〉 ✎ 구성선을 선택하여 실행합니다.

❷ 명령행에 단축키(별칭) XL을 입력하고 [Enter↵]나 [Space Bar]를 눌러 실행합니다.

2 XLINE 명령 실행 후 프롬프트에 표시 내용

(1) XLINE 점 지정 또는 [수평(H)/수직(V)/각도(A)/이등분(B)/간격띄우기(O)]

구성선이 위치할 점을 지정합니다.

❶ **수평(H) :** 지정된 점을 통해 X축에 평행한 구성선을 그립니다.

❷ **수직(V) :** 지정된 점을 통해 Y축에 평행한 구성선을 그립니다.

❸ **각도(A) :** 지정된 점을 통해 지정된 각도로 구성선을 그립니다.

❹ **이등분(B) :** 선택한 각도 정점을 통과하면서 첫 번째 선과 두 번째 선 사이를 이등분하는 구성선을 작성합니다.

　ㄱ XLINE 점 지정 또는 [수평(H)/수직(V)/각도(A)/이등분(B)/간격띄우기(O)] : B를 입력합니다.

　ㄴ XLINE 각도 정점 지정 : 두 선분의 교차점을 선택합니다.

　ㄷ XLINE 각도 시작점 지정 : 첫 번째 선분의 끝점을 선택합니다.

　ㄹ XLINE 각도 끝점 지정 : 두 번째 선분의 끝점을 선택하여 각도 정점을 지나고 두 선분의 이등분된 각도방향으로 구성선을 작성합니다.

⑤ **간격띄우기(O)** : 선, 광선, 구성선을 선택하여 간격띄우기를 합니다. 이때 간격을 띄운 객체는 구성선으로
만 작성됩니다.

(2) XLINE 통과점 지정

구성선이 통과할 두 번째 점을 지정합니다. 필요한 만큼 통과점을 지정하여 구성선을 작성합니다.

⚡ 알아두기

구성선과 광선

- 구성선은 시작점과 끝점이 없는 무한선이며 광선(RAY)은 시작점은 있고 끝점이 없는 한쪽 방향으로 무한
  한 선입니다.
- 예를 들어, 구성선을 TRIM으로 한쪽 방향을 자르면 광선이 되고, 양쪽 방향을 자르면 선이 됩니다.

구성선	광선	선

---

04 | RAY(광선)

한 점에서 시작하여 무한히 이어지는 선을 작성합니다. 한쪽 방향으로 무한대로 연장되는 광선을 다른 객체를 작성하는 데 참조로 사용될 수 있습니다.

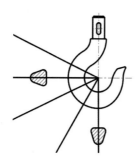

1 RAY 실행방법

❶ 리본 〉 홈 탭 〉 그리기 패널 〉 / 광선을 선택하여 실행합니다.

❷ 명령행에 RAY를 입력하고 Enter↵ 나 Space Bar 를 눌러 실행합니다.

2 RAY 명령 실행 후 프롬프트에 표시 내용

❶ RAY 시작점 지정 : 시작점을 지정합니다.

❷ RAY 통과점 지정 : 통과점을 지정합니다.

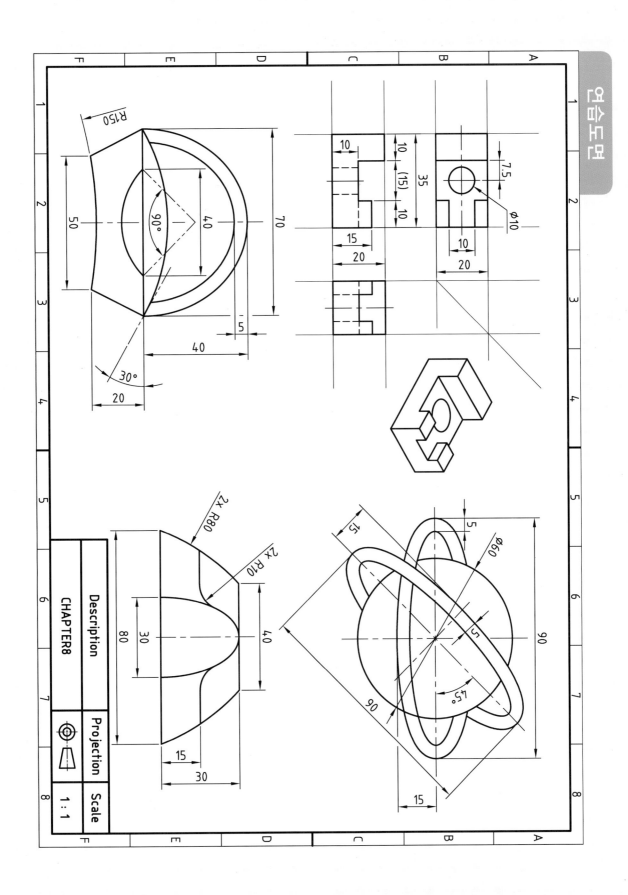

Description	CHAPTER8	Projection	⊕	Scale	1:1

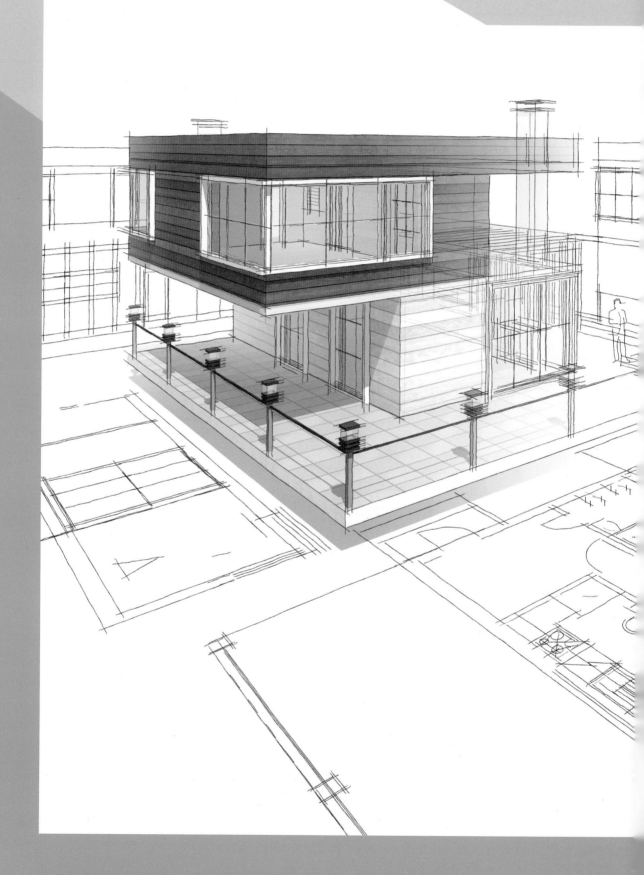

Chapter

09

폴리선 그리기 및 편집

01 | RECTANG(직사각형)

직사각형을 닫힌 폴리선으로 작성합니다.

폴리선

① 정의 : 폴리선은 연결된 일련의 선 또는 호 세그먼트로 구성된 단일 객체입니다.
② 장점 : 폴리선은 일련의 선 세그먼트와 비슷하게 나타납니다. 그러나 폴리선은 여러 개의 객체가 아닌 하나의 객체로 다음과 같은 장점이 있습니다.
  • 전체 폴리선을 한 번의 클릭으로 선택할 수 있습니다.
  • 폴리선은 도면 요소 하나로 처리될 수 있습니다.
  • 폴리선은 개별적인 세그먼트보다 적은 디스크 공간을 차지합니다.
  • 폴리선은 폭과 두께를 가질 수 있습니다.
  • 폴리선으로 둘러싸인 면적을 쉽게 계산할 수 있습니다.

1 RECTANG 실행방법

❶ 리본 〉 홈 탭 〉 그리기 패널 〉 직사각형 ▭ 을 선택하여 실행합니다.
❷ 명령행에 단축키(별칭) REC를 입력하고 Enter↵ 나 Space Bar 를 눌러 실행합니다.

2 RECTANG 명령 실행 후 프롬프트에 표시 내용

• 첫 번째 구석점으로부터 대각선 방향의 다른 구석점을 지정하여 직사각형의 길이와 폭을 표현합니다.
• 첫 번째 구석점으로부터 절대 좌표나 상대좌표에 의하여 X값 길이와 Y값 폭을 표현합니다.
  예를 들어, 아래 그림과 같이 길이 50, 폭 30인 직사각형을 만들고자 한다면 첫 번째 구석점으로부터 다른 구석점의 상대좌표는 @50,-30이 됩니다. 여기서 X값 50은 길이이며, Y값 30은 폭에 해당됩니다. 또한 양수, 음수는 첫 번째 구석점으로부터 다른 구석점의 방향입니다.

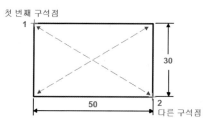

(1) RECTANG 첫 번째 구석점 지정 또는 [모따기(C)/고도(E)/모깎기(F)/두께(T)/폭(W)]

직사각형의 첫 번째 구석점을 지정합니다.

❶ **모따기(C)** : 모따기 거리를 지정하여 직사각형 모든 구석에 모따기를 만듭니다.

    ㉠ 직사각형의 첫 번째 모따기 거리 지정 〈0.0000〉 : 첫 번째 모따기 거리값을 입력합니다.
    ㉡ 직사각형의 두 번째 모따기 거리 지정 〈0.0000〉 : 두 번째 모따기 거리값을 입력합니다.

❷ **모깎기(F)** : 모깎기 반지름을 지정하여 직사각형 모든 구석에 모깎기를 만듭니다.
    직사각형의 모깎기 반지름 지정 〈0.0000〉 : 모깎기 반지름 값을 입력합니다.

RECTANG 옵션 모따기(C)

RECTANG 옵션 모깎기(F)

> **알아두기**
>
> CHAMFER와 FILLET 명령에서도 옵션 폴리선(P)을 사용하여 선택한 폴리선의 두 직선이 만나는 각 정점에 모따기나 모깎기를 삽입할 수 있습니다.

❸ **고도(E)** : Z축 방향의 고도를 지정합니다.

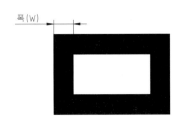

❹ **폭(W)** : 직사각형 폴리선의 너비를 지정합니다.

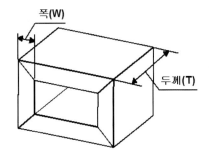

❺ **두께(T)** : 직사각형의 두께를 지정합니다.

> **알아두기**
>
> • FILL(채우기)
> 폭을 갖는 폴리선, SOLID, 해치와 같이 채워진 객체의 표시하거나 객체의 윤곽만 표시합니다.

모드 입력 [켜기(ON)/끄기(OFF)] 〈켜기〉		
값	1	켜기(ON)	객체를 채웁니다.
	0	끄기(OFF)	객체를 채우지 않습니다.

FILL(켜기)

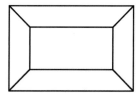

FILL(끄기)

※ FILL 끄기 후 REGEN을 실행하여 현재 뷰포트에서 가시성을
다시 계산합니다.

- REGEN(재생성)

  도면을 재생성하고 뷰포트를 갱신합니다. 명령행에 단축키(별칭) RE를 입력하고 Enter↵ 나 Space Bar 를
  눌러 실행합니다.

(2) RECTANG 다른 구석점 지정 또는 [영역(A)/치수(D)/회전(R)]

상대좌표나 절대좌표를 사용하여 첫 번째 구석점으로부터 다른 구석점을 지정하여 직사각형의 길이와 폭을
표현합니다.

❶ **영역(A)** : 넓이를 입력하고 길이 또는 너비를 입력하여 직사각형을 작성합니다. 예를 들어, 넓이를 100을
   입력하고 길이를 선택한 후 그 값을 20을 입력하였다면 너비 값 5는 자동 계산되어 직사각형이 작성됩니다.

   ㉠ 현재 단위에 직사각형 영역 입력 〈0.0000〉 : 넓이를 입력합니다.
   ㉡ [길이(L)/폭(W)] 〈길이〉를 기준으로 직사각형 치수 계산 : 길이와 폭 값을 선택하여 입력합니다.

❷ **치수(D)** : 길이 및 폭 값을 사용하여 직사각형을 작성합니다.

❸ **회전(R)** : 입력한 회전 각도에서 직사각형을 작성합니다. 이때 치수(D)를 사용하는 것이 편리합니다.

02 | POLYGON(정다각형)

3각형부터 1,024각형까지의 정다각형 폴리선을 작성합니다.

1 POLYGON 실행방법

❶ 리본 〉 홈 탭 〉 그리기 패널 〉 폴리곤을 선택하여 실행합니다.
❷ 명령행에 단축키(별칭) POL을 입력하고 Enter↵ 나 Space Bar 를 눌러 실행합니다.

2 POLYGON 명령 실행 후 프롬프트에 표시 내용

(1) POLYGON 면의 수 입력 〈4〉

작성하고자 하는 정다각형의 변의 수로 3~1,024까지 변의 수를 지정합니다.

(2) POLYGON 중심을 지정 또는 [모서리(E)]

정다각형의 중심점을 지정합니다.

■ 모서리(E)
정다각형 모서리의 첫 번째 끝점으로 지정하고 한 변의 길이에 해당되는 모서리의 두 번째 끝점을 지정하여 정다각형의 크기를 정의합니다.

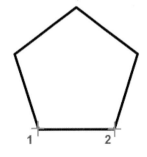

원에 내접(I) : 정다각형의 모든 꼭짓점이 원의 원주상에 있도록 그려짐

원에 외접(C) : 정다각형의 모든 변의 중간점이 원의 원주상에 있도록 그려짐. 다각형의 중심에서 변의 중간점까지의 거리가 원의 반지름

모서리(E) : 정다각형의 한 변의 길이에 해당되는 두 점을 지정하여 정다각형의 크기를 정의함

(3) POLYGON 옵션을 입력 [원에 내접(I)/원에 외접(C)] 〈I〉

정다각형이 내접인지, 외접인지를 지정합니다.

(4) POLYGON 원의 반지름 지정

원의 반지름 값을 지정합니다.

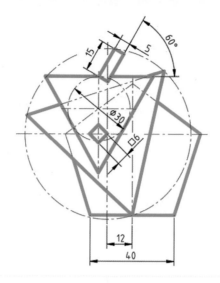

(1) 정오각형 그리기

❶ 리본〉홈 탭〉그리기 패널〉폴리곤 을 클릭하거나 명령행에 단축키(별칭) POL을 입력하고 Enter↵ 를 누릅니다.

❷ POLYGON 면의 수 입력〈4〉: 5를 입력하고 Enter↵ 를 누릅니다.

❸ POLYGON 폴리곤의 중심을 지정 또는 [모서리(E)] : E를 입력하고 Enter↵ 를 누릅니다.

❹ POLYGON 모서리의 첫 번째 끝점 지정 : 모서리의 첫 번째 끝점을 지정합니다.

❺ 모서리의 두 번째 끝점 지정 : @40,0을 기입하고 Enter↵ 를 눌러 한 변의 길이가 40인 정오각형을 그립니다.

(2) 선 명령을 사용하여 다각형의 꼭짓점을 지나는 중심선 그리기

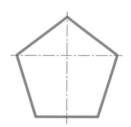

(3) OFFSET 명령을 사용하여 중심선 간격띄우기

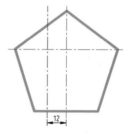

(4) 정삼각형 그리기

❶ 리본〉홈 탭〉그리기 패널〉폴리곤 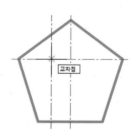 을 클릭하거나 명령행에 단축키(별칭) POL을 입력하고 Enter↵ 를 누릅니다.

❷ POLYGON 면의 수 입력〈4〉: 3을 입력하고 Enter↵ 를 누릅니다.

❸ POLYGON 폴리곤의 중심을 지정 또는 [모서리(E)] : 중심선의 교차점을 지정합니다.

④ POLYGON 옵션을 입력 [원에 내접(I)/원에 외접(C)]

〈I〉 : I를 입력하고 [Enter↵]를 누릅니다.

⑤ POLYGON 원의 반지름 지정 : 정오각형 밑변의 중간점을 지정합니다.

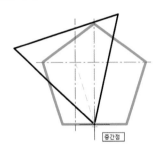

(5) 정삼각형 그리기

❶ 리본 〉홈 탭 〉그리기 패널 〉폴리곤 을 클릭하거나 명령행에 단축키(별칭) POL을 입력하고 [Enter↵]를 누릅니다.

❷ POLYGON 면의 수 입력 〈4〉 : 3을 입력하고 [Enter↵]를 누릅니다.

❸ POLYGON 폴리곤의 중심을 지정 또는 [모서리(E)] : 정오각형 한 변의 중간점을 지정합니다.

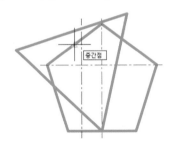

④ POLYGON 옵션을 입력 [원에 내접(I)/원에 외접(C)]

〈I〉 : C를 입력하고 [Enter↵]를 누릅니다.

⑤ POLYGON 원의 반지름 지정 : @15〈90을 기입합니다.

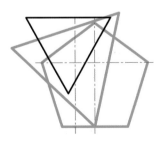

(6) TRIM으로 자르기

❶

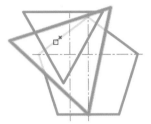

❷

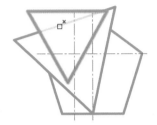

(7) 선 명령을 사용하여 정삼각형의 꼭짓점을 지나는 중심선을 그리기

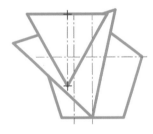

(8) 정사각형 그리기

❶ 리본 〉홈 탭 〉그리기 패널 〉폴리곤 을 클릭하거나 명령행에 단축키(별칭) POL을 입력하고 [Enter↵]를 누릅니다.

❷ POLYGON 면의 수 입력 〈4〉 : 4를 입력하고 [Enter↵]를 누릅니다.

❸ POLYGON 폴리곤의 중심을 지정 또는 [모서리(E)] : 중심선의 교차점을 지정합니다.

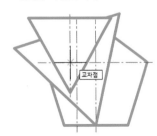

④ POLYGON 옵션을 입력 [원에 내접(I)/원에 외접(C)]
〈I〉: C를 입력하고 Enter↵를 누릅니다.

⑤ POLYGON 원의 반지름 지정 : @3〈45를 기입합니다.

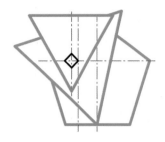

(9) 직사각형 그리기

❶ 리본 〉 홈 탭 〉 그리기 패널 〉 직사각형 □을 클릭하거
나 명령행에 단축키(별칭) REC를 입력하고 Enter↵나
Space Bar 를 눌러 실행합니다.

❷ RECTANG 첫 번째 구석점 지정 또는 [모따기(C)/고도
(E)/모깎기(F)/두께(T)/폭(W)] : 직사각형의 첫 번째 구
석점으로부터 정삼각형 한 변의 중간점을 지정합니다.

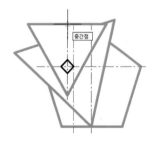

❸ RECTANG 다른 구석점 지정 또는 [영역(A)/치수(D)/회
전(R)] : R을 입력하고 Enter↵를 누릅니다.

❹ RECTANG 회전 각도 지정 또는 [선택점(P)] 〈0〉: 60을
입력합니다.

❺ RECTANG 다른 구석점 지정 또는 [영역(A)/치수(D)/회
전(R)] : D를 입력하고 Enter↵를 누릅니다.

❻ RECTANG 직사각형의 길이 지정 〈0.0000〉: 15를 입
력합니다.

❼ RECTANG 직사각형의 폭 지정 〈0.0000〉: 5를 입력합
니다.

❽ 다른 구석점 지정 또는 [영역(A)/치수(D)/회전(R)] : 직
사각형이 그려질 방향으로 마우스를 가져다 놓고 클릭
하여 다른 구석점 지정을 합니다.

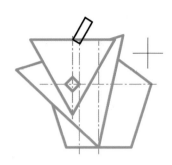

(10) TRIM으로 자른 후 도면을 완성합니다.

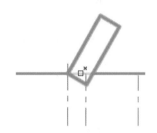

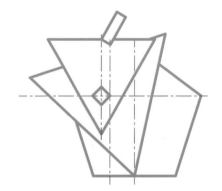

03 | PLINE(폴리선)

선 세그먼트, 호 세그먼트 또는 그 둘을 조합하여 구성된 단일 객체인 2D를 작성합니다.

1 PLINE 실행방법

❶ 리본 〉홈 탭 〉그리기 패널 〉폴리선.___⟩을 선택하여 실행합니다.
❷ 명령행에 단축키(별칭) PL을 입력하고 [Enter↵] 나 [Space Bar]를 눌러 실행합니다.

2 PLINE 명령 실행 후 프롬프트에 표시 내용

(1) PLINE 시작점 지정

LINE 그리는 방법과 같이 폴리선의 시작점을 지정합니다. [Enter↵]를 누르면 마지막으로 지정한 폴리선, 선 또는 호의 끝점에서 폴리선의 시작점이 지정됩니다.

(2) PLINE 다음 점 지정 또는 [호(A)/반폭(H)/길이(L)/명령취소(U)/폭(W)]

LINE 그리는 방법과 같이 폴리선의 다음 점을 지정합니다. A를 입력하면 선이 아닌 호로 변환되어 다음 점을 지정할 수 있습니다.

❶ 선과 호에 대해 공통으로 표시되는 프롬프트

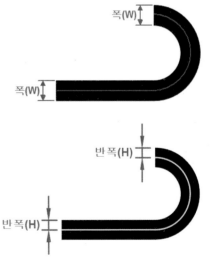

㉠ 폭(W) : 폭을 지정합니다.
  • PLINE 시작 폭 지정 〈0.0000〉 : 선이나 호의 시작 점의 폭 값을 지정합니다.
  • PLINE 끝 폭 지정 〈0.0000〉 : 끝 점의 폭 값을 지정합니다. 폭 값을 변경하기 전까지 다음 점의 폭은 끝 점의 폭 값을 유지합니다.

㉡ 반폭(H) : 반폭을 지정합니다.
  • 시작 반폭 지정 〈0.0000〉 : 선이나 호의 시작점의 반폭 값을 지정합니다.
  • 끝 반폭 지정 〈0.0000〉 : 끝 점의 반폭 값을 지정합니다. 폭과 마찬가지로 반폭을 변경하기 전까지 다음 점의 반폭은 끝 점의 반폭 값을 유지합니다.

㉢ 명령취소(U) : 바로 전에 추가한 세그먼트를 제거합니다.

❷ 선에 대해서만 표시되는 프롬프트

ㄱ 호(A) : 마지막으로 작성된 선이나 호에 접하는 호 작성을 시작합니다.

ㄴ 길이(L) : 마지막으로 작성된 선의 각도와 동일한 각도로 지정한 길이만큼 선을 작성합니다. 마지막으로
작성된 객체가 호인 경우에는 호와 접하는 방향으로 지정한 길이만큼 선을 작성합니다.

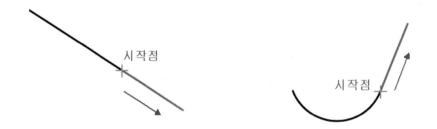

❸ 호에 대해서만 표시되는 프롬프트

ㄱ 호의 끝점 지정([Ctrl] 키를 누른 상태에서 방향 전환) : 시작점을 지정한 후 옵션의 호(A)를 입력하여 호의
끝점을 지정하여 호를 작성합니다. 호의 끝점을 지정하기 전에 [Ctrl] 키를 누른 상태에서 방향 전환을
할 수 있습니다.

ㄴ 각도(A) : 시작점에서 호의 사이각을 입력하여 호의 끝점을 지정합니다.

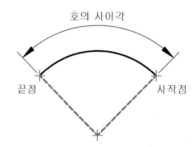

ㄷ 중심(CE) : 호의 중심점을 기준으로 호의 끝점을 지정하여 호를 작성합니다.

ㄹ 방향(D) : 호의 시작점에 대한 접선 방향을 지정하여 호를 작성합니다.

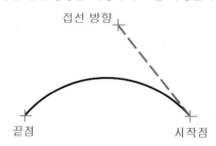

ㅁ 선(L) : 호 그리기에서 선 그리기로 전환합니다.

ㅂ 반지름(R) : 호의 반지름 값을 지정합니다.

ㅅ 두 번째 점(S) : 3점 호 그리기는 방법처럼 두 번째 점을 지정하고 끝점을 지정하여 호를 작성합니다.

04 | PEDIT(폴리선 편집)

폴리선 결합, 선과 호를 폴리선으로 변환, 폴리선을 맞춤곡선이나 스플라인으로 변환하는 등에 사용됩니다.

1 PEDIT 실행방법

❶ 리본 〉 홈 탭 〉 수정 패널 〉 폴리선 편집 ✎ 을 선택하여 실행합니다.
❷ 명령행에 단축키(별칭) PE를 입력하고 [Enter↵]나 [Space Bar]를 눌러 실행합니다.

2 PEDIT 명령 실행 후 프롬프트에 표시 내용

(1) PEDIT 폴리선 선택 또는 [다중(M)]

❶ **폴리선 선택** : 편집할 폴리선을 선택합니다.

전환하기를 원하십니까? (Y) : 선택한 객체가 선, 호 또는 스플라인인 경우 즉 폴리선이 아닌 경우에 표시됩니다. Y를 입력하면 선택한 객체를 폴리선으로 변환하고, N을 입력하면 선택이 취소됩니다.

❷ **다중(M)** : 둘 이상의 객체를 선택하고자 할 때 사용합니다.

(2) PEDIT 옵션 입력 [닫기(C)/결합(J)/폭(W)/정점 편집(E)/맞춤(F)/스플라인(S)/비곡선화(D)/선 종류 생성(L)/반전(R)/명령취소(U)]

❶ **닫기(C)** : 폴리선으로 작성된 폴리선의 첫 번째 지정한 점과 마지막으로 지정한 점을 연결하여 닫힌 폴리선을 작성합니다.

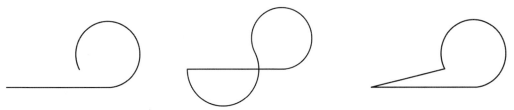

PLINE에서 호를 마지막으로 작성했을 때   PLINE에서 선을 마지막으로 작성했을 때

닫기 실행 전   닫기 실행 후

- **열기(O)** : 닫기 옵션에 의해 만들어진 폴리선을 선택하면 닫은 선이나 호 객체를 제거하여 닫기 실행 전으로 만듭니다.

❷ **결합(J)** : 선과 호 또는 폴리선의 끝점이 만나 있으면 이들 객체를 결합하여 하나의 폴리선으로 만들 수 있습니다.

만약 다중 옵션을 사용하여 객체를 선택한 경우에는 끝점이 떨어져 있어도 퍼지 거리 값을 충분히 설정하여 끝점이 서로 만나도록 결합할 수 있습니다.

- **퍼지 거리 또는 [결합 형식(J)] 입력 〈0.0000〉**

결합 형식(J)

결합 전

연장 : 떨어져 있는 객체의 끝점을 연장하거나 자르기를 하여 결합합니다.

추가 : 떨어져 있는 객체의 끝점을 직선으로 연결하여 결합합니다.

모두 : 떨어져 있는 객체를 가능하면 연장하여 결합하고 끝점을 직선으로 추가하며 연결하여 결합합니다.

❸ **폭(W)** : 지정한 폭 값에 의한 일정한 폭을 가지는 폴리선을 작성합니다.

❹ **정점 편집(E)** : 폴리선의 첫 번째 정점위치에 X표식기가 표시됩니다. 이 정점을 편집하여 폴리선을 수정할 수 있습니다.

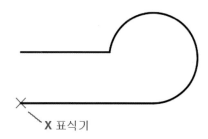

X 표식기

• 정점 편집 옵션 입력 [다음(N)/이전(P)/끊기(B)/삽입(I)/이동(M)/재생성(R)/직선화(S)/접선(T)/폭(W)/종료(X)] 〈N〉

㉠ **다음(N)** : X표식기를 다음 정점으로 이동합니다.

㉡ **이전(P)** : X표식기를 이전 정점으로 이동합니다.

㉢ **끊기(B)** : 하나의 정점을 선택하거나 하나의 정점과 다음 정점을 선택한 후 진행(G)을 입력하여 점에서 끊기나 끊기를 할 수 있습니다.

㉣ **삽입(I)** : 폴리선에 표시된 정점 다음에 새 정점을 추가하여 폴리선을 편집합니다.

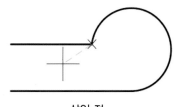

삽입 전

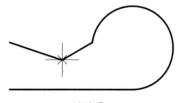

삽입 후

㉤ **이동(M)** : 표시된 정점을 이동합니다.

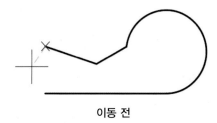

이동 전

이동 후

ⓗ **재생성(R)** : 폴리선을 재생성합니다.

ⓢ **직선화(S)** : X표식기 위치에서 직선화(S)를 입력하고 다음(N) 정점으로 이동 후 진행(G)을 입력하여 두 정점을 직선화합니다.

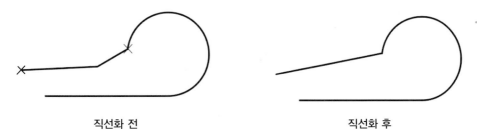

직선화 전 직선화 후

◎ **접선(T)** : 곡선 맞춤에 사용할 표시된 정점에 접선방향을 부착합니다.

ⓩ **폭(W)** : 시작 정점에서 다음 정점의 시작 및 끝 폭을 변경하여 다양한 폭을 지정할 수 있습니다.

❺ **맞춤(F)** : 각 정점 쌍을 결합하는 호로 구성된 맞춤 폴리선을 작성합니다. 접선(T)을 지정하면 지정한 접선 방향으로 폴리선의 모든 정점을 지나며 맞춤 폴리선이 작성됩니다.

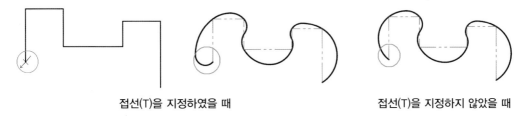

접선(T)을 지정하였을 때 접선(T)을 지정하지 않았을 때

❻ **스플라인(S)** : 첫 번째 조정점과 마지막 조정점을 통과하는 2차원 및 3차원 스플라인 맞춤 폴리선을 생성합니다.

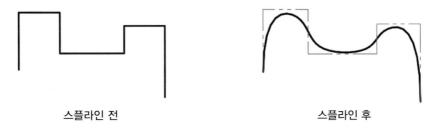

스플라인 전 스플라인 후

❼ **비곡선화(D)** : 맞춤 또는 스플라인으로 변환시킨 곡선을 원래 상태의 직선으로 만듭니다. BREAK나 TRIM 과 같은 명령으로 맞춤 또는 스플라인을 편집한 경우에는 사용할 수 없습니다.

❽ **선 종류 생성(L)** : 폴리선의 정점마다 선 종류 패턴이 시작하지 않고 패턴이 연속되도록 선 종류를 생성합 니다.

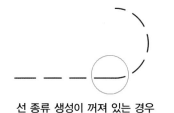

선 종류 생성이 꺼져 있는 경우   선 종류 생성이 켜 있는 경우

❾ **반전(R)** : 폴리선의 정점 순서를 반전합니다.

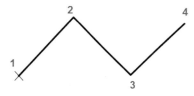
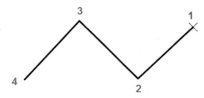

반전 전 정점의 시작위치와 순서   반전 후 정점의 시작위치와 순서

📌 **알아두기**

EXPLODE(분해)

EXPLODE(분해)를 사용하면 RECTANG, POLYGON, PLINE 폴리선 및 영역, 블록 등의 복합객체를 구성요 소 객체로 분해할 수 있습니다.

[EXPLODE 실행방법]

① 리본 〉 홈 탭 〉 수정 패널 〉 분해 ⬚ 를 선택하여 실행합니다.
② 명령행에 단축키(별칭) X를 입력하고 Enter↵ 나 Space Bar 를 눌러 실행합니다.

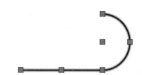

분해 전 단일 객체로 선택됨   분해 후 선과 호의 구성요소로 객체가 선택됨

---

05 | SPLINE(스플라인)

스플라인은 지정된 점들을 통과하거나 그 근처를 지나는 부드러운 곡선을 만듭니다.

1 SPLINE 실행방법

❶ 리본 〉 홈 탭 〉 그리기 패널 〉 스플라인 맞춤 을 선택하여 실행합니다.
❷ 명령행에 단축키(별칭) SPL을 입력하고 Enter↵ 나 Space Bar 를 눌러 실행합니다.

2 SPLINE 명령 실행 후 프롬프트에 표시 내용

(1) 첫 번째 점 지정 또는 [메서드(M)/매듭(K)/객체(O)]

스플라인의 시작점을 지정합니다.

(2) 메서드(M)

스플라인 작성 메서드 입력 [맞춤(F)/CV(C)] 〈맞춤〉 : 맞춤(F)은 곡선에 맞춤점이 직접 포함되어 있고, CV(C)는 조정 정점이 선 외부에 있습니다. 곡선의 일부분을 변경하려면 맞춤을, 전체 곡선 형태에 영향을 주며 변경하려면 CV를 선택하여 스플라인을 작성합니다.

맞춤(F)　　　　　　　　　　　　　CV(C)

❶ **메서드를 맞춤으로 설정 시 해당하는 프롬프트**

　㉠ 매듭(K)

　　매듭 매개변수화 입력 [현(C)/제곱근(S)/균일(U)] 〈현〉 : 스플라인 내의 연속하는 맞춤점 간에 구성요소 곡선을 혼합하는 방법을 결정하는 계산방법 중 하나를 선택하여 지정합니다.

- 현(C) : 현의 길이방법으로 각 구성요소 곡선을 연결하는 매듭이 연관된 각 맞춤점 쌍 간의 거리에 비례 하도록 간격이 지정됩니다.(초록색)
- 제곱근(S) : 구심방법으로 각 구성요소 곡선을 연결하는 매듭이 연관된 각 맞춤점 쌍 간의 거리 제곱근에 비례하도록 간격이 지정됩니다.(파란색)
- 균일(U) : 등거리방법으로 맞춤점의 간격에 관계없이 각 구성요소 곡선의 매듭이 같도록 간격이 지정됩니다.(빨간색)

ⓒ 시작접촉부(T) : 스플라인의 시작점의 접선을 지정합니다.
ⓒ 끝접촉(T) : 스플라인의 끝점의 접선을 지정합니다.
ⓒ 공차(L) : 스플라인이 지정된 맞춤점에서 벗어날 수 있는 거리를 지정합니다.

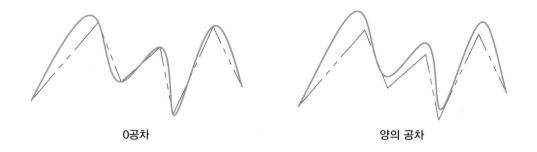

0공차   양의 공차

❷ 메서드를 CV(조정 정점)로 설정 시 해당하는 프롬프트
- 각도(D) : 스플라인의 다항식 차수를 설정합니다. 이 옵션을 사용하면 차수 1(선형), 차수 2(2차원), 차수 3(3차원) 등의 스플라인을 최대 차수 10까지 작성할 수 있습니다.

(3) 객체(O)

PEDIT에서 편집한 스플라인 맞춤 폴리선을 SPLINE의 맞춤 스플라인으로 변환합니다.

(4) 다음 점 입력

Enter↵ 키를 누를 때까지 스플라인 세그먼트를 추가로 작성합니다.

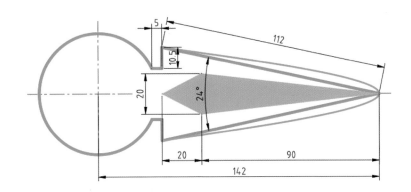

(1) 중심선 그리기

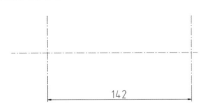

(2) PLINE 그리기 1

❶ 리본 〉 홈 탭 〉 그리기 패널 〉 폴리선을 클릭하거나 명령행에 단축키(별칭) PL을 입력하고 Enter↵를 누릅니다.

❷ PLINE 시작점 지정 : 두 중심선의 교차점을 지정합니다.

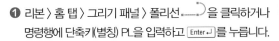

❸ PLINE 다음 점 지정 또는 [호(A)/반폭(H)/길이(L)/명령 취소(U)/폭(W)] : @112〈168을 입력하고 Enter↵를 누릅니다.

❹ PLINE 다음 점 지정 또는 [호(A)/반폭(H)/길이(L)/명령 취소(U)/폭(W)] : @0,−10.5를 입력하고 Enter↵를 누릅니다.

❺ PLINE 다음 점 지정 또는 [호(A)/반폭(H)/길이(L)/명령 취소(U)/폭(W)] : @−5,0을 입력하고 Enter↵를 누릅니다.

❻ PLINE 다음 점 지정 또는 [호(A)/반폭(H)/길이(L)/명령 취소(U)/폭(W)] : A를 입력하고 Enter↵를 누릅니다.

❼ 호의 끝점 지정(Ctrl 키를 누른 상태에서 방향 전환) 또는 [각도(A)/중심(CE)/방향(D)/반폭(H)/선(L)/반지름(R)/두 번째 점(S)/명령취소(U)/폭(W)] : CE를 입력하고 Enter↵를 누릅니다.

❽ 호의 중심점 지정 : 중심선의 교차점을 지정합니다.

❾ 호의 끝점 지정(Ctrl 키를 누른 상태에서 방향 지정) 또는 [각도(A)/길이(L)] : 호의 끝점의 방향으로 중심선의 끝점을 지정하고 Enter↵를 눌러 명령어를 종료합니다.

(3) MIRROR를 사용하여 대칭복사하기

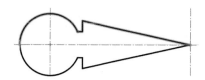

(4) PEDIT를 사용하여 폴리선 결합하기

❶ 리본 〉홈 탭 〉수정 패널 〉폴리선 편집 ✐ 을 클릭하거나 명령행에 단축키(별칭) PE를 입력하고 Enter↵ 를 누릅니다.

❷ PEDIT 폴리선 선택 또는 [다중(M)] : 폴리선 하나를 선택합니다.

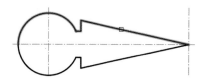

❸ 옵션 입력 [닫기(C)/결합(J)/폭(W)/정점 편집(E)/맞춤(F)/스플라인(S)/비곡선화(D)/선   종류생성(L)/반전(R)/명령취소(U)] : J를 입력하고 Enter↵ 를 누릅니다.

❹ PEDIT 객체 선택 : 결합할 폴리선을 선택하고 Enter↵ 를 누릅니다.

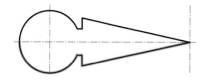

❺ Enter↵ 를 눌러 PEDIT 명령어를 종료하고 결합된 단일 폴리선을 작성합니다.

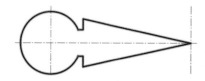

(5) PLINE 그리기 2

❶ 리본 〉홈 탭 〉그리기 패널 〉폴리선 을 클릭하거나 명령행에 단축키(별칭) PL를 입력하고 Enter↵ 를 누릅니다.

❷ PLINE 시작점 지정 : 폴리선의 끝점을 지정합니다.

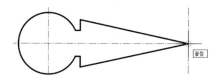

❸ 다음 점 지정 또는 [호(A)/반폭(H)/길이(L)/명령취소(U)/폭(W)] : W를 입력하고 Enter↵ 를 누릅니다.

❹ 시작 폭 지정〈0.0000〉 : 0을 입력하고 Enter↵ 를 누릅니다.
끝 폭 지정〈0.0000〉 : 20을 입력하고 Enter↵ 를 누릅니다.

❺ 다음 점 지정 또는 [호(A)/반폭(H)/길이(L)/명령취소(U)/폭(W)] : @−90,0을 입력하고 Enter↵ 를 누릅니다.

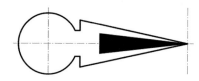

❻ 다음 점 지정 또는 [호(A)/반폭(H)/길이(L)/명령취소(U)/폭(W)] : W를 입력하고 Enter↵ 를 누릅니다.

❼ 시작 폭 지정〈0.0000〉 : 20을 입력하고 Enter↵ 를 누릅니다.
끝 폭 지정〈0.0000〉 : 0을 입력하고 Enter↵ 를 누릅니다.

❽ 다음 점 지정 또는 [호(A)/반폭(H)/길이(L)/명령취소(U)/폭(W)] : @−20,0을 입력하고 Enter↵ 를 누릅니다.

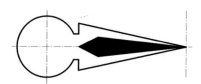

Enter↵ 를 한 번 더 눌러 명령을 종료합니다.

(6) SPLINE 그리기

❶ 리본 〉홈 탭 〉그리기 패널 〉스플라인 맞춤 을 클릭하거나 명령행에 단축키(별칭) SPL을 입력하고 Enter↵ 를 누릅니다.

❷ SPLINE 첫 번째 점 지정 또는 [메서드(M)/매듭(K)/객체(O)] : 폴리선의 끝점을 지정합니다.

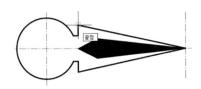

❸ SPLINE 다음 점 입력 또는 [시작 접촉부(T)/공차(L)] : 폴리선의 끝점을 지정합니다.

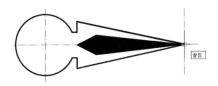

❹ SPLINE 다음 점 입력 또는 [끝 접촉부(T)/공차(L)/명령취소(U)] : 폴리선의 끝점을 지정합니다.

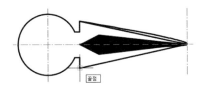

❺ 다음 점 입력 또는 [끝 접촉부(T)/공차(L)/명령취소(U)/닫기(C)] : Enter↵ 를 눌러 명령을 종료합니다.

(7) 불필요한 객체를 지워 도면의 형상 완성

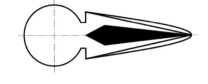

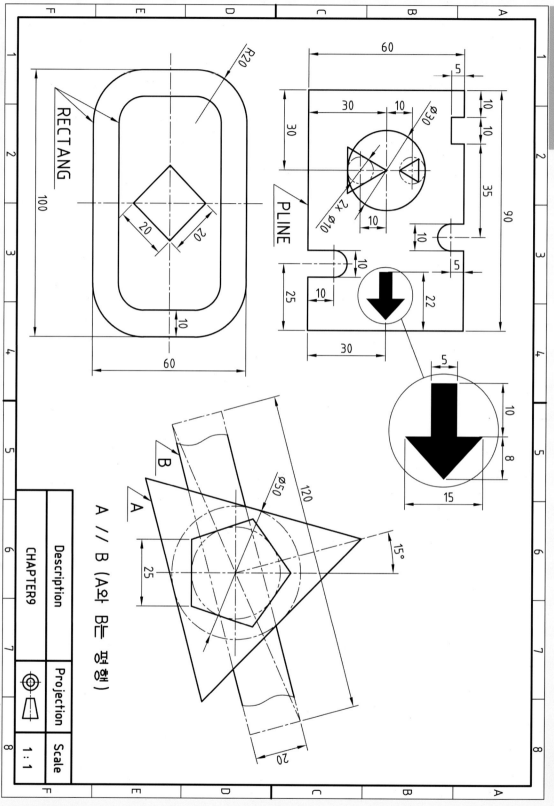

RECTANG

R20

100

20
20

10

60

60

30
10
Ø30

5

10
10

35
90

Ø10 x2

10

25
10
10

5

22

PLINE

30
10

30

5
10
8
15

A // B (A와 B는 평행)

A
B

Ø50

120

25

15°

20

Description	Projection	Scale
CHAPTER9	1:1	

MEMO

AutoCAD 2019

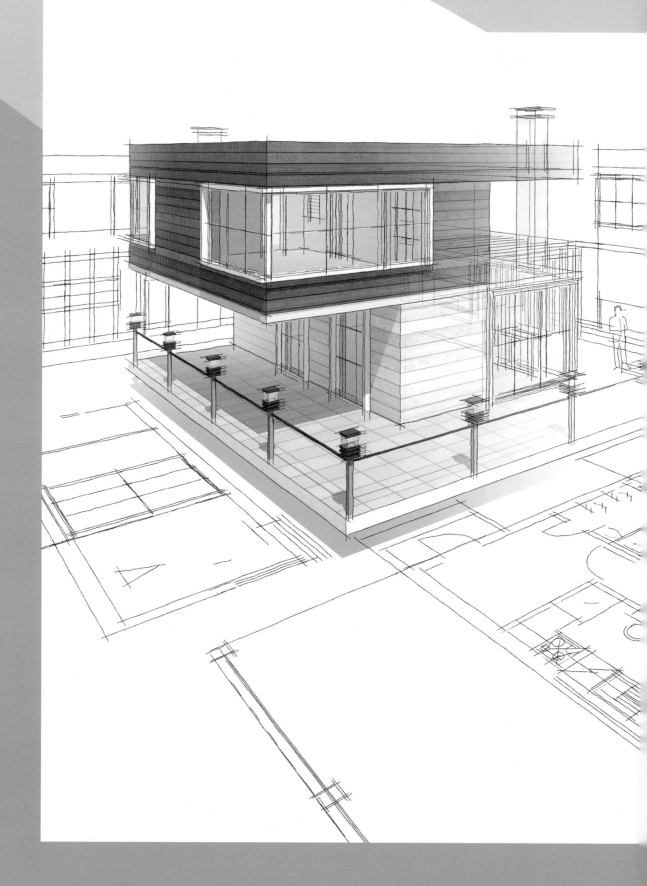

Chapter 10

객체 배열 종류 및 방법

01 | ARRAYCLASSIC(대화상자를 사용하는 이전 버전의 배열)

ARRAYCLASSIC은 일정한 간격의 직사각형, 원형 방향으로 객체를 복사하여 작성하며 이전 버전에서 사용하던 대화상자를 사용하여 비연관 직사각형, 원형 배열을 작성할 수 있습니다.

☐ ARRAYCLASSIC 실행방법

ARRAYCLASSIC은 리본에서 제공하지 않으며 명령행에 ARRAYCLASSIC을 입력하고 Enter↵ 나 Space Bar 를 눌러 실행합니다.

☐ 배열 대화상자

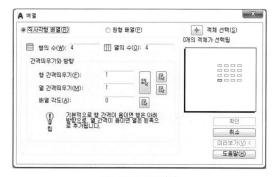

직사각형 배열(R) 원형 배열(P)

(1) 직사각형 배열(R)

선택된 객체의 복사본에 대한 다수의 행과 열로 정의되는 배열을 작성합니다.

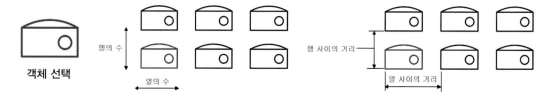

❶ **객체 선택** ✛ : 배열의 기준이 될 객체를 하나 이상 선택합니다.

❷ 目 **행의 수** : 선택된 객체를 포함한 수이며 0이 아닌 정수를 사용하여 행의 수를 지정합니다. 예를 들어, 위의 그림에서 행의 수는 2입니다.

❸ ⊞ **열의 수** : 선택된 객체를 포함한 수이며 0이 아닌 정수를 사용하여 열의 수를 지정합니다. 하나의 열을 지정한 경우 두 개 이상의 행을 지정하여야 하며 행도 마찬가지입니다. 예를 들어, 위의 그림에서 열의 수는 3입니다.

■ **간격띄우기와 방향**

- **행 간격 띄우기** : 행 사이의 거리를 지정합니다. 아래 방향으로 행을 추가하려면 음의 값을 지정합니다.

  또한 행 간격 띄우기 🖳를 클릭하고 좌표입력장치(마우스)를 사용하여 지정한 두 점 사이의 거리를 행 간격 띄우기 값으로 지정할 수 있습니다.

- **열 간격 띄우기** : 열 사이의 거리를 지정합니다. 왼쪽 방향으로 열을 추가하려면 음의 값을 지정합니다.

  또한 열 간격 띄우기 🖳를 클릭하고 좌표입력장치(마우스)를 사용하여 지정한 두 점 사이의 거리를 열 간격 띄우기 값으로 지정할 수 있습니다.

- **모든 간격띄우기** 🖳 **선택** : 좌표입력장치(마우스)를 사용하여 대각선 방향의 두 점을 지정하면 행 간격과 열 간격띄우기 값을 동시에 지정할 수 있습니다. 두 점을 지정하는 대각선 방향에 따라 음과 양의 값으로 지정됩니다.

- **배열 각도** : 회전 각도를 지정합니다. 이 각도는 기본 값이 0이므로 열과 행은 현재 UCS의 X와 Y 도면축에 대해 직각을 이룹니다. 또한 배열 각도 🖳를 클릭하고 좌표입력장치(마우스)를 사용하여 지정한 두 점의 방향을 회전 각도 값으로 지정할 수 있습니다.

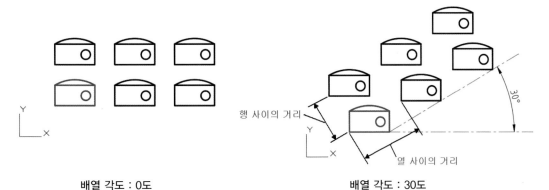

배열 각도 : 0도   배열 각도 : 30도

(2) 원형 배열(P)

선택한 객체를 지정한 중심점을 기준으로 복사하는 방식으로 배열을 작성합니다.

① 객체 선택 [+] : 원형 배열에 사용할 객체를 선택합니다.

② 중심점 : X 및 Y 좌푯값을 입력하여 원형 배열의 중심점을 지정하거나 중심점 선택 버튼 [🖰]을 클릭한 후 좌표입력장치(마우스)를 사용하여 중심선 위치를 지정합니다.

■ **방법과 값**

방법(M) : 원형 배열에 객체를 배치하기 위해 사용되는 방법을 설정합니다.

방법과 값
방법(M):
항목의 전체 수 및 채울 각도
항목의 전체 수 및 채울 각도
항목의 전체 수 및 항목 사이의 각도
채울 각도 및 항목 사이의 각도

ⓐ **항목의 전체 수 및 채울 각도** : 항목의 전체 수는 배열 결과 표시되는 객체의 개수이고 채울 각도는 중심점으로부터 배열의 첫 번째 및 마지막 요소 사이의 각도를 말하며 이 두 값을 정의하여 배열을 작성하는 방법입니다. 채울 각도가 양의 값이면 시계반대방향으로 회전하고, 음의 값이면 시계방향으로 회전하며 배열됩니다.

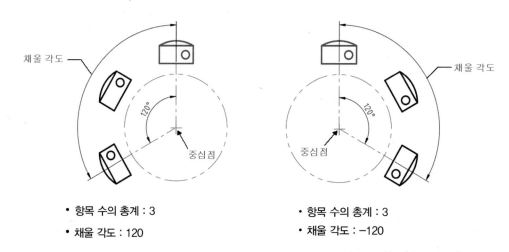

- 항목 수의 총계 : 3
- 채울 각도 : 120

- 항목 수의 총계 : 3
- 채울 각도 : −120

- **항목의 전체 수 및 항목 사이의 각도** : 항목의 전체 수 및 항목 사이의 각도 값을 정의하여 배열을 작성하는 방법입니다. 항목 사이의 각도는 배열된 객체의 기준점을 기준으로 한 항목과 배열 중심 사이의 사이각을 말하며 양의 값만 입력할 수 있습니다.

• 항목 수의 총계 : 4
• 항목 사이의 각도 : 45

• **채울 각도 및 항목 사이의 각도** : 채울 각도 및 항목 사이의 각도 값을 정의하여 배열을 작성하는 방법입니다.

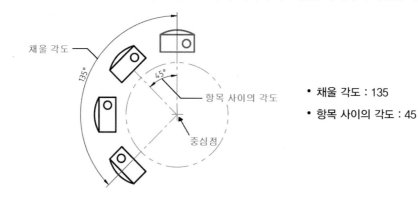

• **채울 각도 : 135**
• **항목 사이의 각도 : 45**

❸ **회전시키면서 복사** : 중심점을 기준으로 선택한 객체를 회전시키면서 복사합니다. 체크를 풀면 선택한 객체의 방향을 유지한 상태에서 복사됩니다.

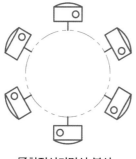

☑회전시키면서 복사

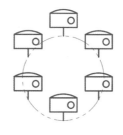

□회전시키면서 복사

02 | ARRAYRECT(직사각형 배열)

선택된 객체의 복사본을 행, 열 및 레벨 조합으로 배열을 작성하며, 배열된 객체는 연관되거나 연관이 없는 독립적인 객체로 작성할 수 있습니다.

1 ARRAYRECT 실행방법

리본 〉 홈 탭 〉 수정 패널 〉 직사각형 배열 🔠 을 선택하여 실행합니다.

2 ARRAYRECT 명령 실행 후 프롬프트에 표시 내용

(1) ARRAYRECT 객체 선택

배열에 사용할 객체를 선택합니다.

(2) ARRAYRECT 그립을 선택하여 배열을 편집하거나 [연관(AS)/기준점(B)/개수(COU)/간격두기(S)/열(COL)/ 행(R)/레벨(L)/종료(X)] 〈종료〉

❶ **ARRAYRECT 그립을 선택하여 배열 편집** : 그립을 선택하여 ARRAYRECT 대상점 지정과 행과 열 사이의 거리 지정, 행과 열 수를 지정할 수 있습니다.

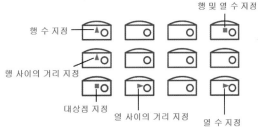

❷ **연관(AS)** : 배열된 객체의 연관과 비연관 여부를 선택합니다.

ARRAYRECT 연관 배열 작성 [예(Y)/아니오(N)] 〈아니오〉 : 예(Y)를 입력하면 블록과 비슷하게 단일 배열 객체에 배열항목을 포함하며 원본 객체를 편집 변경하면 배열된 객체도 업데이트되어 변경됩니다.
아니오(N)를 입력하면 배열 항목을 독립 객체로 작성하여 원본 객체를 편집 변경해도 다른 객체에 영향이 없습니다.

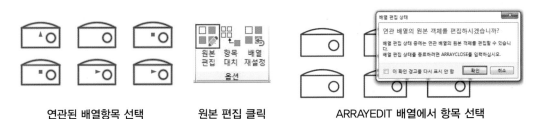

연관된 배열항목 선택   원본 편집 클릭   ARRAYEDIT 배열에서 항목 선택

| 원본 객체 편집 | 배열된 객체도 업데이트 | 변경사항 저장 후 나가기 |

※연관된 배열항목을 EXPLODE로 분해하면 비연관 배열항목으로 됩니다.

❸ **기준점(B)** : 배열 기준점 및 그립의 위치를 지정합니다.

직사각형	열:	4	행:	3	레벨:	1				
	사이:	20	사이:	10	사이:	1		연관	기준점	배열 닫기
	전체:	60	전체:	20	전체:	1				
유형	열		행 ▾		수준			특성		닫기

❹ **개수(COU)** : 행 및 열 수를 지정합니다.

직사각형	열:	4	행:	3	레벨:	1				
	사이:	20	사이:	10	사이:	1		연관	기준점	배열 닫기
	전체:	60	전체:	20	전체:	1				
유형	열		행 ▾		수준			특성		닫기

[표현식(E)] : 사칙연산이나 수학공식에 의해 값을 지정할 수 있습니다.

❺ **간격두기(S)** : 행 사이의 거리와 열 사이의 거리를 지정합니다.

직사각형	열:	4	행:	3	레벨:	1				
	사이:	20	사이:	10	사이:	1		연관	기준점	배열 닫기
	전체:	60	전체:	20	전체:	1				
유형	열		행 ▾		수준			특성		닫기

[단위 셀(U)] : 대각선 두 점을 지정하여 행과 열 사이의 거리를 동시에 지정합니다.

열에서 전체는 시작 객체와 끝 객체의 시작 열과 끝 열 사이의 전체 거리를 말하며 행에서 전체도 시작 행과 끝 행의 전체 거리를 말합니다.

| 직사각형 | 전체: | 60 | 전체: | 20 |
| 유형 | 열 | | 행 ▾ | |

❻ **레벨(L)** : 3D 배열의 레벨 수 와 레벨 사이의 거리를 입력하여 배열합니다.

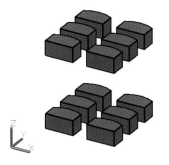

레벨:	2			
사이:	50		연관	기준점	배열 닫기
전체:	50			
수준			특성		닫기

03 | ARRAYPOLAR(원형 배열)

선택된 객체의 복사본을 중심점이나 회전축을 따라 일정한 간격으로 지정한 수만큼 회전하며 작성합니다. 배열된 객체는 연관되거나 연관이 없는 독립적인 객체로 작성할 수 있습니다.

1 ARRAYPOLAR 실행방법

리본 〉 홈 탭 〉 수정 패널 〉 원형 배열 ⚬°⚬ 을 선택하여 실행합니다.

2 ARRAYPOLAR 명령 실행 후 프롬프트에 표시 내용

(1) ARRAYPOLAR 객체 선택

배열에 사용할 객체를 선택합니다.

(2) ARRAYPOLAR 배열의 중심점 지정 또는 [기준점(B)/회전축(A)]

❶ **ARRAYPOLAR 배열의 중심점 지정** : 회전의 중심점을 지정합니다.
❷ **기준점(B)** : 배열 기준점 및 그립의 위치를 지정합니다.
❸ **회전축(A)** : 3차원 배열 작성 시 회전축으로 두 점을 지정합니다.

(3) ARRAYPOLAR 그립을 선택하여 배열을 편집하거나 [연관(AS)/기준점(B)/항목(I)/사이의 각도(A)/채울 각도(F)/행(ROW)/레벨(L)/항목 회전(ROT)/종료(X)]〈종료〉

❶ **ARRAYPOLAR 그립을 선택하여 배열 편집** : 그립을 선택하여 ARRAYPOLAR 대상점 지정과 항목 사이의 각도 지정, 반지름 지정을 할 수 있습니다.

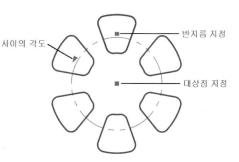

❷ **항목(I)** : 배열의 항목 수를 지정합니다.

유형	항목			행 ▾			수준			특성					닫기
원형	항목:	6	행:	1	레벨:	1				연관	기준점	항목 회전	방향		배열 닫기
	사이:	60	사이:	24.8904	사이:	1									
	채우기:	360	전체:	24.8904	전체:	1									

❸ **사이의 각도(A)** : 항목 사이의 각도를 지정합니다.

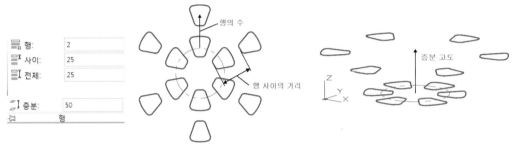

❹ **채울 각도(F)** : 배열의 첫 번째 항목과 마지막 항목 사이의 각도를 지정합니다.

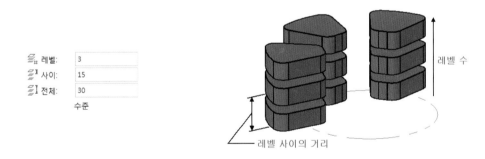

❺ **행(ROW)** : 배열의 행 수, 행 사이의 거리 지정, 행 사이의 증분 고도를 지정합니다.

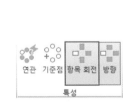

행의 수 및 행 사이의 거리   **행 사이의 증분 고도**

❻ **레벨(L)** : 배열의 레벨 수, 레벨 사이의 거리를 지정합니다.

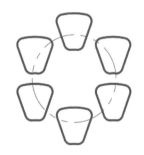

❼ **항목 회전(ROT)** : 배열된 항목의 회전 여부를 결정합니다.

배열된 항목을 회전하시겠습니까?   배열된 항목을 회전하시겠습니까?
예(Y)를 선택할 경우   아니오(N)를 선택할 경우

04 ARRAYPATH(경로 배열)

객체를 경로 또는 경로의 일부분을 따라 균일하게 배열하여 객체의 사본을 작성합니다.

1 ARRAYPATH 실행방법

리본 〉 홈 탭 〉 수정 패널 〉 경로 배열 🔗 을 선택하여 실행합니다.

2 ARRAYPATH 명령 실행 후 프롬프트에 표시 내용

(1) ARRAYPATH 객체 선택

경로 배열에 사용할 객체를 선택합니다.

(2) ARRAYPATH 경로 곡선 선택

배열의 경로에 사용할 객체를 지정합니다. 경로 곡선으로는 선, 폴리선, 3D 폴리선, 스플라인, 나선, 호, 원, 타원을 선택할 수 있습니다.

(3) ARRAYPATH 그립을 선택하여 배열을 편집하거나 [연관(AS)/메서드(M)/기준점(B)/접선 방향(T)/항목 (I)/행(R)/레벨(L)/항목 정렬(A)/Z 방향(Z)/종료(X)] 〈종료〉

❶ **ARRAYPATH 그립을 선택하여 배열 편집** : 그립을 선택하여 ARRAYPATH 행 수와 항목 사이의 거리 지정을 할 수 있습니다.

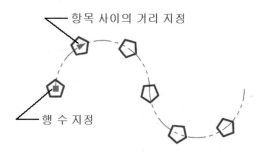

❷ **메서드(M)** : 경로 곡선을 지정한 거리와 등분 수로 등분하여 객체의 복사본을 배열합니다.
경로 방법 입력 [등분할(D)/측정(M)] : 등분할(D)을 선택하여 항목(I)에서 항목 수를 지정하고, 측정(M)을 선택하여 항목(I)에서 항목 사이의 거리와 항목 수를 지정하여 배열합니다.

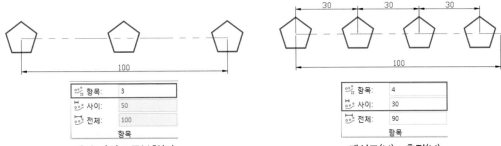

항목:	3	
사이:	50	
전체:	100	
항목		

메서드(M) : 등분할(D)
경로를 따라 배열되는 항목 수 입력 : 3

항목:	4	
사이:	30	
전체:	90	
항목		

메서드(M) : 측정(M)
경로를 따라 배열되는 항목 사이의 거리 지정 : 30
항목 수 지정 : 4

❸ **접선 방향(T)** : 경로의 시작방향을 기준으로 배열된 항목을 정렬할 방법을 지정합니다. 접선방향은 경로를 기준으로 배열된 항목의 접선을 나타내는 두 점을 지정하거나, 법선(N)을 선택하여 Z축 방향을 설정할 수 있습니다.

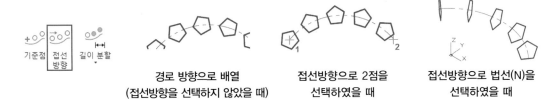

기준점 접선 길이 분할
방향

경로 방향으로 배열
(접선방향을 선택하지 않았을 때)

접선방향으로 2점을
선택하였을 때

접선방향으로 법선(N)을
선택하였을 때

❹ **항목(I)** : 메서드(M) 설정에 따라 항목의 수 또는 항목 사이의 거리를 지정합니다.
❺ **행(R)** : 배열의 행 수, 행 사이의 거리, 행 간 증분 고도를 지정합니다.

행:	2
사이:	22
전체:	22
증분:	20

행 수 지정

행 사이의 거리 지정

행 사이의 증분 고도 지정

❻ **레벨(L)** : 배열의 레벨은 Z축 방향으로 배열의 연장을 의미하며 레벨 수, 레벨 사이의 거리를 지정합니다.

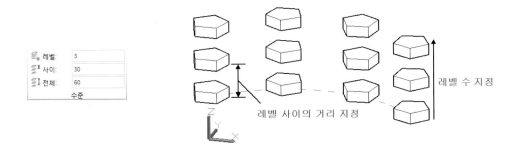

레벨:	3
사이:	30
전체:	60
수준	

레벨 수 지정

레벨 사이의 거리 지정

❼ **항목 정렬(A)** : 각 항목을 경로방향에 접하도록 정렬 여부를 지정합니다.

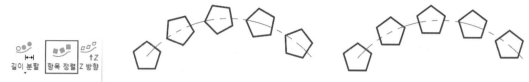

배열된 항목을 경로를 따라
정렬하시겠습니까?
예(Y)를 선택할 경우

배열된 항목을 경로를 따라
정렬하시겠습니까?
아니오(N)를 선택할 경우

❽ **Z 방향(Z)** : 항목을 원래 Z 방향을 유지할지 아니면 3D 경로를 따라 항목을 자연적으로 놓이도록 할지 조정합니다.

> **알아두기**
>
> 명령행에 ARRAY의 단축키(별칭) AR을 입력하고 [Enter↵] 나 [Space Bar] 를 눌러 실행하면 배열 유형 [직사각형 (R)/경로(PA)/원형(PO)]을 선택하여 사용할 수 있습니다.

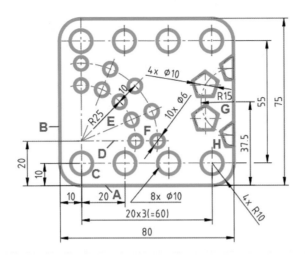

(1) RECTANG 그리기

❶ 리본 〉홈 탭 〉그리기 패널 〉직사각형 ⬜을 클릭하거나 명령행에 단축키(별칭) REC를 입력하고 Enter↵ 나 Space Bar 를 눌러 실행합니다.

❷ RECTANG 첫 번째 구석점 지정 또는 [모따기(C)/고도 (E)/모깎기(F)/두께(T)/폭(W)] : F를 입력하고 Enter↵ 를 누릅니다.

❸ RECTANG 직사각형의 모깎기 반지름 지정 〈0.0000〉 : 10을 입력하고 Enter↵ 를 누릅니다.

❹ RECTANG 첫 번째 구석점 지정 또는 [모따기(C)/고도 (E)/모깎기(F)/두께(T)/폭(W)] : 도면의 임의의 위치에 마우스 왼쪽 버튼으로 한 점을 지정합니다.

❺ RECTANG 다른 구석점 지정 또는 [영역(A)/치수(D)/회 전(R)] : @80,75를 지정하고 Enter↵ 를 누릅니다.

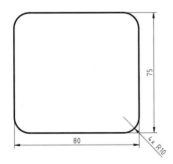

(2) EXPLODE(분해)

❶ 리본 〉홈 탭 〉수정 패널 〉분해 🗗 를 선택하거나 명령 행에 단축키(별칭) X를 입력하고 Enter↵ 나 Space Bar 를 눌러 실행합니다.

❷ EXPLODE 객체 선택 : RECTANG을 선택하고 Enter↵ 를 눌러 RECTANG 복합 객체를 구성요소 객체로 분해합니다.

(3) OFFSET을 사용하여 중심선 그리기

❶ 리본 〉홈 탭 〉수정 패널 〉간격띄우기 ⬅ 를 클릭하거나 명령행에 단축키(별칭) O를 입력하고 눌러 실행합니다.

❷ OFFSET 간격띄우기 거리 지정 또는 [통과점(T)/지우기 (E)/도면층(L)] 〈0.0000〉 : 10을 입력하고 Enter↵ 를 누 릅니다.

❸ OFFSET 간격띄우기 할 객체 선택 또는 [종료(E)/명령취 소(U)]〈종료〉 : A선을 선택한 후 Enter↵ 를 누릅니다.

❹ OFFSET 간격띄우기 할 면의 점 지정 또는 [종료(E)/다중 (M)/명령취소(U)] 〈종료〉 : 사각형 안쪽 영역에 간격띄 우기 할 면의 점 지정을 합니다.

❺ OFFSET 간격띄우기 할 객체 선택 또는 [종료(E)/명령취 소(U)]〈종료〉 : B선을 선택한 후 Enter↵ 를 누릅니다.

❻ OFFSET 간격띄우기 할 면의 점 지정 또는 [종료(E)/다중 (M)/명령취소(U)] 〈종료〉 : 사각형 안쪽 영역에 간격띄 우기 할 면의 점 지정을 하고 Enter↵ 를 눌러 명령을 종료 합니다.

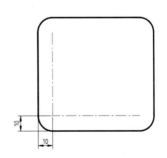

(4) C원 그리기

⊘ 중심점, 반지름을 사용하여 OFFSET에 의해 작성된 두 선의 교차점 또는 선분의 끝점에 원의 중심점을 지정하고 반지름 5를 입력하여 다음과 같이 C원을 작성합니다.

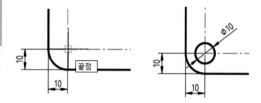

(5) ARRAYRECT(직사각형 배열)

❶ 리본 〉 홈 탭 〉 수정 패널 〉 직사각형 배열 ▯▯ 을 선택하여 실행합니다.

❷ ARRAYRECT 객체 선택 : C원을 선택하고 [Enter↵]를 누릅니다.

❸ ARRAYRECT 그립을 선택하여 배열을 편집하거나 [연관(AS)/기준점(B)/개수(COU)/간격두기(S)/열(COL)/행(R)/레벨(L)/종료(X)] 〈종료〉 : COL을 입력하고 [Enter↵]를 누릅니다.

❹ ARRAYRECT 열 수 입력 또는 [표현식(E)] 〈4〉 : 4를 입력하고 [Enter↵]를 누릅니다.

❺ ARRAYRECT 열 사이의 거리 지정 또는 [합계(T)/표현식(E)] 〈15〉 : 20을 입력하고 [Enter↵]를 누릅니다.

❻ ARRAYRECT 그립을 선택하여 배열을 편집하거나 [연관(AS)/기준점(B)/개수(COU)/간격두기(S)/열(COL)/행(R)/레벨(L)/종료(X)] 〈종료〉 : R을 입력하고 [Enter↵]를 누릅니다.

❼ ARRAYRECT 행 수 입력 또는 [표현식(E)] 〈3〉 : 2를 입력하고 [Enter↵]를 누릅니다.

❽ ARRAYRECT 행 사이의 거리 지정 또는 [합계(T)/표현식(E)] 〈15〉 : 55를 입력하고 [Enter↵]를 누릅니다.

❾ ARRAYRECT 행 사이의 증분 고도 지정 또는 [표현식(E)] 〈0〉 : 0을 입력하고 [Enter↵]를 누릅니다.

❿ ARRAYRECT 그립을 선택하여 배열을 편집하거나 [연관(AS)/기준점(B)/개수(COU)/간격두기(S)/열(COL)/행(R)/레벨(L)/종료(X)] 〈종료〉 : [Enter↵]를 눌러 명령을 종료합니다.

※ 리본 〉 배열작성 아래 패널에서도 값을 지정하고 직사각형 배열을 할 수 있습니다.

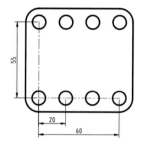

(6) OFFSET을 사용하여 중심선 그리기

❶ 리본 〉 홈 탭 〉 수정 패널 〉 간격띄우기 ⊂ 를 클릭하거나 명령행에 단축키(별칭) O를 입력하고 [Enter↵]를 눌러 실행합니다.

❷ OFFSET 간격띄우기 거리 지정 또는 [통과점(T)/지우기(E)/도면층(L)] 〈0.0000〉 : 20을 입력하고 누릅니다.

❸ OFFSET 간격띄우기 할 객체 선택 또는 [종료(E)/명령취소(U)] 〈종료〉 : A선을 선택한 후 [Enter↵]를 누릅니다.

❹ OFFSET 간격띄우기 할 면의 점 지정 또는 [종료(E)/다중(M)/명령취소(U)] 〈종료〉 : 사각형 안쪽 영역에 간격띄우기 할 면의 점 지정을 합니다.

❺ OFFSET 간격띄우기 할 객체 선택 또는 [종료(E)/명령취소(U)] 〈종료〉 : [Enter↵]를 눌러 명령을 종료합니다.

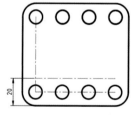

(7) E원 그리기

⊘ 중심점, 반지름을 사용하여 OFFSET에 의해 작성된 선분의 끝점에 원의 중심점을 지정하고 반지름 25를 입력하여 다음과 같이 E원을 작성합니다.

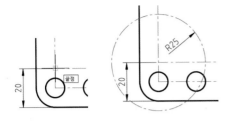

(8) F원 그리기

⌀ 중심점, 반지름을 사용하여 OFFSET에 의해 작성된 선분과 E원의 교차점 또는 E원의 사분점 위치에 원의 중심점을 지정하고 반지름 3을 입력하여 다음과 같이 F원을 작성합니다.

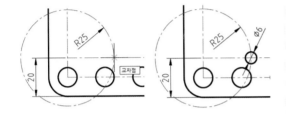

(9) ARRAYPOLAR(원형 배열)

❶ 리본 〉 홈 탭 〉 수정 패널 〉 원형 배열 ∘∘∘ 을 선택하여 실행합니다.

❷ ARRAYPOLAR 객체 선택 : F원을 선택합니다.

❸ ARRAYPOLAR 배열의 중심점 지정 또는 [기준점(B)/회전축(A)] : E원의 중심점을 선택합니다.

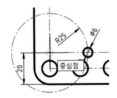

❹ ARRAYPOLAR 그립을 선택하여 배열을 편집하거나 [연관(AS)/기준점(B)/항목(I)/사이의 각도(A)/채울 각도(F)/행(ROW)/레벨(L)/항목 회전(ROT)/종료(X)〉〈종료〉 : I를 입력하고 Enter↵를 누릅니다.

❺ ARRAYPOLAR 배열의 항목 수 입력 또는 [표현식(E)] 〈6〉 : 5를 입력하고 Enter↵를 누릅니다.

❻ ARRAYPOLAR 그립을 선택하여 배열을 편집하거나 [연관(AS)/기준점(B)/항목(I)/사이의 각도(A)/채울 각도(F)/행(ROW)/레벨(L)/항목 회전(ROT)/종료(X)〉〈종료〉 : F를 입력하고 Enter↵를 누릅니다.

❼ ARRAYPOLAR 채울 각도 지정(+=ccw, −=cw) 또는 [표현식(EX)] 〈360〉 : 90을 입력하고 Enter↵를 누릅니다.

❽ ARRAYPOLAR 그립을 선택하여 배열을 편집하거나 [연관(AS)/기준점(B)/항목(I)/사이의 각도(A)/채울 각도(F)/행(ROW)/레벨(L)/항목 회전(ROT)/종료(X)〉〈종료〉 : ROW를 입력하고 Enter↵를 누릅니다.

❾ ARRAYPOLAR 행 수 입력 또는 [표현식(E)] 〈1〉 : 2를 입력하고 Enter↵를 누릅니다.

❿ ARRAYPOLAR 행 사이의 거리 지정 또는 [합계(T)/표현식(E)] 〈9〉 : 10을 입력하고 Enter↵를 누릅니다.

⓫ ARRAYPOLAR 행 사이의 증분 고도 지정 또는 [표현식(E)] 〈0〉 : 0을 입력하고 Enter↵를 누릅니다.

⓬ ARRAYPOLAR 그립을 선택하여 배열을 편집하거나 [연관(AS)/기준점(B)/항목(I)/사이의 각도(A)/채울 각도(F)/행(ROW)/레벨(L)/항목 회전(ROT)/종료(X)〉〈종료〉 : Enter↵를 눌러 명령을 종료합니다.

※ 리본 〉 배열작성 아래 패널에서도 값을 지정하고 원형 배열을 할 수 있습니다.

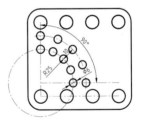

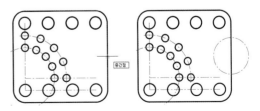

(10) G원 그리기

⌀ 중심점, 반지름을 사용하여 선분의 중간점에 원의 중심점을 지정하고 반지름 15를 입력하여 다음과 같이 G원을 작성합니다.

(11) H원 그리기

⊘ 중심점, 반지름을 사용하여 G원의 사분점에 원의 중심점을 지정하고 반지름 5를 입력하여 다음과 같이 H원을 작성합니다.

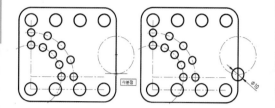

(12) POLYGON 정오각형 그리기

❶ 리본〉홈 탭〉그리기 패널〉폴리곤 을 클릭하거나 명령행에 단축키(별칭) POL을 입력하고 Enter↵ 를 누릅니다.

❷ POLYGON 면의 수 입력 〈4〉: 5를 입력하고 Enter↵ 를 누릅니다.

❸ POLYGON 폴리곤의 중심을 지정 또는 [모서리(E)] : H원의 중심점을 지정합니다.

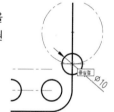

❹ POLYGON 옵션을 입력 [원에 내접(I)/원에 외접(C)] 〈I〉: C를 입력하고 Enter↵ 를 누릅니다.

❺ POLYGON 원의 반지름 지정 : 5를 기입하고 Enter↵ 를 눌러 명령을 종료합니다.

(13) ARRAYPOLAR(원형 배열)

❶ ARRAYPOLAR 객체 선택 : H원과 정오각형을 선택합니다.

❷ ARRAYPOLAR 배열의 중심점 지정 또는 [기준점(B)/회전축(A)] : G원의 중심점을 선택합니다.

❸ ARRAYPOLAR 그립을 선택하여 배열을 편집하거나 [연관(AS)/기준점(B)/항목(I)/사이의 각도(A)/채울 각도(F)/행(ROW)/레벨(L)/항목 회전(ROT)/종료(X)]〈종료〉: I를 입력하고 Enter↵ 를 누릅니다.

❹ ARRAYPOLAR 배열의 항목 수 입력 또는 [표현식(E)] 〈6〉: 4를 입력하고 Enter↵ 를 누릅니다.

❺ ARRAYPOLAR 그립을 선택하여 배열을 편집하거나 [연관(AS)/기준점(B)/항목(I)/사이의 각도(A)/채울 각도(F)/행(ROW)/레벨(L)/항목 회전(ROT)/종료(X)]〈종료〉: F를 입력하고 Enter↵ 를 누릅니다.

❻ ARRAYPOLAR 채울 각도 지정(+=ccw, −=cw) 또는 [표현식(EX)] 〈360〉: −180을 입력하고 Enter↵ 를 누릅니다.

❼ ARRAYPOLAR 그립을 선택하여 배열을 편집하거나 [연관(AS)/기준점(B)/항목(I)/사이의 각도(A)/채울 각도(F)/행(ROW)/레벨(L)/항목 회전(ROT)/종료(X)]〈종료〉: ROT를 입력하고 Enter↵ 를 누릅니다.

❽ ARRAYPOLAR 배열된 항목을 회전하시겠습니까? [예(Y)/아니오(N)]〈예〉: N을 입력하고 Enter↵ 를 누릅니다.

❾ ARRAYPOLAR 그립을 선택하여 배열을 편집하거나 [연관(AS)/기준점(B)/항목(I)/사이의 각도(A)/채울 각도(F)/행(ROW)/레벨(L)/항목 회전(ROT)/종료(X)]〈종료〉: B를 입력하고 Enter↵ 를 누릅니다.

❿ ARRAYPOLAR 기준점 지정 또는 [키 점(K)]〈중심〉: H원의 중심점을 지정합니다.

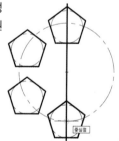

⓫ ARRAYPOLAR 그립을 선택하여 배열을 편집하거나 [연관(AS)/기준점(B)/항목(I)/사이의 각도(A)/채울 각도(F)/행(ROW)/레벨(L)/항목 회전(ROT)/종료(X)]〈종료〉: Enter↵ 를 눌러 명령을 종료합니다.

(14) TRIM 등의 명령어를 사용하여 불필요한 부분을 잘라내어 도면 완성

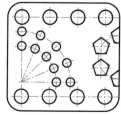

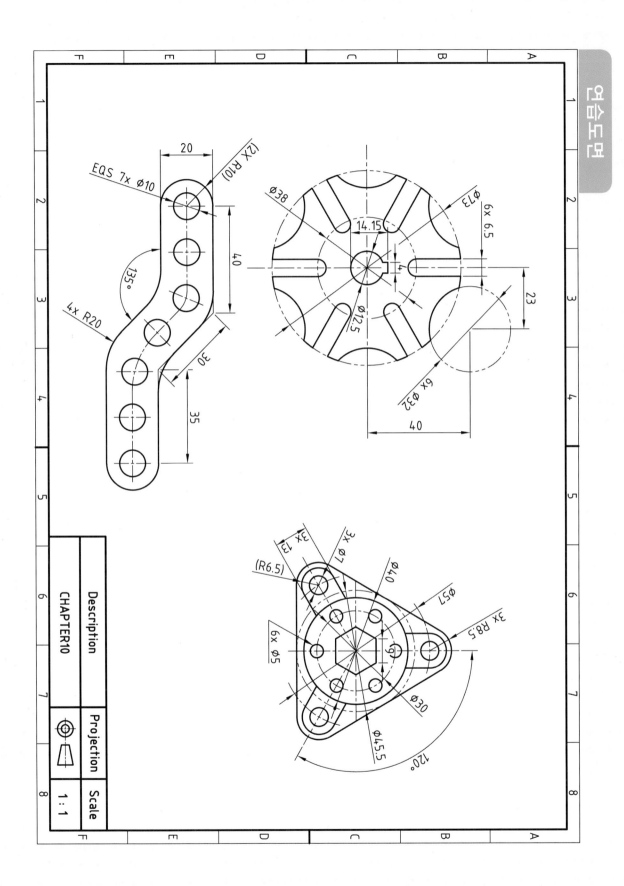

Description	CHAPTER10		
Projection		⊕⊖	
Scale			1:1

EQS 7x Ø10

(2X R10)

20

40

135°

4x R20

30

35

Ø38

14.15

Ø12.5

6x 6.5

Ø73

23

6x Ø32

40

3x 13

3x Ø7

Ø40

(R6.5)

Ø57

6x Ø5

3x R8.5

Ø30

Ø45.5

120°

CHAPTER 10 객체 배열 종류 및 방법 181

Chapter 11

객체 영역 정보 및 해치

01 | AREA

객체를 선택하거나 점을 지정하여 정의된 영역의 면적과 둘레를 계산합니다.

1 AREA 실행방법

AREA는 리본에서 제공하지 않으며 명령행에 단축키(별칭) AA를 입력하고 `Enter↵` 나 `Space Bar` 를 눌러 실행합니다.

2 AREA 명령 실행 후 프롬프트에 표시 내용

(1) AREA 첫 번째 구석점 지정 또는 [객체(O)/면적 추가(A)/면적 빼기(S)] 〈객체(O)〉

❶ **AREA 첫 번째 구석점 지정** : 첫 번째 점과 다음 점을 지정하여 지정한 점에 의해 정의된 둘레와 면적을 계산합니다.

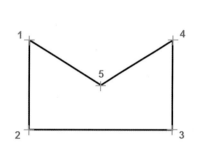

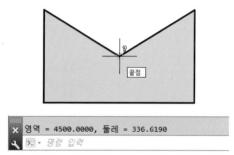

계산할 면적이 초록색으로 강조되며 면적과 둘레가
명령프롬프트 및 툴팁에 표시됩니다.

❷ **객체(O)** : 원, 타원, 스플라인, 폴리선, 폴리곤, 영역 및 3D 솔리드와 같은 객체를 선택하고 선택한 객체의 둘레와 면적을 계산합니다.

❸ **면적 추가(A)** : 지정한 점에 의해 영역을 지정하거나 객체(O)를 선택하여 영역을 추가해 추가된 영역을 합한 전체 면적을 구할 수 있습니다.

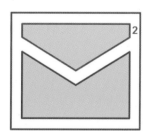

❹ **면적 빼기(S)** : 전체 면적에서 선택한 영역의 면적과 둘레를 뺍니다.

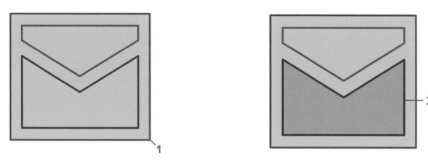

첫 번째 선택한 객체에서 두 번째 선택한 객체가 빠진 값을 계산합니다.

02 | BOUNDARY(경계)

닫힌 영역으로부터 영역 또는 폴리선을 작성합니다.

1 BOUNDARY 실행방법

① 리본 〉 홈 탭 〉 그리기 패널 〉 ▱ 경계를 선택하여 실행합니다.
② 명령행에 단축키(별칭) BO를 입력하고 [Enter↵]나 [Space Bar]를 눌러 실행합니다.

2 BOUNDARY 대화상자

① **점 선택** ⊞ : 닫힌 영역을 구성하는 기존 객체로부터 영역 또는 폴리선을 작성합니다. 점 선택으로는 닫힌 영역의 내부 점을 지정합니다.
② **고립영역 탐지** : 선택 시 내부 점 안에 닫힌 영역을 고립영역으로 처리하여 영역 또는 폴리선을 작성합니다.

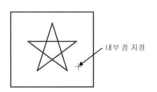
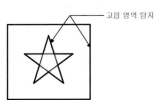

③ **객체 유형** : 닫힌 영역을 추출하여 새 경계 객체를 작성 시 영역 또는 폴리선을 선택하여 작성할 수 있습니다.
④ **새로 만들기** ⊕ : 새 경계 세트를 구성할 때 영역 또는 닫힌 폴리선을 작성하는 데 사용할 수 있는 객체를 선택합니다.

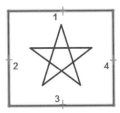

새로 만들기  클릭 후
BOUNDARY 객체 선택

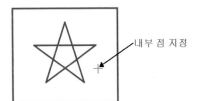

내부 점 지정

03 | REGION(영역)

닫힌 루프를 형성하는 객체로부터 영역을 작성할 수 있습니다.

1 REGION 실행방법

❶ 리본 〉 홈 탭 〉 그리기 패널 〉 ◎ 영역을 선택하여 실행합니다.
❷ 명령행에 단축키(별칭) REG를 입력하고 [Enter↵] 나 [Space Bar] 를 눌러 실행합니다.

2 REGION 명령 실행 후 프롬프트에 표시 내용

REGION 객체 선택 : 닫힌 루프를 형성하는 객체를 선택합니다. 루프는 영역을 둘러싸는 선, 폴리선, 원, 호, 타원, 타원형 호 및 스플라인의 조합이 될 수 있습니다.

📌 **알아두기**

• REGION은 DELOBJ 시스템 변수가 0으로 설정되지 않으면 원래 객체를 영역으로 변환한 후 삭제합니다. 0일 때는 모든 정의 형상이 유지됩니다.
• REGION과 BOUNDARY 명령을 사용하여 영역을 작성합니다.

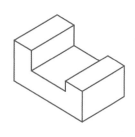

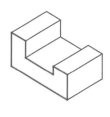

REGION 객체 선택

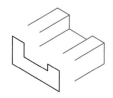

DELOBJ 시스템 변수가
0이 아닐 때

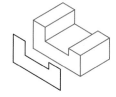

DELOBJ 시스템 변수가
0일 때

04 | HATCH

닫힌 영역이나 선택한 객체를 패턴, 솔리드 채우기 또는 그라데이션 채우기로 채웁니다. 도면에서 단면인 것을 표시할 때 사용합니다.

1 HATCH 실행방법

① 리본 〉 홈 탭 〉 그리기 패널 〉 🔲 해치를 선택하여 실행합니다.
② 명령행에 단축키(별칭) H 또는 BH를 입력하고 Enter↵ 나 Space Bar 를 눌러 실행합니다.

> 📌 **알아두기**
>
> • 리본이 활성 상태인 경우 해치 작성 상황별 탭이 표시됩니다.
>
>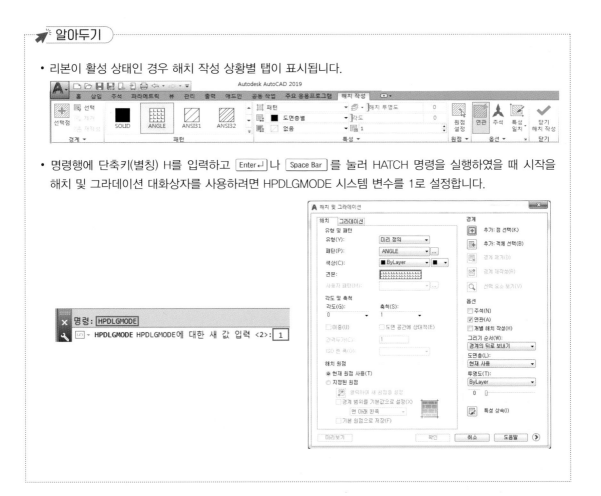
>
> • 명령행에 단축키(별칭) H를 입력하고 Enter↵ 나 Space Bar 를 눌러 HATCH 명령을 실행하였을 때 시작을 해치 및 그라데이션 대화상자를 사용하려면 HPDLGMODE 시스템 변수를 1로 설정합니다.

2 HATCH 명령 실행 후 프롬프트에 표시 내용

(1) HATCH 내부 점 선택 또는 [객체 선택(S)/명령취소(U)/설정(T)]

❶ **HATCH 내부 점 선택** : 닫힌 영역의 내부에 점을 지정하면 지정된 점을 기준으로 닫힌 영역을 구성하는 기존 객체로부터 경계를 결정합니다.

내부 점 선택   해치 경계 및 결과

❷ **객체 선택(S)** : 선택된 객체에서 닫힌 영역을 구성하는 경계를 결정합니다.

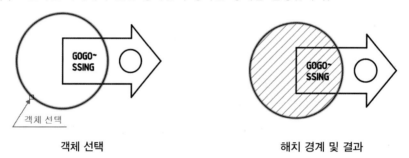

객체 선택   해치 경계 및 결과

❸ **설정(T)** : HPDLGMODE 시스템 변수가 1이 아닐 때 해치 그라데이션 대화상자를 열어 설정 변경을 할 수 있습니다.

📌 **알아두기**

- 명령 프롬프트에서 −HATCH를 입력하면 옵션이 표시됩니다.
- 단축키(별칭)는 − H 또는 − BH이며 해치 작성 상황별 탭 대신 명령 프롬프트를 사용하여 내부 점, 객체 선택, 패턴 특성 등을 지정하여 해치를 작성할 수 있습니다.

---

3 해치 작성 상황별 탭의 표시 내용

(1) 경계 패널

❶ **선택 점** ⊞ : HATCH 명령 프롬프트의 내부 점 선택과 같습니다.

❷ **선택** 🔳 : HATCH 명령 프롬프트의 객체 선택과 같습니다.

> ✏️ **알아두기**
>
> 문자 주위를 해치되지 않게 하려면 객체 선택 시 문자도 포함하여 선택합니다.
>
>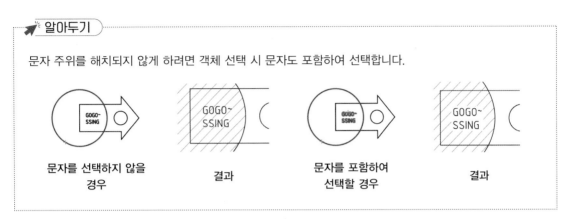
>
> | 문자를 선택하지 않을 경우 | 결과 | 문자를 포함하여 선택할 경우 | 결과 |

❸ **제거** 🔳 : 선택 점이나 선택을 사용하여 해치를 추가한 경우만 사용이 가능하며 추가된 해치패턴을 제거합니다.

| 내부 점 선택 | 제거할 경계 선택 | 해치 경계 및 결과 |

> ✏️ **알아두기**
>
> **HATCHEDIT(해치 편집)**
>
> 1. HATCHEDIT 실행방법
>
>   ① 리본 〉홈 탭 〉수정 패널 〉 🔳 해치 편집을 선택하여 실행합니다.
>   ② 명령행에 단축키(별칭) HE를 입력하고 Enter↵ 나 Space Bar 를 눌러 실행합니다.
>   ③ 해치 객체를 선택하면 해치 편집기 상황별 탭이 표시되며 수정하려는 해당 내용을 편집합니다.
>
>
>
> 2. HATCHEDIT 해치 객체 선택 : 편집할 해치 객체를 선택하면 해치 편집 대화상자가 열립니다. 수정하려는 내용을 선택 후 편집합니다.

❹ **재작성**  : 해치 편집 상태에서 재작성을 선택하면 경계 객체 유형을 영역이나 폴리선으로 해치를 새 경계
와 연관시키거나 비연관시켜 작성합니다.

재작성 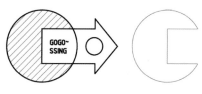 시 명령 프롬프트 내용
① 경계 객체 유형 입력
　　[영역(R)/폴리선(P)] 〈폴리선〉 :
② 해치를 새 경계와 다시 연관하
　시겠습니까? [예(Y)/아니오(N)]
　〈N〉 :

편집할 해치 객체　　　　　　　　　　　　　　　　　　　　　　**재작성 결과 새 경계가 작성됩니다.**

❺ **경계 객체 표시** 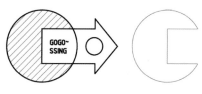 : 해치 편집 상태에서 선택한 연관 해치 객체의 경계를 형성합니다. 그립을 사용하여
해치 경계를 수정합니다. 비연관 해치 객체를 선택하면 경계 그립이 자동으로 표시됩니다.

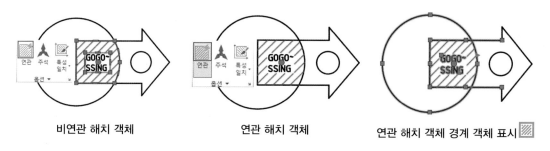

비연관 해치 객체　　　　　　　**연관 해치 객체**　　　　　　**연관 해치 객체 경계 객체 표시**

❻ **경계 객체 유지** : BOUNDARY 명령처럼 해치 경계를 영역 또는 폴리선으
로 작성합니다.
　㉠ 경계 유지 안함 : 해치 경계 객체를 작성하지 않습니다.
　㉡ 경계 유지 – 폴리선 : 해치 객체를 둘러싸는 폴리선을 작성합니다.
　㉢ 경계 유지 – 영역 : 해치 객체를 둘러싸는 영역 객체를 작성합니다.

(2) 패턴 패널

해치 유형에서 선택한 해치 객체의 패턴 모양을 결정합니다.

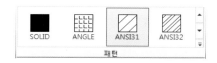

(3) 특성 패널

❶ **해치 유형** : 솔리드, 그라데이션, 패턴 또는 사용자 정의 채우기의 유형을 선택합니다.

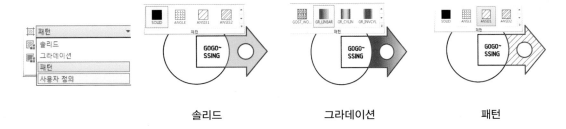

솔리드   그라데이션   패턴

❷ **해치 색상** : 솔리드, 그라데이션, 패턴의 색상을 지정합니다.

❸ **배경색** : 해치 패턴 배경의 색상을 지정합니다.

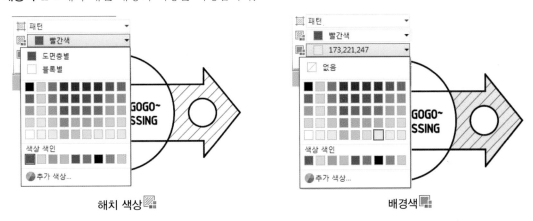

해치 색상   배경색

❹ **해치 투명도** : 도면층별, 블록별, 투명도 값에 의해 해치 객체의 투명도를 조절합니다.

    ㉠ **도면층별** : 해치 투명도에 도면층의 특성을 사용합니다.

    ㉡ **블록별** : 블록 삽입 시 현재 블록 투명도를 허용하도록 투명도를 설정합니다.

    ㉢ **투명도 값** : 해치에 대해 지정된 투명도로 현재 투명도를 재지정합니다.

❺ **해치 각도** : 해치 또는 채우기에 사용할 각도를 지정합니다.

❻ **해치 패턴 축척** : 유형이 패턴으로 설정된 경우에만 사용할 수 있으며, 미리 정의된 해치 패턴의 간격이 지정한 축척 값에 의해 확장 축소됩니다.

(4) 원점 패널

원점 지정 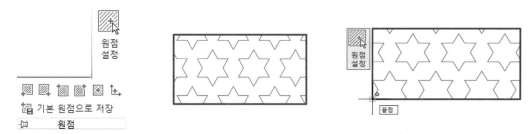 : 해치 패턴 생성의 시작 위치를 지정하여 지정된 원점에 맞춰 해치 패턴이 이동하며 정렬됩니다.

(5) 옵션 패널

❶ **연관** : 해치 또는 채우기가 연관되도록 지정합니다. 연관된 해치 또는 채우기는 해당 경계를 수정할 때 해치가 자동으로 업데이트됩니다.

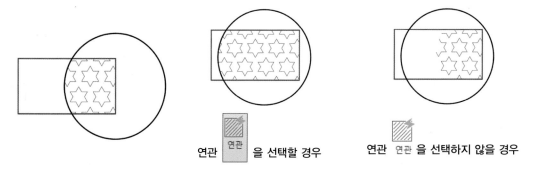

연관 **연관** 을 선택할 경우   연관 연관 을 선택하지 않을 경우

❷ **주석** : 해치 패턴의 축척이 뷰포트 축척에 따라 자동으로 조정되도록 합니다. 이 특성은 주석이 도면에 정확한 크기로 플롯되거나 표시되도록 주석 축척 프로세스를 자동화합니다.

❸ **특성 일치** : 해치 작성과 편집 시 기존 해치를 선택하여 해치의 특성을 설정합니다.

  ㉠ **현재 원점 사용** : 해치 원점을 제외한 선택한 해치 객체로 해치의 특성을 설정합니다.

  ㉡ **원본 해치 원점 사용** : 해치 원점을 포함한 선택한 해치 객체로 해치의 특성을 설정합니다.

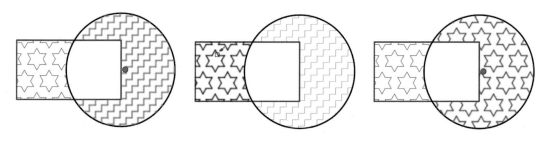

❹ **차이 공차** : 객체가 해치 경계로 사용될 때 무시할 수 있는 차이의 최대 크기를 설정합니다. 지정한 값 이하의 차이는 무시되고 경계는 닫힌 것으로 간주됩니다.

차이 공차	0

❺ **개별 해치 작성**▨ : 한 번의 해칭 명령에서 여러 개의 닫힌 경계를 지정할 경우, 단일 해치 또는 복수해치 객체의 작성 여부를 조정합니다.

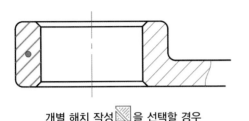

개별 해치 작성▨을 선택할 경우   개별 해치 작성▨을 해제할 경우

❻ **고립영역 탐지**

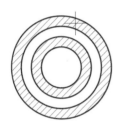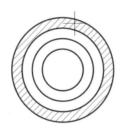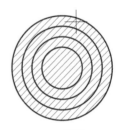

일반 고립영역 탐지▣ : 외부 경계로부터 안쪽을 해치하거나 채웁니다. 해치 선택점으로 지정된 영역에서 자동으로 고립영역을 내부로 해치합니다.

외부 고립영역 탐지▣ : 해치 선택점 위치를 기준으로 외부 해치 경계와 내부 고립영역 사이의 영역만 해치합니다.

고립영역 탐지 무시▣ : 내부 객체는 모두 무시하고 최외곽 해치 경계에서 내부로 해치합니다.

❼ **그리기 순서** : 해치 또는 채우기를 객체의 앞, 뒤, 경계 앞, 경계 뒤로 가져오거나 보낼 수 있습니다.

(6) 닫기 패널

해치 작성 닫기 ✔ : 해치 작성을 종료하고 상황별 탭을 닫습니다. [Enter↵] 또는 [Esc]를 눌러 해치를 종료할 수도 있습니다.

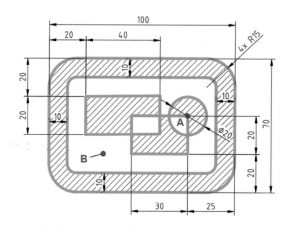

(1) RECTANG 1

❶ 리본 〉홈 탭 〉그리기 패널 〉직사각형 ☐을 클릭하거나 명령행에 단축키(별칭) REC를 입력하고 [Enter↵]나 [Space Bar]를 눌러 실행합니다.

❷ RECTANG 첫 번째 구석점 지정 또는 [모따기(C)/고도 (E)/모깎기(F)/두께(T)/폭(W)] : F를 입력하고 [Enter↵] 를 누릅니다.

❸ RECTANG 직사각형의 모깎기 반지름 지정 〈0.0000〉 : 15를 입력하고 [Enter↵]를 누릅니다.

❹ RECTANG 첫 번째 구석점 지정 또는 [모따기(C)/고도 (E)/모깎기(F)/두께(T)/폭(W)] : 도면의 임의의 위치에 직사각형의 첫 번째 구석점을 지정합니다.

❺ RECTANG 다른 구석점 지정 또는 [영역(A)/치수(D)/회 전(R)] : @100,70을 입력하고 [Enter↵]를 누릅니다.

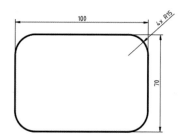

(2) OFFSET 1

❶ 리본 〉홈 탭 〉수정 패널 〉간격띄우기 ⊏ 를 클릭하거 나 명령행에 단축키(별칭) O를 입력하고 [Enter↵]를 눌러 실행합니다.

❷ OFFSET 간격띄우기 거리 지정 또는 [통과점(T)/지우기 (E)/도면층(L)] 〈25.0000〉 : 10을 입력하고 [Enter↵]를 누릅니다.

❸ OFFSET 간격띄우기 할 객체 선택 또는 [종료(E)/명령취 소(U)] 〈종료〉 : 사각형을 선택합니다.

❹ OFFSET 간격띄우기 할 면의 점 지정 또는 [종료(E)/다중 (M)/명령취소(U)] 〈종료〉 : 사각형 안쪽에 마우스를 가 져다 놓고 마우스 왼쪽 버튼으로 점을 지정합니다.

❺ OFFSET 간격띄우기 할 객체 선택 또는 [종료(E)/명령취 소(U)] 〈종료〉 : [Enter↵]를 눌러 명령을 종료합니다.

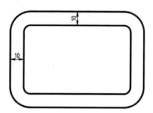

(3) EXPLODE

❶ 리본 〉홈 탭 〉수정 패널 〉분해 를 클릭하거나 명령행에 단축키(별칭) X를 입력하고 [Enter↵]나 [Space Bar]를 눌러 실행합니다.

❷ EXPLODE 객체 선택 : 바깥쪽 사각형을 선택하고 [Enter↵]를 누릅니다.

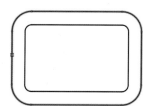

(4) OFFSET 2

❶ 리본 〉 홈 탭 〉 수정 패널 〉 간격띄우기 ⬅ 를 클릭하거나 명령행에 단축키(별칭) O를 입력하고 [Enter↵]를 눌러 실행합니다.

❷ OFFSET 간격띄우기 거리 지정 또는 [통과점(T)/지우기(E)/도면층(L)] 〈25.0000〉: 20을 입력하고 [Enter↵]를 누릅니다.

❸ OFFSET 간격띄우기 할 객체를 선택하고 간격띄우기 할 면의 점 지정을 하여 다음과 같이 객체를 작성합니다.

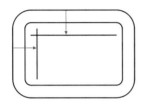

(5) RECTANG 1

❶ 리본 〉 홈 탭 〉 그리기 패널 〉 직사각형 ☐ 을 클릭하거나 명령행에 단축키(별칭) REC를 입력하고 [Enter↵]나 [Space Bar]를 눌러 실행합니다.

❷ RECTANG 첫 번째 구석점 지정 또는 [모따기(C)/고도(E)/모깎기(F)/두께(T)/폭(W)] : OFFSET으로 작성된 두 선분의 교차점을 지정합니다.

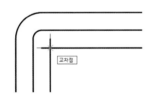

❸ RECTANG 다른 구석점 지정 또는 [영역(A)/치수(D)/회전(R)] : @40,−20을 입력하고 [Enter↵]를 눌러 명령을 종료합니다.
  ※OFFSET으로 작성된 두 선분은 삭제합니다.

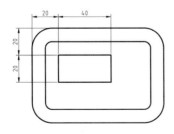

(6) OFFSET 3

OFFSET 간격띄우기 거리 지정과 간격띄우기 할 객체를 선택하고 간격띄우기 할 면의 점 지정을 하여 다음과 같이 객체를 작성합니다.

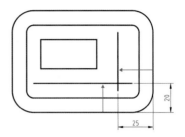

(7) RECTANG 2

❶ 리본 〉 홈 탭 〉 그리기 패널 〉 직사각형 ☐을 클릭하거나 명령행에 단축키(별칭) REC를 입력하고 [Enter↵]나 [Space Bar]를 눌러 실행합니다.

❷ RECTANG 첫 번째 구석점 지정 또는 [모따기(C)/고도(E)/모깎기(F)/두께(T)/폭(W)] : OFFSET으로 작성된 두 선분의 교차점을 지정합니다.

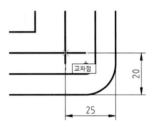

❸ RECTANG 다른 구석점 지정 또는 [영역(A)/치수(D)/회전(R)] : @−30,20을 입력하고 [Enter↵]를 눌러 명령을 종료합니다.
  ※OFFSET으로 작성된 두 선분은 삭제합니다.

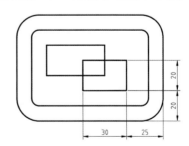

(8) CIRCLE

⌀중심점, 반지름을 사용하여 A점 위치에 원의 중심점을 지정하고 반지름 10을 기입하여 원을 그립니다.

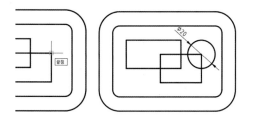

(9) HATCH

❶ 리본 〉 홈 탭 〉 그리기 패널 〉 해치를 클릭하거나 명령행에 단축키(별칭) H 또는 BH를 입력하고 Enter↵ 나 Space Bar 를 눌러 실행합니다.

❷ 해치 작성 상황별 탭 옵션 패널에서 일반 고립영역 탐지 를 선택합니다.

차이 공차	0
개별 해치 작성	
일반 고립영역 탐지 ▾	
경계의 뒤로 보내기 ▾	
옵션	

❸ 특성패널에서 해치 유형 을 패턴을 선택하고 해치 색상 을 지정합니다.

| 패턴 ▾ |
| 솔리드 |
| 그라데이션 |
| 패턴 |
| 사용자 정의 |

빨간색 ▾

❹ 패턴 패널에서 해치 객체의 패턴 모양으로 ANSI31을 선택합니다.

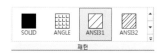

SOLID ANGLE ANSI31 ANSI32
패턴

❺ 경계 패널의 선택 점 을 클릭하고 닫힌 영역을 선택합니다.

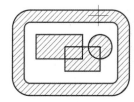

❻ 닫힌 영역을 선택하여 필요 없는 해치 영역을 제거합니다.

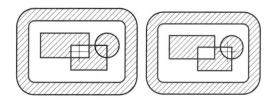

❼ Enter↵ 를 눌러 명령을 종료합니다.

(10) BOUNDARY

❶ 리본 〉 홈 탭 〉 그리기 패널 〉 경계를 클릭하거나 명령행에 단축키(별칭) BO를 입력하고 Enter↵ 나 Space Bar 를 눌러 실행합니다.

❷ 객체 유형에 폴리선을 선택하고 점 선택 을 클릭하여 B영역을 지정합니다.

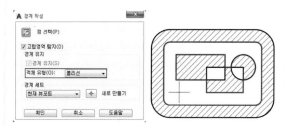

| A 경계 작성 |
| 점 선택(P) |
| ☑ 고립영역 탐지(D) |
| 경계 유지 |
| ☐ 경계 유지(S) |
| 객체 유형(O): 폴리선 ▾ |
| 경계 세트 |
| 현재 뷰포트 ▾ ✛ 새로 만들기 |
| 확인 취소 도움말 |

(11) MOVE

폴리선을 선택하여 이동합니다.

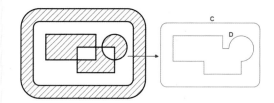

(12) AREA

❶ 명령행에 단축키(별칭) AA를 입력하고 Enter↵ 나 Space Bar 를 눌러 실행합니다.

❷ AREA 첫 번째 구석점 지정 또는 [객체(O)/면적 추가(A)/면적 빼기(S)] 〈객체(O)〉 : A를 입력하고 Enter↵ 를 누릅니다.

❸ AREA 첫 번째 구석점 지정 또는 [객체(O)/면적 빼기(S)] : O를 입력하고 Enter↵ 를 누릅니다.

❹ AREA (추가 모드) 객체 선택 : C 폴리선을 선택하고
Enter↵ 를 누릅니다.

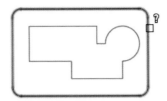

❺ AREA 첫 번째 구석점 지정 또는 [객체(O)/면적 빼기
(S)] : S를 입력하고 Enter↵ 를 누릅니다.

❻ AREA 첫 번째 구석점 지정 또는 [객체(O)/면적 추가
(A)] : O를 입력하고 Enter↵ 를 누릅니다.

❼ AREA (빼기 모드) 객체 선택 : D 폴리선을 선택하고
Enter↵ 를 누릅니다.

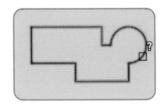

❽ AREA 첫 번째 구석점 지정 또는 [객체(O)/면적 추가(A)] :
Enter↵ 를 눌러 명령을 종료하고 B영역의 면적을 구합니
다.

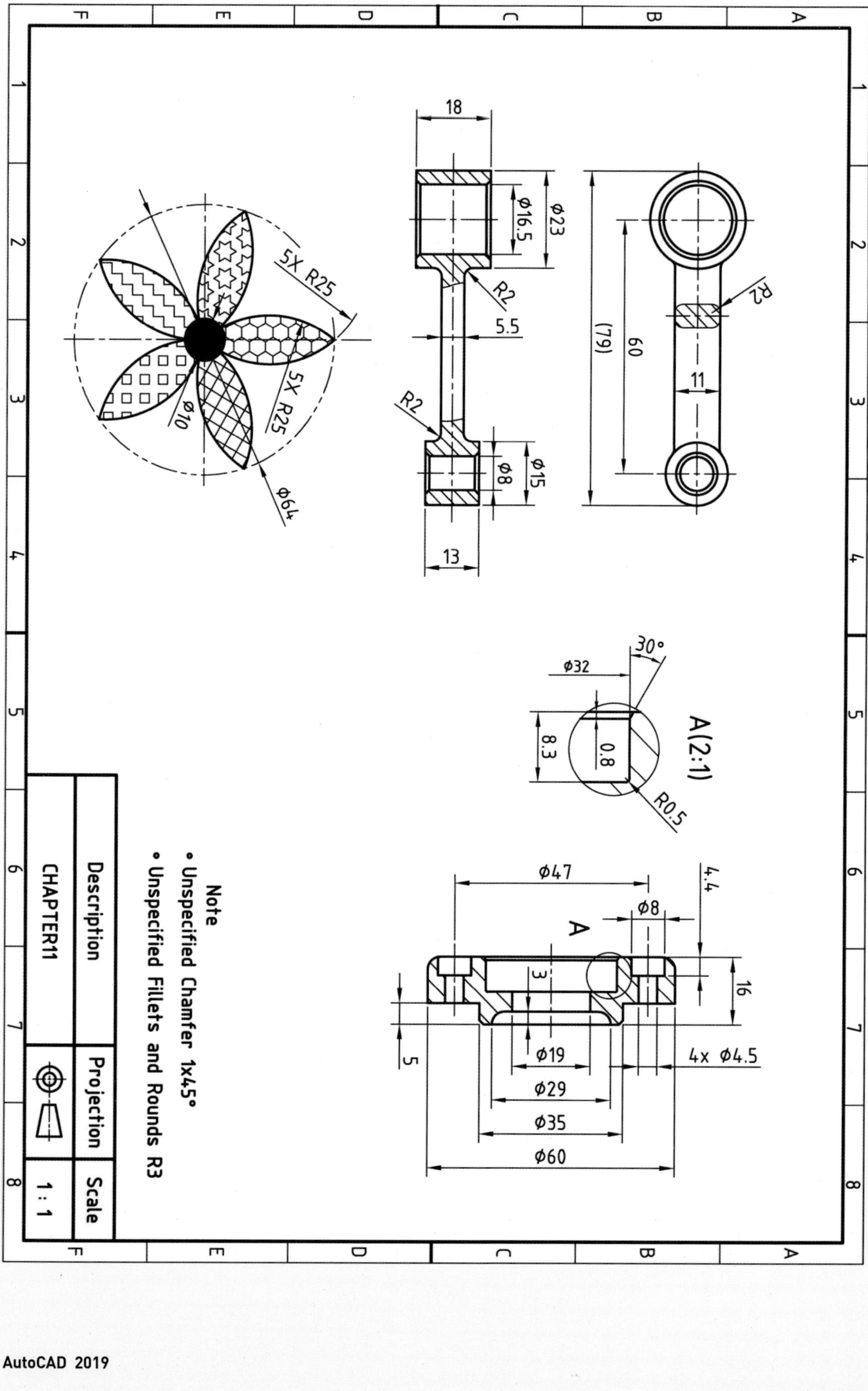

5X R25
5X R25
Ø10
Ø64
18
Ø16.5
Ø23
R2
5.5
R2
Ø8
Ø15
13
(79)
60
R2
11
30°
Ø32
8.3
0.8
A(2:1)
R0.5
Ø47
4.4
Ø8
A
3
16
5
Ø19
4x Ø4.5
Ø29
Ø35
Ø60
Note
• Unspecified Chamfer 1x45°
• Unspecified Fillets and Rounds R3
Description
Projection
Scale
CHAPTER11
1 : 1

MEMO

AutoCAD 2019

여러 줄 작성 및 편집

01 | MLINE(여러 줄)

여러 개의 평행선을 작성합니다.

1 MLINE 실행방법

❶ 그리기 메뉴 막대에서 여러 줄 ✎ 을 선택하여 실행합니다.

❷ 명령행에 단축키(별칭) ML을 입력하고 Enter↵ 나 Space Bar 를 눌러 실행합니다.

2 MLINE 명령 실행 후 프롬프트에 표시 내용

(1) MLINE 시작점 지정 또는 [자리 맞추기(J)/축척(S)/스타일(ST)]

LINE 그리기 방법처럼 여러 줄의 시작점을 지정하고 다음 점을 지정하여 연속적인 여러 줄을 작성합니다.
세 점 이상의 점을 지정한 후 닫기(C)를 입력하면 첫 번째 점과 마지막 점이 결합하여 여러 줄을 닫습니다.

(2) 축척(S)

축척 비율은 여러 줄 스타일 정의에 설정된 폭을 기준으로 여러 줄의 전체 폭을 조정합니다. 음의 축척 비율을
사용하면 간격띄우기 선의 순서가 반전됩니다.

요소(E)

간격띄우기	색상	선종류
0.5	BYLA...	ByLayer
0.2	BYLA...	ByLayer
0	BYLA...	ByLayer
-0.5	BYLA...	ByLayer

MLSTYLE(여러 줄 스타일 대화상자)에서 간격띄우기 값 지정

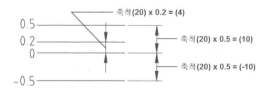

MLINE 축척 값이 20일 때

(3) 자리 맞추기(J)

지정하는 점들 사이에서 여러 줄이 그려질 때 커서의 위치를 결정합니다.

■ **자리 맞추기 유형 입력 [맨 위(T)/0(Z)/맨 아래(B)] 〈맨 위〉:**

❶ **맨 위(T)** : 여러 줄 맨 위에 커서가 놓여 점을 지정하면 커서 아래에 여러 줄을 그립니다. MLSTYLE(여러 줄 스타일 대화상자)에서 지정한 간격띄우기 값에서 가장 큰 양의 값을 갖는 선의 위치에서 점이 지정되며 선이 그려집니다.

❷ **0(Z)** : MLSTYLE(여러 줄 스타일 대화상자)에서 간격띄우기의 원점이 되도록 원점을 커서에 맞추고 여러 줄을 그립니다.

❸ **맨 아래(B)** : 여러 줄 맨 아래에 커서가 놓여 점을 지정하면 커서 위에 여러 줄을 그립니다. MLSTYLE(여러 줄 스타일 대화상자)에서 지정한 간격띄우기 값에서 가장 큰 음의 값을 갖는 선의 위치에서 점이 지정되며 선이 그려집니다.

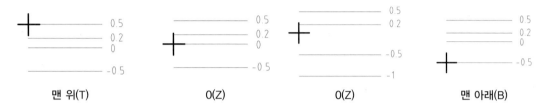

(4) 스타일(ST)

MLSTYLE(여러 줄 스타일 대화상자)에서 작성한 스타일 중 여러 줄에 사용할 스타일을 지정합니다.

02 | MLSTYLE(여러 줄 스타일)

여러 줄 스타일을 작성, 수정, 저장 및 로드합니다.

1 MLSTYLE 실행방법

❶ 형식 메뉴 막대에서 여러 줄 스타일 ✎ 을 선택하여
실행합니다.

❷ 명령행에 MLSTYLE을 입력하고 [Enter↵] 나 [Space Bar] 를 눌러 실행합니다.

2 MLSTYLE 대화상자

(1) MLSTYLE 대화상자 옵션 리스트

❶ **현재 여러 줄 스타일** : 현재로 설정된 여러 줄 스타일 이름이 표시
됩니다.

❷ **스타일(S)** : 새로 만들기로 작성한 여러 줄 스타일의 리스트를
표시합니다.

❸ **설명** : 여러 줄 스타일에 설명을 추가하였을 경우 선택한 스타일
에 대한 설명을 표시합니다.

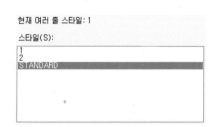

④ **미리보기** : 선택된 여러 줄 스타일의 이름 및 이미지를 표시합니다.

⑤ **현재로 설정** : 나중에 작성되는 여러 줄에 사용할 현재 여러 줄 스타일을 설정합니다.

⑥ **새로 만들기** : 새 여러 줄을 작성할 수 있는 새 여러 줄 스타일 작성 대화상자를 표시합니다.

⑦ **수정** : 선택된 여러 줄 스타일을 수정할 수 있는 여러 줄 스타일 수정 대화상자를 표시합니다.

⑧ **이름 바꾸기** : 현재 선택된 여러 줄 스타일의 이름을 바꿉니다.

⑨ **삭제** : 스타일 리스트에서 현재 선택된 여러 줄 스타일을 제거합니다.

※ 현재 여러 줄 스타일 또는 사용 중인 여러 줄 스타일은 이름 바꾸기, 수정, 삭제할 수 없습니다.

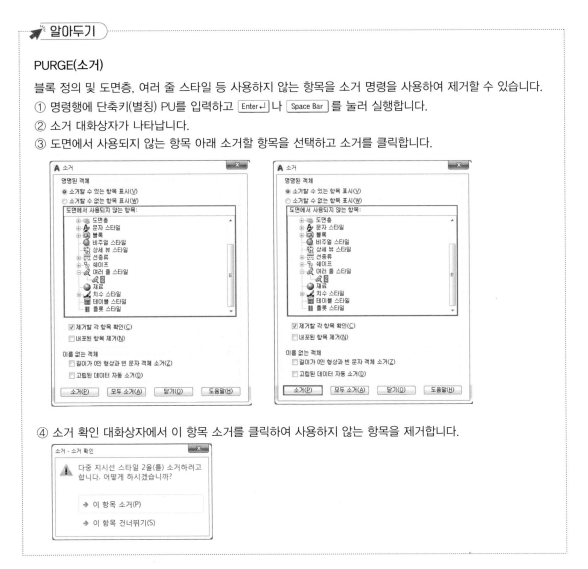

📌 알아두기

PURGE(소거)

블록 정의 및 도면층, 여러 줄 스타일 등 사용하지 않는 항목을 소거 명령을 사용하여 제거할 수 있습니다.

① 명령행에 단축키(별칭) PU를 입력하고 [Enter↵]나 [Space Bar]를 눌러 실행합니다.

② 소거 대화상자가 나타납니다.

③ 도면에서 사용되지 않는 항목 아래 소거할 항목을 선택하고 소거를 클릭합니다.

④ 소거 확인 대화상자에서 이 항목 소거를 클릭하여 사용하지 않는 항목을 제거합니다.

---

⑩ **로드** : 여러 줄 스타일을 로드할 수 있는 여러 줄 스타일 로드 대화상자를 표시합니다.

⑪ **저장** : 여러 줄 스타일을 저장하거나 복사합니다.

(2) 여러 줄 스타일 작성

❶ 새로 만들기(N)... 를 클릭합니다.

❷ 새 여러 줄 스타일 작성 대화상자에서 여러 줄 스타일의 이름을 입력하고 시작(S)으로 속성을 그대로 가져갈 여러 줄 스타일을 선택합니다. 계속을 클릭합니다.

❸ 여러 줄 스타일의 매개 변수를 선택하고 확인을 클릭하고 MLSTYLE 대화상자 확인을 클릭합니다.

(3) 새로 만들기 또는 여러 줄 스타일 수정 대화상자

새 여러 줄 스타일을 작상하거나 수정하고자 하는 여러 줄 스타일을 선택하고 수정 버튼을 클릭하였을 때 나타나는 여러 줄 스타일 수정 대화상자입니다. 옵션리스트에서 특성 및 요소를 설정하거나 변경합니다.

❶ **마개** : 여러 줄의 시작 또는 끝부분을 선, 외부 호, 내부 호로 마개 처리하거나 시작과 끝 각도를 지정할 수 있습니다.

| 선(L) | 외부 호(O) | 내부 호(R) | 각도(N) |

❷ **채우기** : 여러 줄 내부를 선택한 색상으로 채워 표현할 수 있습니다.

❸ **접합표시** : 각 여러 줄 세그먼트 정점에서의 접합부의 표시를 조정합니다.

접합표시를 체크하지 않을 경우

접합표시를 체크할 경우

❹ **요소** : 간격띄우기, 색상, 선 종류 등의 요소 특성을 설정합니다.

　ㄱ **추가** : 여러 줄 스타일의 요소를 추가합니다.

　ㄴ **삭제** : 여러 줄 스타일에서 선택한 요소를 삭제합니다.

　ㄷ **간격띄우기** : 여러 줄 스타일의 각 요소에 대한 간격띄우기를 지정합니다.

　ㄹ **색상** : 여러 줄 스타일의 요소에 대한 색상을 표시하고 설정합니다. 색상 선택을 선택하면 색상 선택 대화상자가 표시됩니다.

　ㅁ **선 종류** : 여러 줄 스타일의 요소에 대한 선 종류를 표시하고 설정합니다. 선 종류를 선택하면 로드된 선 종류를 나열하는 선 종류 특성 선택 대화상자가 표시됩니다.

색상 선택 대화상자

선 종류 특성 선택 대화상자

03 | MLEDIT(여러 줄 편집)

여러 줄 교차점, 끊기점 및 정점을 편집합니다.

1 MLEDIT 실행방법

❶ 수정 메뉴 막대에서 객체 드롭다운에서 여러 줄 편집 ❧ 을 선택하여 실행합니다.

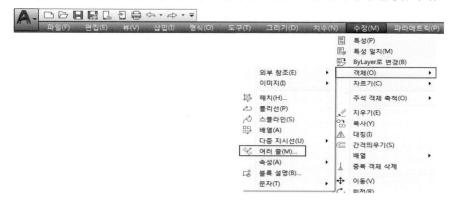

❷ 명령행에 MLEDIT를 입력하고 Enter↵ 나 Space Bar 를 눌러 실행합니다.

2 여러 줄 편집 도구 대화상자

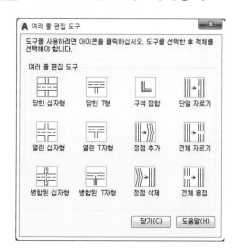

(1) 닫힌 십자형

두 여러 줄 객체를 선택하여 닫힌 십자형 교차를 작성합니다.

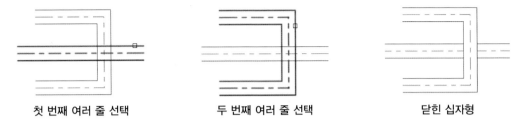

첫 번째 여러 줄 선택　　　**두 번째 여러 줄 선택**　　　**닫힌 십자형**

(2) 열린 십자형

두 여러 줄 사이의 열린 십자형 교차를 작성합니다. 첫 번째 여러 줄의 모든 요소와 두 번째 여러 줄의 바깥쪽 요소만 끊어집니다.

첫 번째 여러 줄 선택　　　**두 번째 여러 줄 선택**　　　**열린 십자형**

(3) 닫힌 T형

두 여러 줄 객체를 선택하여 닫힌 T자형 교차를 작성합니다. 첫 번째 여러 줄은 두 번째 여러 줄과의 교차점까지 잘리거나 연장됩니다.

첫 번째 여러 줄 선택　　　**두 번째 여러 줄 선택**　　　**닫힌 T형**

(4) 열린 T자형

두 여러 줄 사이의 열린 T자형 교차를 작성합니다. 첫 번째 여러 줄은 두 번째 여러 줄과의 교차점까지 잘리거나 연장됩니다.

| 첫 번째 여러 줄 선택 | 두 번째 여러 줄 선택 | 열린 T자형 |

(5) 병합된 십자형

두 여러 줄 사이의 병합된 십자형 교차를 작성합니다.

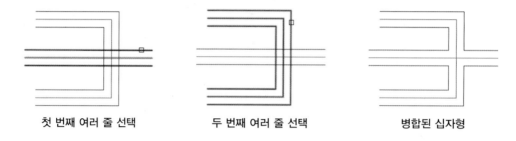

| 첫 번째 여러 줄 선택 | 두 번째 여러 줄 선택 | 병합된 십자형 |

(6) 병합된 T자형

두 여러 줄 사이의 병합된 T자형 교차를 작성합니다. 여러 줄은 잘리거나 다른 여러 줄과의 교차점까지 확장됩니다.

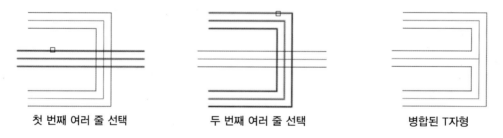

| 첫 번째 여러 줄 선택 | 두 번째 여러 줄 선택 | 병합된 T자형 |

(7) 구석 접합

여러 줄 사이의 구석 접합을 작성합니다. 여러 줄은 잘리거나 교차점까지 확장됩니다.

| 첫 번째 여러 줄 선택 | 두 번째 여러 줄 선택 | 구석 접합 |

(8) 정점 추가

여러 줄에 정점을 추가합니다.

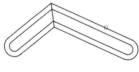 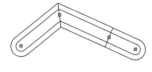 

| 정점을 추가할 여러 줄 선택 | 추가된 정점 | 추가된 정점으로 여러 줄 편집 |

(9) 정점 삭제

여러 줄에서 선택한 위치의 가장 가까운 정점을 삭제합니다.

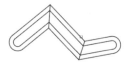   

정점을 삭제할 위치에서 여러 줄 선택 / 가장 가까운 위치에서 정점이 삭제됨 / 정점을 삭제할 위치에서 여러 줄 선택 / 가장 가까운 위치에서 정점이 삭제됨

(10) 단일 자르기

여러 줄의 선택한 요소를 BREAK처럼 끊어 줍니다.

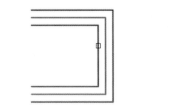 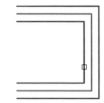 

여러 줄 선택 위치가 첫 번째 점 / 두 번째 점 선택 / 단일 자르기 결과

(11) 전체 자르기

선택한 여러 줄의 전체를 BREAK처럼 끊어 줍니다.

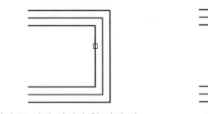 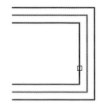 

여러 줄 선택 위치가 첫 번째 점 / 두 번째 점 선택 / 전체 자르기 결과

(12) 전체 용접

단일 자르기, 전체 자르기로 잘린 부분을 JOIN처럼 결합시켜 줍니다.

여러 줄 선택 위치가 첫 번째 점   두 번째 점 선택   전체 용접 결과

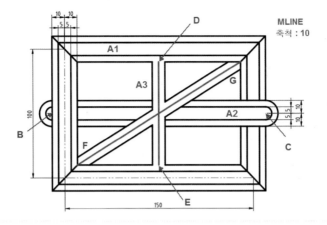

MLINE
축척 : 10

(1) MLSTYLE – A1

❶ 형식 메뉴 막대에서 여러 줄 스타일 ✎ 을 선택하거나
명령행에 MLSTYLE을 입력하고 [Enter↵] 나 [Space Bar] 를
눌러 실행합니다.

❷ MLSTYLE 대화상자에서 새로 만들기를 클릭합니다.

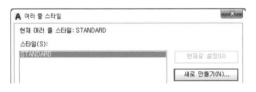

❸ 새 여러 줄 스타일 작성 대화상자에서 여러 줄 스타일의
이름을 A1을 입력하고 계속을 클릭합니다.

❹ 여러 줄 스타일 수정 대화상자에서 요소(E) 아래에 추가
를 클릭한 후 간격띄우기 값에 1을 기입합니다.

❺ 요소(E) 아래에 추가를 클릭한 후 간격띄우기 값에 −1
을 기입합니다.

❻ 접합표시에 체크하고 확인을 클릭합니다.

❼ 스타일 리스트에 새로 만든 스타일 이름 A1을 선택하고
현재로 설정을 클릭한 후 확인을 클릭하여 MLSTYLE
대화상자를 닫습니다.

(2) MLINE 1

❶ 그리기 메뉴 막대에서 여러 줄 ✎ 을 선택하거나 명령행에 단축키(별칭) ML을 입력하고 Enter↵ 나 Space Bar 를 눌러 실행합니다.

❷ MLINE 시작점 지정 또는 [자리 맞추기(J)/축척(S)/스타일(ST)] : J를 입력하고 Enter↵ 를 누릅니다.

❸ MLINE 자리 맞추기 유형 입력 [맨 위(T)/0(Z)/맨 아래(B)] 〈맨 위〉 : Z를 입력하고 Enter↵ 를 누릅니다.

❹ MLINE 시작점 지정 또는 [자리 맞추기(J)/축척(S)/스타일(ST)] : S를 입력하고 Enter↵ 를 누릅니다.

❺ MLINE 여러 줄 축척 입력 〈20.00〉 : 10을 입력하고 Enter↵ 를 누릅니다.

❻ MLINE 시작점 지정 또는 [자리 맞추기(J)/축척(S)/스타일(ST)] : 임의의 위치에 마우스를 사용하여 시작점을 지정합니다.

❼ MLINE 다음 점 지정 : @0,100을 입력하고 Enter↵ 를 누릅니다.

❽ MLINE 다음 점 지정 또는 [명령취소(U)] : @150,0을 입력하고 Enter↵ 를 누릅니다.

❾ MLINE 다음 점 지정 또는 [닫기(C)/명령취소(U)] : @0,−100을 입력하고 Enter↵ 를 누릅니다.

❿ MLINE 다음 점 지정 또는 [닫기(C)/명령취소(U)] : C를 입력하고 Enter↵ 를 눌러 닫힌 여러 줄을 작성합니다.

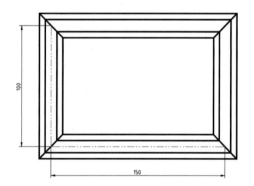

(3) MLSTYLE − A2

❶ 형식 메뉴 막대에서 여러 줄 스타일 ✎ 을 선택하거나 명령행에 MLSTYLE을 입력하고 Enter↵ 나 Space Bar 를 눌러 실행합니다.

❷ MLSTYLE 대화상자의 스타일(S) 리스트에서 A1을 선택하고 새로 만들기를 클릭합니다.

❸ 새 여러 줄 스타일 작성 대화상자에서 여러 줄 스타일의 이름을 A2를 입력하고 계속을 클릭합니다.

❹ 여러 줄 스타일 수정 대화상자에서 마개 아래에 외부 호(O), 내부 호(R)의 시작과 끝에 체크를 한 후 확인을 클릭합니다.

❺ 스타일 리스트에 새로 만든 스타일 이름 A2를 선택하고 현재로 설정을 클릭한 후 확인을 클릭하여 MLSTYLE 대화상자를 닫습니다.

(4) MLINE 2

❶ 그리기 메뉴 막대에서 여러 줄 ✎ 을 선택하거나 명령행에 단축키(별칭) ML을 입력하고 Enter↵ 나 Space Bar 를 눌러 실행합니다.

❷ MLINE 시작점 지정 또는 [자리 맞추기(J)/축척(S)/스타일(ST)] : MLINE 시작점으로 A1 스타일로 작성한 여러 줄의 B 위치의 중간점을 선택합니다.

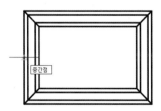

❸ MLINE 다음 점 지정 : A1 스타일로 작성한 여러 줄의
C 위치의 중간점을 선택합니다.

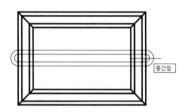

❹ MLINE 다음 점 지정 : [Enter↵]를 눌러 여러 줄 명령을 종
료합니다.

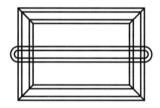

(5) MLEDIT 1

❶ 수정 메뉴 막대에서 객체 드롭다운에서 여러 줄 편집
을 선택하거나 명령행에 MLEDIT를 입력하고
[Enter↵]나 [Space Bar]를 눌러 실행합니다.

❷ 여러 줄 편집 도구 대화상자에서 여러 줄 편집 도구의
닫힌 십자형을 선택합니다.

❸ MLEDIT 첫 번째 여러 줄 선택 : A2 스타일로 작성한 여
러 줄을 선택합니다.

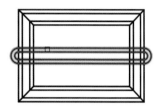

❹ MLEDIT 두 번째 여러 줄 선택 : A1 스타일로 작성한 여
러 줄을 선택합니다.

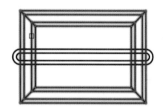

❺ MLEDIT 첫 번째 여러 줄 선택 또는 [명령취소(U)] :
A1 스타일로 작성한 여러 줄을 선택합니다.

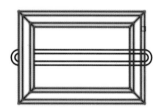

❻ MLEDIT 두 번째 여러 줄 선택 : A2 스타일로 작성한 여
러 줄을 선택합니다.

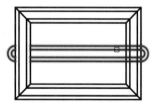

❼ MLEDIT 첫 번째 여러 줄 선택 또는 [명령취소(U)] :
[Enter↵]를 눌러 명령을 종료합니다.

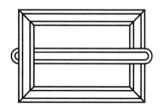

(6) MLSTYLE – A3

❶ 형식 메뉴 막대에서 여러 줄 스타일 ✎ 을 선택하거나 명령행에 MLSTYLE을 입력하고 [Enter↵] 나 [Space Bar] 를 눌러 실행합니다.

❷ MLSTYLE 대화상자의 스타일(S) 리스트에서 STANDARD 를 선택하고 새로 만들기를 클릭합니다.

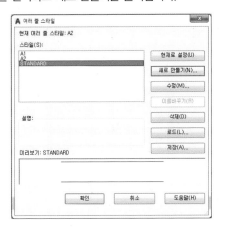

❸ 새 여러 줄 스타일 작성 대화상자에서 여러 줄 스타일의 이름을 A3을 입력하고 계속을 클릭합니다.

❹ 여러 줄 스타일 수정 대화상자에서 요소(E) 아래에 추가 를 클릭한 후 간격띄우기 값에 0을 기입합니다.

❺ 새로 추가된 여러 줄 요소를 선택하고 색상을 변경하고 확인을 클릭합니다.

❻ 스타일 리스트에 새로 만든 스타일 이름 A3을 선택하고 현재로 설정을 클릭한 후 확인을 클릭하여 MLSTYLE 대 화상자를 닫습니다.

(7) MLINE 3

❶ 그리기 메뉴 막대에서 여러 줄 ✎ 을 선택하거나 명령 행에 단축키(별칭) ML을 입력하고 [Enter↵] 나 [Space Bar] 를 눌러 실행합니다.

❷ MLINE 시작점 지정 또는 [자리 맞추기(J)/축척(S)/스타 일(ST)] : MLINE 시작점으로 A1 스타일로 작성한 여러 줄의 D 위치의 중간점을 선택합니다.

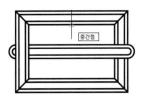

❸ MLINE 다음 점 지정 : A1 스타일로 작성한 여러 줄의 E 위치의 중간점을 선택합니다.

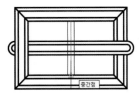

❹ MLINE 다음 점 지정 : [Enter↵] 를 눌러 여러 줄 명령을 종 료합니다.

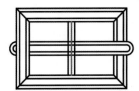

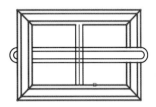

(8) MLEDIT 2

❶ 수정 메뉴 막대에서 객체 드롭다운에서 여러 줄 편집 ✎을 선택하거나 명령행에 MLEDIT를 입력하고 [Enter↵]나 [Space Bar]를 눌러 실행합니다.

❷ 여러 줄 편집 도구 대화상자에서 여러 줄 편집 도구의 열린 T자형을 선택합니다.

❸ MLEDIT 첫 번째 여러 줄 선택 : A3 스타일로 작성한 여러 줄을 선택합니다.

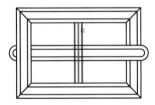

❹ MLEDIT 두 번째 여러 줄 선택 : A1 스타일로 작성한 여러 줄을 선택합니다.

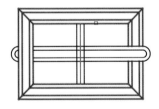

❺ MLEDIT 첫 번째 여러 줄 선택 또는 [명령취소(U)] : A3 스타일로 작성한 여러 줄을 선택합니다.

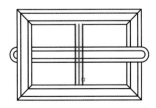

❻ MLEDIT 두 번째 여러 줄 선택 : A1 스타일로 작성한 여러 줄을 선택합니다.

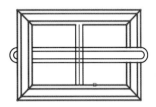

❼ 첫 번째 여러 줄 선택 또는 [명령취소(U)] : [Enter↵]를 눌러 명령을 종료합니다.

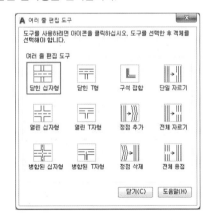

(9) MLEDIT 3

❶ 수정 메뉴 막대에서 객체 드롭다운에서 여러 줄 편집 ✎을 선택하거나 명령행에 MLEDIT를 입력하고 [Enter↵]나 [Space Bar]를 눌러 실행합니다.

❷ 여러 줄 편집 도구 대화상자에서 여러 줄 편집 도구의 닫힌 십자형을 선택합니다.

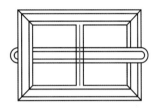

❸ MLEDIT 첫 번째 여러 줄 선택 : A2 스타일로 작성한 여러 줄을 선택합니다.

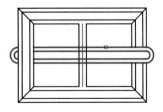

❹ MLEDIT 두 번째 여러 줄 선택 : A3 스타일로 작성한 여러 줄을 선택합니다.

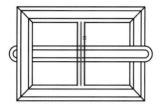

❺ 첫 번째 여러 줄 선택 또는 [명령취소(U)] : Enter↵ 를 눌러 명령을 종료합니다.

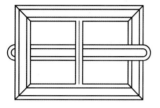

(10) MLINE 4

❶ 그리기 메뉴 막대에서 여러 줄 ✏️ 을 선택하거나 명령행에 단축키(별칭) ML을 입력하고 Enter↵ 나 Space Bar 를 눌러 실행합니다.

❷ MLINE 시작점 지정 또는 [자리 맞추기(J)/축척(S)/스타일(ST)] : MLINE 시작점으로 A1 스타일로 작성한 여러 줄의 F 위치의 끝점을 선택합니다.

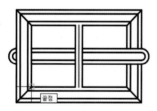

끝점

❸ MLINE 다음 점 지정 : MLINE 시작점으로 A1 스타일로 작성한 여러 줄의 G 위치의 끝점을 선택합니다.

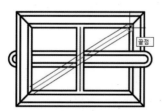

끝점

❹ MLINE 다음 점 지정 : Enter↵ 를 눌러 여러 줄 명령을 종료합니다.

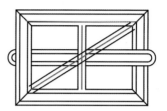

(11) MLEDIT 4

❶ 수정 메뉴 막대에서 객체 드롭다운에서 여러 줄 편집 ✏️ 을 선택하거나 명령행에 MLEDIT를 입력하고 Enter↵ 나 Space Bar 를 눌러 실행합니다.

❷ 여러 줄 편집 도구 대화상자에서 여러 줄 편집 도구의 닫힌 십자형을 선택합니다.

❸ MLEDIT 첫 번째 여러 줄 선택 : A2 스타일로 작성한 여러 줄을 선택합니다.

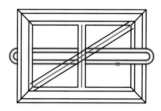

❹ MLEDIT 두 번째 여러 줄 선택 : A3 스타일로 작성한 여러 줄을 선택합니다.

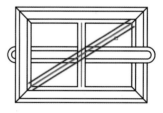

❺ MLEDIT 첫 번째 여러 줄 선택 또는 [명령취소(U)] : A3 스타일로 작성한 대각선 여러 줄을 왼쪽 아래에서 선택합니다.

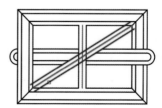

❻ MLEDIT 두 번째 여러 줄 선택 : A1 스타일로 작성한 여러 줄을 선택합니다.

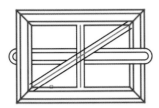

❼ MLEDIT 첫 번째 여러 줄 선택 또는 [명령취소(U)] : A3 스타일로 작성한 대각선 여러 줄을 오른쪽 위에서 선택합니다.

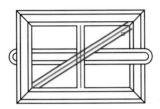

❽ MLEDIT 두 번째 여러 줄 선택 : A1 스타일로 작성한 여러 줄을 선택합니다.

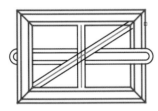

❾ MLEDIT 첫 번째 여러 줄 선택 또는 [명령취소(U)] : Enter↵를 눌러 명령을 종료합니다.

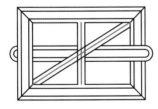

(12) MLEDIT 5

❶ 수정 메뉴 막대에서 객체 드롭다운에서 여러 줄 편집 ✎ 을 선택하거나 명령행에 MLEDIT를 입력하고 Enter↵ 나 Space Bar 를 눌러 실행합니다.

❷ 여러 줄 편집 도구 대화상자에서 여러 줄 편집 도구의 병합된 십자형을 선택합니다.

❸ MLEDIT 첫 번째 여러 줄 선택 : A3 스타일로 작성한 수직한 여러 줄을 선택합니다.

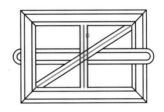

❹ MLEDIT 두 번째 여러 줄 선택 : A3 스타일로 작성한 대각선 방향의 여러 줄을 선택합니다.

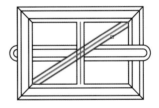

❺ 첫 번째 여러 줄 선택 또는 [명령취소(U)] : Enter↵를 눌러 명령을 종료하고 도면을 완성합니다.

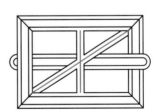

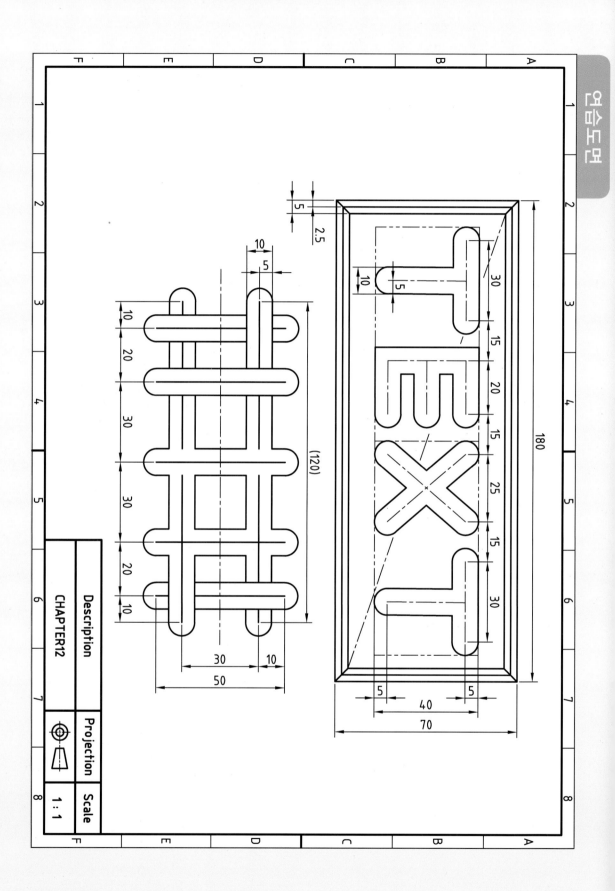

MEMO
AutoCAD 2019

문자 작성 및 편집

01 STYLE(문자 스타일)

문자 스타일을 작성, 수정 또는 설정합니다.

1 STYEL 실행방법

❶ 리본 〉 홈 탭 〉 주석 패널 〉 문자 스타일 **A,** 을 클릭하여 실행합니다.
❷ 명령행에 단축키(별칭) ST를 입력하고 [Enter↵] 나 [Space Bar] 를 눌러 실행합니다.

2 문자 스타일 대화상자

(1) 현재 문자 스타일

현재 문자 스타일을 나타냅니다.

(2) 스타일(S)

도면에 작성된 문자 스타일 리스트를 표시합니다.

(3) 스타일 리스트 필터

드롭다운 리스트는 스타일 리스트에 모든 스타일을 표시할지 사용 중인 스
타일만 표시할지 여부를 지정합니다.

(4) 미리보기

글꼴을 변경하거나 수정하면 변경된 스타일을 동적으로 미리보기창에 표시
합니다.

(5) 글꼴

글꼴 이름과 글꼴 스타일을 지정합니다.

❶ **글꼴 이름(F)** : 등록된 트루타입 글꼴 및 Fonts 폴더에 있는 모든 쉐이프(SHX) 글꼴 이름이 나열되며 원하는 글꼴을 선택합니다.

❷ **큰 글꼴 사용(L)** : 아시아어 큰 글꼴 파일을 지정합니다. 큰 글꼴 사용은 글꼴 이름에서 SHX 파일을 지정한 경우에만 사용할 수 있습니다.

> ✏️ **알아두기**
>
> AutoCAD에 포함된 한국어 글꼴의 큰 글꼴 파일 이름은 다음과 같습니다.
> whgdtxt.shx whgtxt.shx whtgtxt.shx whtmtxt.shx

❸ **글꼴 스타일(Y)** : 큰 글꼴 사용을 선택하였을 때 사용하며 기울임꼴, 굵게 또는 보통 같은 글꼴 문자 형식을 지정합니다.

(6) 크기

문자의 크기를 지정합니다.

❶ **주석(I)** : 문자가 주석임을 지정합니다. 주석 객체 및 스타일은 주석 객체가 모형공간이나 배치에서 표시되는 크기와 축척을 조정하는 데 사용됩니다.

❷ **배치에 맞게 문자 방향 지정(M)** : 도면 공간 뷰포트의 문자 방향이 배치의 방향과 일치하도록 지정합니다. 주석 옵션을 선택한 경우에만 사용할 수 있습니다.

❸ **높이(T)** : 입력하는 값을 기준으로 문자 높이를 설정합니다. 0이 아닌 문자 높이를 지정하는 경우 단일 행 문자 및 여러 줄 문자를 작성할 때 해당 값이 사용됩니다. 높이가 0으로 설정되면 단일 행 문자를 작성할 때 높이를 입력하려는 메시지가 프롬프트에 표시됩니다.

(7) 효과

폭 비율, 기울기 각도 및 글꼴이 거꾸로 표시될지, 반대로 표시될지, 수직으로 정렬될지 여부를 설정합니다.

❶ **거꾸로(E)** : 문자를 위아래를 뒤집어 표시합니다.

❷ **반대로(K)** : 문자를 반대를 방향으로 표시합니다.

❸ **수직(V)** : 문자를 수직으로 정렬시켜 표시합니다. 수직은 선택된 글꼴이 양방향을 지원할 경우에만 사용할 수 있습니다. 수직 방향은 트루타입 글꼴에는 사용할 수 없습니다.

거꾸로　　　　　　　　　반대로　　　　　　　　　수직

❹ **폭 비율(W)** : 문자 폭 간격을 설정합니다. 1보다
작은 값을 입력하면 문자 폭이 축소되며 1보다 큰
값을 입력하면 문자 폭이 확장됩니다.

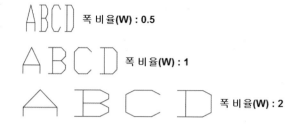

폭 비율(W) : 0.5

폭 비율(W) : 1

폭 비율(W) : 2

❺ **기울기 각도(O)** : 문자의 기울기 각도를 설정합니다. −85와 85도 사이의 값을 입력하면 입력한 값만큼 문자
가 기울어집니다.

(8) 현재로 설정(C)

스타일(S) 아래 스타일 리스트에서 선택한 스타일을 현재 스타일로 설정합니다. 현재로 설정된 스타일은 문자
작성할 때 사용되는 스타일로 설정됩니다.

(9) 새로 만들기(N)

새 문자 스타일 대화상자를 표시하며 기본 이름은 스타일n으로
자동으로 제공되며 기본값을 사용하거나 이름을 입력하고 나서
확인을 클릭합니다. 현재 문자 스타일에 새 스타일 이름이 적용
됩니다.

(10) 삭제(D)

도면에 사용되지 않은 문자 스타일을 삭제합니다.

(11) 적용(A)

도면에 있는 현재 문자 스타일 대화상자에서 지정한 스타일 변경사항을 적용합니다.

02 TEXT(단일 행 문자)

한 줄 문자 객체를 작성합니다.

1 TEXT 실행방법

❶ 리본 〉 홈 탭 〉 주석 패널 〉 단일 행 **A** 을 클릭하여 실행합니다.
❷ 명령행에 단축키(별칭) DT를 입력하고 [Enter↵] 나 [Space Bar] 를 눌러 실행합니다.

2 TEXT 명령 실행 후 프롬프트에 표시 내용

(1) TEXT 문자의 시작점 지정 또는 [자리 맞추기(J)/스타일(S)]

❶ **TEXT 문자의 시작점 지정** : 한 줄 문자 객체의 시작점을 지정합니다.
❷ **자리 맞추기(J)** : 문자의 자리 맞추기를 조정합니다.

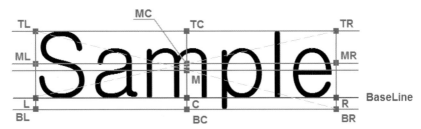

용어	약어	내용
맨 위 왼쪽 (Top Left)	TL	문자의 맨 위에 지정된 점에 문자를 왼쪽 자리 맞추기합니다.
맨 위 중심 (Top Center)	TC	문자의 맨 위에 지정된 점에 문자를 중심 자리 맞추기합니다.
맨 위 오른쪽 (Top Right)	TR	문자의 맨 위에 지정된 점에 문자를 오른쪽 자리 맞추기합니다.
중간 왼쪽 (Middle Left)	ML	문자의 중간에 지정된 점에 문자를 왼쪽 자리 맞추기합니다.
중간 중심 (Middle Center)	MC	문자의 중간에 문자를 가로 및 세로로 중심 자리 맞추기합니다.
중간 오른쪽 (Middle Right)	MR	문자의 중간에 지정된 점에 문자를 오른쪽 자리 맞추기합니다.
맨 아래 왼쪽 (Bottom Left)	BL	기준선에 지정된 점에 문자를 왼쪽 자리 맞추기합니다.
맨 아래 중심 (Bottom Center)	BC	기준선에 지정된 점에 문자를 중심 자리 맞추기합니다.

용어	약어	내용
맨 아래 오른쪽 (Bottom Right)	BR	기준선에 지정된 점에 문자를 오른쪽 자리 맞추기합니다.
중간(Middle)	M	문자를 기준선의 가로 중심 및 지정한 높이의 세로 중심에 정렬합니다.
왼쪽 (Baseline Left)	L	문자를 기준선에서 왼쪽 자리 맞추기합니다.
중심 (Baseline Center)	C	문자를 기준선의 가로 중심에서부터 정렬합니다.
오른쪽 (Baseline Right)	R	문자를 기준선에 오른쪽 자리 맞추기합니다.
정렬 (Align)	A	기준선의 양 끝점을 지정하여 문자 높이 및 문자 방향을 지정합니다. 문자의 크기는 문자의 높이에 비례하여 조정됩니다. 문자열이 길수록 문자의 높이는 작아집니다. 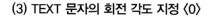
맞춤 (Fit)	F	문자가 영역 내에 또한 두 점과 높이로 정의된 방향에 맞도록 지정합니다. 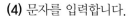

❸ **스타일(S)** : 작성할 문자의 모양을 결정하는 문자 스타일을 지정합니다.

(2) TEXT 높이 지정 〈2.5000〉

문자의 높이를 지정합니다. 현재 문자 스타일이 주석이 아니고 문자 스타일 대화상자에서 지정한 고정 높이를 가지지 않는 경우에만 표시됩니다.

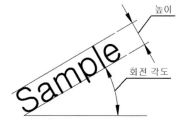

(3) TEXT 문자의 회전 각도 지정 〈0〉

문자의 회전 각도를 지정합니다.

(4) 문자를 입력합니다.

(5) [Enter↵]를 누르면 바로 아래에 다른 문자 행이 나타나며 다음 문자 객체의 위치를 지정하려면 마우스 왼쪽 버튼을 클릭합니다. [Enter↵]를 한 번 더 누르면 명령이 종료됩니다.

03 | MTEXT(여러 줄 문자)

여러 줄 문자 객체를 작성합니다. 여러 개의 문자 단락을 하나의 여러 줄 문자 객체로 작성합니다.

1 MTEXT 실행방법

① 리본 〉홈 탭 〉주석 패널 〉여러 줄 문자 **A**를 클릭하여 실행합니다.
② 명령행에 단축키(별칭) T 또는 MT를 입력하고 Enter↵ 나 Space Bar 를 눌러 실행합니다.

2 MTEXT 명령 실행 후 프롬프트에 표시 내용

(1) MTEXT 첫 번째 구석 지정

도면영역에서 경계 상자의 첫 번째 구석을 지정하여 여러 줄 문자 객체의 시작 위치를 지정합니다.

(2) MTEXT 반대 구석 지정 또는 [높이(H)/자리 맞추기(J)/선 간격두기(L)/회전(R)/스타일(S)/폭(W)/열(C)]

경계 상자의 반대 구석을 지정하여 여러 줄 문자 객체의 폭을 정의합니다.

① **높이(H)** : 여러 줄 문자에 사용할 문자 높이를 지정합니다.

② **자리 맞추기(J)** : 새 문자 또는 선택된 문자의 문자 자리 맞추기 및 문자 흐름을 문자 경계를 기준으로 결정합니다. 문자는 직사각형에서의 자리 맞추기 설정 및 9개의 자리 맞추기 점 중 하나에 따라 지정한 직사각형 내에 자리 맞추기됩니다. 자리 맞추기 점은 직사각형을 지정하는 데 사용한 첫 번째 점을 기준으로 합니다.

TL : 왼쪽에 자리 맞추고 아래로 흐릅니다.
TC : 중심에 자리 맞추고 아래로 흐릅니다.
TR : 오른쪽에 자리맞추고 아래로 흐릅니다.
ML : 왼쪽에 자리맞추고 위로 그리고 아래로 흐릅니다.
MC : 중심에 자리맞추고 위로 그리고 아래로 흐릅니다.
MR : 오른쪽에 자리맞추고 위로 그리고 아래로 흐릅니다.
BL : 왼쪽에 자리맞추고 위로 흐릅니다.
BC : 중심에 자리맞추고 위로 그리고 아래로 흐릅니다.
BR : 오른쪽에 자리맞추고 위로 흐릅니다.

좌상단(TL)

TL : 왼쪽에 자리 맞추고 아래로 흐릅니다.
TC : 중심에 자리 맞추고 아래로 흐릅니다.
TR : 오른쪽에 자리맞추고 아래로 흐릅니다.
ML : 왼쪽에 자리맞추고 위로 그리고 아래로 흐릅니다.
MC : 중심에 자리맞추고 위로 그리고 아래로 흐릅니다.
MR : 오른쪽에 자리맞추고 위로 그리고 아래로 흐릅니다.
BL : 왼쪽에 자리맞추고 위로 흐릅니다.
BC : 중심에 자리맞추고 위로 그리고 아래로 흐릅니다.
BR : 오른쪽에 자리맞추고 위로 흐릅니다.

상단 중앙(TC)

TL : 왼쪽에 자리 맞추고 아래로 흐릅니다.
TC : 중심에 자리 맞추고 아래로 흐릅니다.
TR : 오른쪽에 자리맞추고 아래로 흐릅니다.
ML : 왼쪽에 자리맞추고 위로 그리고 아래로 흐릅니다.
MC : 중심에 자리맞추고 위로 그리고 아래로 흐릅니다.
MR : 오른쪽에 자리맞추고 위로 그리고 아래로 흐릅니다.
BL : 왼쪽에 자리맞추고 위로 흐릅니다.
BC : 중심에 자리맞추고 위로 그리고 아래로 흐릅니다.
BR : 오른쪽에 자리맞추고 위로 흐릅니다.

우상단(TR)

TL : 왼쪽에 자리 맞추고 아래로 흐릅니다.
TC : 중심에 자리 맞추고 아래로 흐릅니다.
TR : 오른쪽에 자리맞추고 아래로 흐릅니다.
ML : 왼쪽에 자리맞추고 위로 그리고 아래로 흐릅니다.
MC : 중심에 자리맞추고 위로 그리고 아래로 흐릅니다.
MR : 오른쪽에 자리맞추고 위로 그리고 아래로 흐릅니다.
BL : 왼쪽에 자리맞추고 위로 흐릅니다.
BC : 중심에 자리맞추고 위로 그리고 아래로 흐릅니다.
BR : 오른쪽에 자리맞추고 위로 흐릅니다.

좌측 중간(ML)

TL : 왼쪽에 자리 맞추고 아래로 흐릅니다.
TC : 중심에 자리 맞추고 아래로 흐릅니다.
TR : 오른쪽에 자리맞추고 아래로 흐릅니다.
ML : 왼쪽에 자리맞추고 위로 그리고 아래로 흐릅니다.
MC : 중심에 자리맞추고 위로 그리고 아래로 흐릅니다.
MR : 오른쪽에 자리맞추고 위로 그리고 아래로 흐릅니다.
BL : 왼쪽에 자리맞추고 위로 흐릅니다.
BC : 중심에 자리맞추고 위로 그리고 아래로 흐릅니다.
BR : 오른쪽에 자리맞추고 위로 흐릅니다.

중앙 중간(MC)

TL : 왼쪽에 자리 맞추고 아래로 흐릅니다.
TC : 중심에 자리 맞추고 아래로 흐릅니다.
TR : 오른쪽에 자리맞추고 아래로 흐릅니다.
ML : 왼쪽에 자리맞추고 위로 그리고 아래로 흐릅니다.
MC : 중심에 자리맞추고 위로 그리고 아래로 흐릅니다.
MR : 오른쪽에 자리맞추고 위로 그리고 아래로 흐릅니다.
BL : 왼쪽에 자리맞추고 위로 흐릅니다.
BC : 중심에 자리맞추고 위로 그리고 아래로 흐릅니다.
BR : 오른쪽에 자리맞추고 위로 흐릅니다.

우측 중간(MR)

TL : 왼쪽에 자리 맞추고 아래로 흐릅니다.
TC : 중심에 자리 맞추고 아래로 흐릅니다.
TR : 오른쪽에 자리맞추고 아래로 흐릅니다.
ML : 왼쪽에 자리맞추고 위로 그리고 아래로 흐릅니다.
MC : 중심에 자리맞추고 위로 그리고 아래로 흐릅니다.
MR : 오른쪽에 자리맞추고 위로 그리고 아래로 흐릅니다.
BL : 왼쪽에 자리맞추고 위로 흐릅니다.
BC : 중심에 자리맞추고 위로 그리고 아래로 흐릅니다.
BR : 오른쪽에 자리맞추고 위로 흐릅니다.

좌하단(BL)

TL : 왼쪽에 자리 맞추고 아래로 흐릅니다.
TC : 중심에 자리 맞추고 아래로 흐릅니다.
TR : 오른쪽에 자리맞추고 아래로 흐릅니다.
ML : 왼쪽에 자리맞추고 위로 그리고 아래로 흐릅니다.
MC : 중심에 자리맞추고 위로 그리고 아래로 흐릅니다.
MR : 오른쪽에 자리맞추고 위로 그리고 아래로 흐릅니다.
BL : 왼쪽에 자리맞추고 위로 흐릅니다.
BC : 중심에 자리맞추고 위로 그리고 아래로 흐릅니다.
BR : 오른쪽에 자리맞추고 위로 흐릅니다.

하단 중앙(BC)

TL : 왼쪽에 자리 맞추고 아래로 흐릅니다.
TC : 중심에 자리 맞추고 아래로 흐릅니다.
TR : 오른쪽에 자리맞추고 아래로 흐릅니다.
ML : 왼쪽에 자리맞추고 위로 그리고 아래로 흐릅니다.
MC : 중심에 자리맞추고 위로 그리고 아래로 흐릅니다.
MR : 오른쪽에 자리맞추고 위로 그리고 아래로 흐릅니다.
BL : 왼쪽에 자리맞추고 위로 흐릅니다.
BC : 중심에 자리맞추고 위로 그리고 아래로 흐릅니다.
BR : 오른쪽에 자리맞추고 위로 흐릅니다.

우하단(BR)

❸ **선 간격두기(L)** : 여러 줄 문자 객체의 행 간격을 지정합니다.

　㉠ **최소한(A)** : 행에서 가장 큰 문자 높이를 기준으로 문자 행을 자동 조정합니다.

　　• **선 간격 요인** : 행 간격을 단일 행 간격의 배수로 설정합니다.

　　단일 행 문자 간격은 문자 높이의 1.66배입니다. 뒤에 x를 붙인 숫자로 간격 비율을 입력하여 단일 간격의 배수를 나타낼 수 있습니다. 예를 들어, 2x를 입력하면 2배 간격이 지정됩니다.

　　• **거리 입력** : 행 간격을 도면 단위로 측정된 절댓값으로 설정합니다.

　㉡ **정확히(E)** : 여러 줄 문자 객체에 포함된 모든 문자 행의 행 간격두기가 같도록 합니다.

❹ **회전(R)** : 문자 경계의 회전 각도를 지정합니다.

❺ **스타일(S)** : 여러 줄 문자에 사용할 문자 스타일을 지정합니다. 문자 스타일은 STYLE 명령을 사용하여 정의하고 저장할 수 있습니다.

❻ **폭(W)** : 문자 경계의 폭을 지정합니다. 폭 지정은 점을 지정하거나 값을 입력합니다.

❼ **열(C)** : 여러 줄 문자 객체에 대한 열 옵션을 지정합니다.

　㉠ **동적** : 열 폭, 열 사이 여백 폭, 열 높이를 지정합니다.

　㉡ **정적** : 총 폭, 열 수, 열 사이 여백 폭, 열 높이를 지정합니다.

　㉢ **열 없음** : 현재 여러 줄 문자 객체에 열 없음 모드를 설정합니다.

04 | 문자 편집기 리본 상황별 탭

여러 줄 문자 객체를 작성하거나 수정할 때 나타납니다.

> ### 알아두기
>
> **여러 줄 문자 형식 도구막대의 표시**
>
> MTEXTTOOLBAR 시스템 변수 값을 1로 설정합니다.
>
>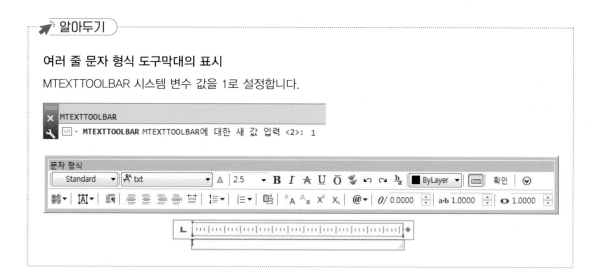

1 스타일 패널

(1) 스타일

여러 줄 문자 객체에 문자 스타일을 적용합니다.

(2) 주석

새 여러 줄 문자 객체 또는 선택한 여러 줄 문자 객체에 대해 주석을
켜거나 끕니다.

(3) 문자 높이

새 문자의 문자 높이를 도면 단위로 설정하거나 선택한 문자의 높이
를 변경합니다.

(4) 마스크

문자 뒤에 불투명한 배경을 넣습니다.

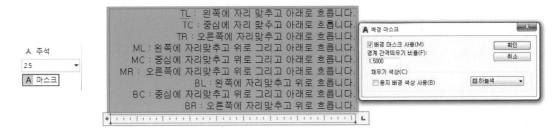

2 형식 지정 패널

(1) 문자 형식 일치 A

선택한 문자의 형식을 동일한 여러 줄 문자 객체 내의 다른 문자에 적용합니다.

(2) 굵게 B

새 문자 또는 선택한 문자에 대해 굵은 형식을 켜거나 끕니다. 이 옵션은 트루타입 글꼴을 사용하는 문자에만 사용할 수 있습니다.

TL : 왼쪽에 자리 맞추고 아래로 흐릅니다.
TC : 중심에 자리 맞추고 아래로 흐릅니다.

(3) 기울임꼴 I

새 문자 또는 선택한 문자에 대해 기울임꼴 형식을 켜거나 끕니다. 이 옵션은 트루타입 글꼴을 사용하는 문자에만 사용할 수 있습니다.

AutoCAD

(4) 취소선 A

새 문자 또는 선택한 문자에 대해 취소선을 켜거나 끕니다.

AutoCAD

(5) 밑줄 U

새 문자 또는 선택한 문자에 대해 밑줄 표시를 켜거나 끕니다.

AutoCAD

(6) 윗줄

새 문자 또는 선택한 문자에 대해 오버라인 표시를 켜거나 끕니다.

AutoCAD

(7) 스택 $\frac{b}{a}$

여러 줄 문자 객체 및 다중 지시선 내에 있는 분수 및 공차 형식의 스택 문자입니다. 슬래시(/)를 사용하여 분수를 수직으로 스택하거나, 파운드 문자(#)를 사용하여 분수를 대각선으로 스택하거나, 캐럿(^)을 사용하여
공차를 스택합니다.

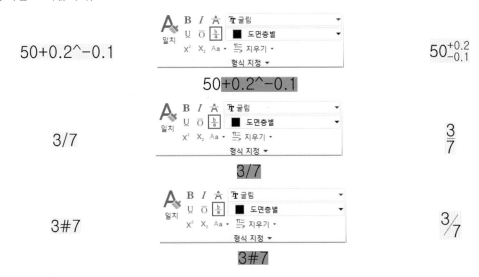

$50+0.2\char`^-0.1$ · · · $50^{+0.2}_{-0.1}$

$3/7$ · · · $\dfrac{3}{7}$

$3\#7$ · · · $^3/_7$

(8) 위 첨자 X^2

선택한 문자를 위 첨자로 바꾸거나 선택한 위 첨자 문자를 일반 문자로 바꿉니다.

102 · · · 10^2

(9) 아래 첨자 X_2

선택한 문자를 아래 첨자로 바꾸거나 선택한 아래 첨자 문자를 일반 문자로 바꿉니다.

$d2$ · · · d_2

(10) 대소문자 변경(드롭다운)

선택한 문자를 대문자 또는 소문자로 변경합니다.

AUTOcad · · · AUTOCAD

AUTOCAD

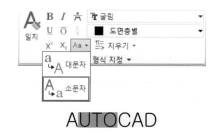

AutoCAD

AUTOCAD

(11) 글꼴

새 문자의 글꼴을 지정하거나 선택한 문자의 글꼴을 변경합니다.

(12) 색상

새 문자의 색상을 지정하거나 선택한 문자의 색상을 변경합니다.

(13) 지우기 형식(드롭다운)

선택된 문자에 대한 문자 형식, 선택된 단락에 대한 단락 형식 또는
선택된 단락의 모든 형식을 제거합니다.

(14) 기울기 각도

문자를 왼쪽으로 또는 오른쪽으로 기울어진 정도를 결정합니다. -85~85도 사이의 값에서 음수를 입력하면
왼쪽으로 기울어지고 양수를 기입하면 오른쪽으로 기울어집니다.

(15) 자간

선택한 문자 사이의 간격을 줄이거나 늘립니다.

(16) 폭비율

선택한 문자의 폭을 줄이거나 늘립니다.

③ 단락 패널

(1) 문자 자리 맞추기 🅰

9개의 정렬 옵션을 포함한 문자 자리 맞추기 메뉴를 표시합니다.

(2) 글머리 기호 및 번호 지정 ☰

여러 개의 항목을 나열할 때 문단의 머리에 글머리 기호 및 번호를 붙여 가면서 입력할 수 있습니다.

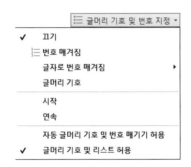

❶ 끄기 : 선택된 문자에서 문자, 번호 및 글머리 기호가 제거됩니다.

❷ 번호 매겨짐 : 리스트의 항목에 마침표가 있는 번호를 사용한 리스트 형식을 적용합니다.

1. AutoCAD
2. 오토캐드

❸ 글자로 번호 매겨짐 : 리스트의 항목에 마침표가 있는 글자를 사용한 리스트 형식을 적용합니다.

a. AutoCAD
b. 오토캐드

❹ 글머리 기호 : 리스트의 항목에 글머리 기호를 사용한 리스트 형식을 적용합니다.

• AutoCAD
• 오토캐드

❺ 시작 : 리스트 형식에 새 글자 번호 순서를 시작합니다.

❻ 연속 : 선택된 단락을 위의 마지막 리스트에 추가하고 계속하여 순서를 지정합니다.

❼ 자동 글머리 기호 및 번호 매기기 허용 : 문자, 숫자 뒤에 따르는 구두점은 글머리 기호로 사용할 수 없으므로 마침표(.), 콜론(:), 닫는 괄호( ), 닫는 꺾쇠 괄호〈 〉, 닫는 중괄호{ } 문자를 구분기호로 사용할 수 있습니다.

❽ 글머리 기호 및 리스트 허용 : 이 옵션을 선택하면 리스트 형식은 리스트처럼 보이는 여러 줄 문자 객체의 모든 일반 문자에 적용됩니다.
Tab 키로 문자, 번호 또는 글머리 기호 문자 뒤에 공백을 작성하면 글머리 기호로 적용됩니다.

1. AutoCAD
1.1. 오토캐드
<1> 여러 줄 문자

(3) 행 간격

여러 줄 단락에서 상위 행의 맨 아래와 문자 아래 행의 맨 위 간 거리입니다. 1.0x, 1.5x, 2.0x, 2.5x를 선택하여 여러 줄 문자 행 간격을 설정합니다.

(4) 기본값, 좌측면도, 중심, 우측면도, 자리 맞추기 및 분산

현재 또는 선택된 단락의 왼쪽, 중심 또는 오른쪽 문자 경계에 대한 자리 맞추기 및 정렬을 설정합니다.

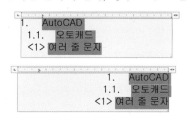
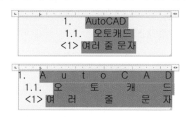

(5) 단락

여러 단락을 하나의 단락으로 결합할 수 있습니다.

4 삽입 패널

(1) 열

열 없음, 정적 열 및 동적 열의 세 가지 옵션을 제공합니다.

(2) 기호 *@*

기호나 끊기지 않는 빈칸을 커서 위치에 삽입합니다. 기호를 제어코드 또는 유니코드 문자열을 입력하여 수동으로 삽입할 수도 있습니다.

기호	제어코드(조정코드)	예		
원 지름 치수 기호 ∅	%%c	%%c50	⇨	⌀50
도 기호 °	%%d	50%%d	⇨	50°
양수/음수 공차 기호 ±	%%p	50%%p0.02	⇨	50±0.02

(3) 필드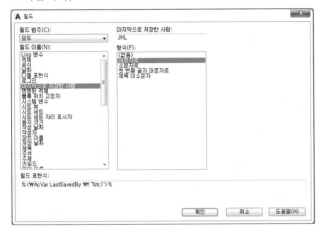

필드는 도면의 수명 주기 동안 변경이 예상되는 데이터를 표시하는 방법이 포함된 문자입니다. 필드가 업데이트될 경우 최신 데이터가 표시됩니다. 필드를 클릭하면 문자에 삽입할 필드를 선택할 수 있는 필드 대화상자를 표시합니다.

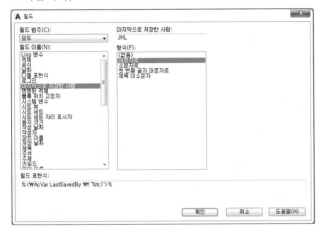

❶ **필드 범주(C)** : 필드 범주에서 모두를 선택하거나 범주를 선택합니다. 선택한 범주의 필드가 필드 이름(N) 리스트에 표시됩니다.

❷ **필드 이름(N)** : 필드 이름 리스트에서 필드를 선택합니다.

❸ 형식(F)에서 다른 옵션을 선택합니다.

❹ 형식(F) 위에 음영 처리된 문자상자에 현재 값이 표시됩니다.

❺ 확인을 클릭하여 필드를 삽입합니다.

5 철자 검사 패널

(1) 철자 검사 ᴬᴮᶜ✓

문자를 입력할 때 현재 사전에 없는 단어에는 밑줄이 표시됩니다.

(2) 사전 편집

사전 관리 철자를 검사하는 동안 도면의 단어를 현재 기본 사전과 현재 사용자 사전의 단어와 일치시킵니다. 추가 옵션으로 확인한 모든 철자 예외는 현재 사용 중인 사용자 사전에 저장됩니다.

다른 언어의 철자를 검사하기 위해 다른 주 사전으로 변경할 수 있습니다. 또한 원하는 수만큼 사용자 사전을 작성하여 필요에 따라 전환할 수 있습니다.

❶ **주 사전** : 언어별 사전 리스트를 표시하므로 다른 주 사전을 선택할 수 있습니다.

❷ **사용자 사전** : 현재 사용자 사전의 이름을 표시합니다. 사용사 사전(확장자 .cus)의 이름을 표시하며 사용할 사전을 선택합니다.

❸ **내용** : 현재 지정된 사용자 사전에 있는 단어의 리스트를 표시합니다. 아래 리스트에 단어를 추가하거나 리스트에서 단어를 삭제할 수 있습니다.

6 도구 패널

• **찾기 및 대치** ⒜ : 문자를 찾거나 대치합니다.

❶ **찾을 내용** : 찾으려는 문자열을 입력합니다.

❷ **대치할 내용** : 찾은 문자를 대치하는 데 사용할 문자열을 입력합니다.

❸ **다음 찾기** : 찾을 내용에 입력한 문자를 찾습니다.

❹ **대치** : 찾은 문자를 대치할 내용 필드에서 입력한 문자로 대치합니다.

❺ **전체 대치** : 찾을 내용에 입력한 문자의 모든 경우를 찾아 대치할 내용에 있는 문자로 대치합니다.

❻ **대소문자 구분** : 찾을 내용에 대소문자를 검색 기준의 일부로 포함합니다.

❼ **단어 단위로** : 찾을 내용에 있는 문자와 일치하는 전체 단어만 찾습니다.

❽ **와일드카드 사용** : 와일드카드 문자를 사용하여 검색할 수 있습니다.

❾ **분음 부호 일치** : 검색결과에서 분음 부호나 악센트를 일치시킵니다.

❿ **전자/반자 구분** : 검색 결과에서 전자 및 반자를 구분합니다.

7 옵션 패널

(1) 높음 ☑️

추가 옵션 리스트를 표시합니다.

❶ **문자세트** : 선택된 문자에 적용할 코드 페이지를 선택합니다.

❷ **편집기 설정** : 문자 편집기의 동작을 변경하는 옵션을 제공하고 추가 편집 옵션을 제공합니다.

　㉠ **항상 WYSIWYG(What You See Is What You Get)로** : 내부 문자 편집기 및 해당 편집기 내의 문자에 대한 표시를 조정합니다. 이 옵션을 선택하지 않으면 매우 작거나 매우 크거나 회전된 문자가 읽기 쉬운 크기로 표시되며, 쉽게 읽고 편집할 수 있도록 수평으로 방향이 조정됩니다.

　㉡ **도구막대 표시** : 문자 형식 도구막대를 표시합니다.

© **배경표시** : 이 옵션을 선택하면 편집기의 배경이 표시됩니다.

 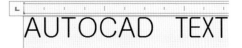

(2) 눈금자

편집기 맨 위에 눈금자를 표시하거나 숨깁니다.

(3) 명령취소

문자 내용이나 문자 형식의 변경을 비롯하여 문자 편집기 리본 상황별 탭에서 수행한 작업을 명령취소합니다.

(4) 명령복구

문자 내용이나 문자 형식의 변경을 비롯하여 문자 편집기 리본 상황별 탭에서 수행한 작업을 명령 복구합니다.

8 닫기 패널

• **문서 편집기 닫기** : MTEXT 명령을 종료하고 문자 편집기 리본 상황별 탭을 닫습니다.

🖱️ 알아두기

문자 편집

(1) TEXTEDIT(DDEDIT) : 선택한 여러 줄 또는 단일 행 문자 객체나 치수 객체의 문자를 편집합니다.
　　명령행에 단축키(별칭) ED를 입력하고 Enter↵ 나 Space Bar 를 눌러 실행합니다.
　　① 주석 객체 선택 : 편집할 단일 행문자, 여러 줄 문자 또는 치수 객체를 지정합니다.
　　② 모드 : 명령의 자동 반복 여부를 조정합니다. 단일 모드일 때는 선택한 문자 객체를 한 번 수정하고
　　　명령을 종료하며, 다중 모드일 때는 명령을 실행하는 동안 여러 문자 객체를 편집할 수 있습니다.

(2) 더블 클릭
　　① 단일 행 문자 객체를 더블 클릭하여 내부 문자 편집기에서 새 문자를 입력하거나 불필요한 문자를
　　　지워 수정하고 Enter↵ 를 누릅니다.
　　② 여러 줄 문자 객체를 더블 클릭하여 내부 문자 편집기에서 새 문자를 입력하거나 불필요한 문자를
　　　지워 수정하고 문자 편집기 리본 상황별 탭의 닫기 패널에서 문자 편집기 닫기를 클릭하거나 문자
　　　형식 도구막대에서 확인을 클릭하거나 편집기 외부의 도면영역을 클릭하여 여러 줄 문자 편집을 종
　　　료합니다. 변경사항을 저장하지 않고 종료하려면 Esc 를 누릅니다.

05 | TABLE(테이블)

빈 테이블 객체를 작성합니다.

1 TABLE 실행방법

❶ 리본 〉 홈 탭 〉 주석 패널 〉 ⊞ 테이블을 선택하여 실행합니다.
❷ 명령행에 단축키(별칭) TB를 입력하고 Enter↵ 나 Space Bar 를 눌러 실행합니다.

2 TABLE 삽입 대화상자

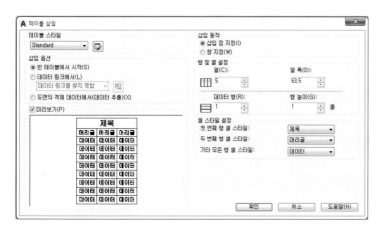

(1) 테이블 스타일
테이블을 만들 현재 도면에서 테이블 스타일을 선택합니다.

❶ 테이블 스타일 실행 대화상자 ⬚ : 새 테이블 스타일을 만들거나 수정 및 설정할 수 있습니다.

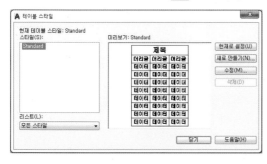

ㄱ 현재 테이블 스타일 : 작성한 테이블에 적용되는 테이블 스타일의 이름을 표시합니다.

ㄴ 스타일(S) : 테이블 스타일 리스트를 표시합니다.

ㄷ 리스트(L) : 스타일 리스트의 내용을 조정합니다.

ㄹ 미리보기 : 선택된 스타일의 미리보기 이미지를 표시합니다.

ㅁ 현재로 설정(U) : 스타일 리스트에서 선택된 테이블 스타일을 현재 스타일로 설정합니다.

ㅂ 새로 만들기(N) : 새 테이블 스타일을 정의할 수 있는 새 테이블 스타일 작성 대화상자를 표시합니다.

ⓐ 수정 : 테이블 스타일을 수정할 수 있는 테이블 스타일 수정 대화상자를 표시합니다.

ⓞ 삭제 : 도면에서 사용 중인 스타일을 제외한 스타일 리스트에서 선택된 테이블 스타일을 삭제합니다.

❷ 새 테이블 스타일 작성 대화상자

새로 만들기(N)를 클릭하면 새 테이블 스타일 작성 대화상자가 나타납니다.

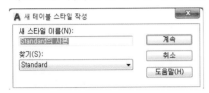

㉠ 새 스타일 이름(N) : 새 테이블 스타일의 이름을 지정합니다.

㉡ 찾기(S) : 새 테이블 스타일을 기반으로 할 기존 테이블 스타일을 지정합니다.

㉢ 계속 : 새 테이블 스타일을 정의할 수 있는 새 테이블 스타일 대화상자를 표시합니다.

❸ 새 테이블 스타일 및 테이블 스타일 수정 대화상자

새 테이블 스타일을 작성하거나 작성된 테이블 스타일을 수정합니다.

㉠ 시작 테이블

ⓐ 이 테이블 스타일의 시작 테이블로 사용할 테이블을 선택 : 이 테이블 스타일의 형식을 지정하는 예제로 사용할 테이블을 도면에서 지정할 수 있습니다.

ⓑ 이 테이블 스타일에서 시작 테이블을 제거 : 테이블 제거 아이콘으로 현재 지정된 테이블 스타일로부터 테이블을 제거할 수 있습니다.

㉡ 일반 : 테이블 방향을 설정합니다. 아래로는 위에서 아래로 읽는 테이블을 작성하며, 위로는 아래에서 위로 읽는 테이블을 작성합니다.

㉢ 셀 스타일

ⓐ 새 스타일 메뉴 데이터 : 테이블 내에서 이미 발견된 셀 스타일을 표시합니다.

ⓑ 셀 스타일 작성 : 새 셀 스타일 작성 대화상자를 실행합니다.

• 새 스타일 이름 : 새 셀 스타일 이름을 지정합니다.

• 찾기 : 새 셀 스타일의 기본 값이 될 설정을 가지는 기존 셀 스타일을 지정합니다.

• 계속 : 새 셀 스타일을 정의할 수 있는 새 테이블 스타일 대화상자로 돌아갑니다.

ⓒ **셀 스타일 관리 대화상자** : 현재 테이블 스타일 내 모든 셀 스타일을 표시하고 셀 스타일 작성 또는 삭제할 수 있습니다.

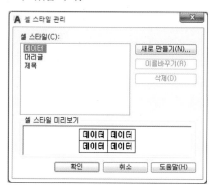

- **새로 만들기** : 새 셀 스타일 작성 대화상자를 표시합니다. 현재 테이블 스타일 내 포함될 새 셀 스타일을 작성할 수 있습니다.
- **이름 바꾸기** : 선택한 셀 스타일에서 새 이름을 지정할 수 있습니다. 제목, 머리글 및 데이터 셀 스타일은 이름을 바꿀 수 없습니다.

ⓓ **일반 탭**

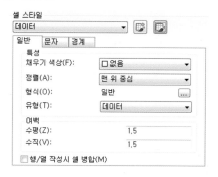

- **채우기 색상** : 셀의 배경색을 지정합니다.
- **정렬** : 테이블 셀의 문자에 대한 자리 맞추기 및 정렬을 설정합니다.
- **형식** : 버튼을 클릭하면 테이블 셀 형식 대화상자가 표시되며 테이블에서 데이터 형식을 설정하고 데이터, 열 머리글 또는 제목 행의 형식을 지정합니다.

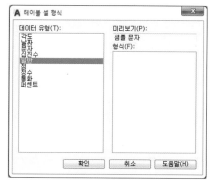

- **유형** : 셀 스타일을 데이터 또는 레이블로 지정합니다.
- **여백** : 셀의 경계와 셀 문자 사이의 수평, 수직간격을 조정합니다.
- **행/열 작성 시 셀 병합** : 현재 셀 스타일로 작성된 새 행 또는 열을 하나의 셀로 병합합니다. 이 옵션을 사용하여 테이블의 맨 위에 제목 행을 작성할 수 있습니다.

ⓔ 문자 탭

- 문자 스타일 [Standard ▼] : 사용 가능한 문자
  스타일을 나열합니다.
- 문자 스타일 버튼 [...] : 문자 스타일을 작성 또는 수정
  할 수 있는 문자 스타일 대화상자가 표시됩니다.

- 문자 높이 : 문자 높이를 설정합니다.
- 문자 색상 : 문자 색상을 지정합니다.
- 문자 각도 : 문자 각도를 설정합니다.

ⓕ 경계 탭

- 경계 버튼 : 경계를 선택합니다.

- 선 가중치 : 경계 버튼을 클릭하여 지정한 경계에 적용
  될 선 가중치를 설정합니다.
- 선 종류 : 지정한 경계에 적용될 선 종류를 설정합니
  다.
- 색상 : 지정한 경계에 적용될 색상을 설정합니다.
- 이중선 : 테이블 경계를 이중선으로 표시합니다.
- 간격두기 : 이중선의 간격을 지정합니다.

(2) 삽입 옵션

테이블 삽입 방법을 지정합니다.

❶ 빈 테이블에서 시작 : 수동으로 데이터를 채울 수 있는 빈
  테이블을 만듭니다.
❷ 데이터 링크에서 : 외부 스프레드시트의 데이터를 사용하
  여 테이블을 만듭니다.
❸ 도면의 객체 데이터에서 : 데이터 추출 마법사를 실행합니다.

(3) 삽입 동작

테이블의 위치를 지정합니다.

❶ 삽입 점 지정 : 테이블의 왼쪽 상단 구석 위치를 지정합니다. 좌표 입력 장치를 사용하거나 명령 프롬프트에 좌푯값을 입력할 수 있습니다.

❷ 창 지정 : 테이블의 크기와 위치를 지정합니다. 좌표 입력 장치를 사용하거나 명령 프롬프트에 좌푯값을 입력할 수 있습니다. 이 옵션을 선택하면, 열과 행 수 및 열 폭과 행 높이가 윈도우의 크기와 열 및 행 설정에 따라 달라집니다.

(4) 행 및 열 설정

행 및 열의 수와 크기를 설정합니다.

❶ 열 : 열 수를 지정합니다.

❷ 열 폭 : 열 폭을 지정합니다.

❸ 데이터 행 : 행 수를 지정합니다.

❹ 행 높이 : 행 높이를 줄 수로 지정합니다. 행 높이는 테이블 스타일에서 설정되는 문자 높이 및 셀 여백을 기반으로 합니다.

(5) 셀 스타일 설정

시작 테이블을 포함하지 않는 테이블 스타일의 경우 새 테이블의 행에 대한 셀 스타일을 지정합니다.

❶ 첫 번째 행 셀 스타일 : 테이블의 첫 번째 행에 대한 셀 스타일을 지정합니다. 기본적으로 제목 셀 스타일이 사용됩니다.

❷ 두 번째 행 셀 스타일 : 테이블의 두 번째 행에 대한 셀 스타일을 지정합니다. 기본적으로 머리글 셀 스타일이 사용됩니다.

❸ 기타 모든 행 셀 스타일 : 테이블의 다른 모든 행에 대한 셀 스타일을 지정합니다. 기본적으로 데이터 셀 스타일이 사용됩니다.

③ 테이블 셀 리본 상황별 탭

작성한 테이블 셀을 선택하면 표시됩니다.

(1) 행 패널

❶ **위에 삽입** : 현재 선택한 셀 또는 행의 위쪽에 행을 삽입합니다.
❷ **아래로 삽입** : 현재 선택한 셀 또는 행의 아래쪽에 행을 삽입합니다.
❸ **행 삭제** : 현재 선택한 행을 삭제합니다.

(2) 열 패널

❶ **왼쪽 삽입** : 현재 선택한 셀 또는 행의 왼쪽에 열을 삽입합니다.
❷ **오른쪽 삽입** : 현재 선택한 셀 또는 행의 오른쪽에 열을 삽입합니다.
❸ **열 삭제** : 현재 선택한 열을 삭제합니다.

(3) 병합 패널

❶ **셀 병합** : 선택한 여러 셀을 하나로 병합합니다.
❷ **셀 병합 해제** : 이전에 병합한 셀의 병합을 취소합니다.

(4) 셀 스타일 패널

❶ **셀 일치** : 선택한 셀의 특성을 다른 셀에 적용합니다.
❷ **정렬** : 셀 내부 문자 정렬을 지정합니다.
❸ **테이블 셀 스타일** 행/열별 ▼ : 현재 테이블 스타일 내 포함된 모든 셀 스타일을 나열합니다. 제목, 머리글, 데이터 셀 스타일은 항상 테이블 스타일 내에 포함되며 삭제하거나 이름을 바꿀 수 없습니다.
❹ **테이블 셀 배경 색상** 없음 ▼ : 채우기 색상을 지정합니다.
❺ **경계 편집** : 셀 경계 특성 대화상자가 표시되며 선택한 테이블 셀의 경계 특성을 설정합니다.

(5) 셀 형식 패널

❶ **셀 잠금** : 셀 콘텐츠 및 형식을 편집할 수 없도록 잠그거나 잠금 해제합니다.
❷ **데이터 형식** : 테이블 행에 대해 형식화할 수 있는 데이터 형식(각도, 날짜, 십진수 등)의 리스트를 표시합니다.

(6) 삽입 패널

❶ **블록** : 현재 선택한 테이블 셀에 블록을 삽입할 수 있는 삽입 대화상자가 표시됩니다.

❷ **필드** : 현재 선택한 테이블 셀에 필드를 삽입할 수 있는 필드 대화상자가 표시됩니다.

❸ **공식** : 현재 선택한 테이블 셀에 공식을 삽입합니다. 공식은 등호(=)로 시작되어야 합니다.

❹ **셀 콘텐츠 관리** : 선택한 셀의 콘텐츠를 표시합니다. 셀 콘텐츠의 순서뿐만 아니라 셀 콘텐츠가 나타나는 방향도 변경할 수 있습니다.

(7) 데이터 패널

❶ **셀 링크** : Microsoft Excel에서 작성한 스프레드시트 데이터를 도면의 테이블에 링크할 수 있는 Excel 링크 새로 만들기 및 수정 대화상자가 표시됩니다.

❷ **원본에서 다운로드** : 데이터 링크가 설정된 상태에서 변경된 데이터에 의해 참조되는 테이블 셀의 데이터를 업데이트합니다.

NO	PART NAME	METERIAL	Q'TY	WEIGHT
1	BODY	GC200	1	15KG
2	COVER	GC200	2	3KG
3	SHAFT	SCM435	1	1KG

(1) STYLE

❶ 리본 〉 홈 탭 〉 주석 패널 〉 문자 스타일 **A** 을 클릭하거
나 명령행에 단축키(별칭) ST를 입력하고 Enter↵ 나
Space Bar 를 눌러 실행합니다.

❷ 문자 스타일 대화상자에서 새로 만들기(N)를 클릭합니다.

❸ 새 문자 스타일 대화상자에서 스타일 이름으로 BOMTEXT
를 입력하고 확인을 클릭합니다. (스타일 이름을 사용자가
임의로 지정하여도 됩니다.)

❹ 글꼴 이름(F)으로 isocp.shx 파일을 선택하고 큰 글꼴
사용에 체크한 후 글꼴 스타일을 whgtxt.shx 파일을 선
택합니다.

❺ 닫기를 클릭하여 문자 스타일 대화상자를 닫습니다.

(2) TABLE

❶ 리본 〉 홈 탭 〉 주석 패널 〉 테이블 을 클릭하거나 명
령행에 단축키(별칭) TB를 입력하고 Enter↵ 나 Space Bar
를 눌러 실행합니다.

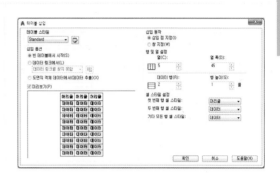

❷ TABLE 삽입 대화상자에서 행 및 열 설정 아래에 열 수는
5, 열 폭은 45를 기입하고 데이터 행 수는 2, 행 높이는
1을 기입합니다.

❸ TABLE 삽입 대화상자에서 셀 스타일 설정 아래에 첫 번
째 행 셀 스타일은 머리글, 두 번째 행 셀 스타일과 기타
모든 행 셀 스타일은 데이터를 설정합니다.

❹ 테이블 스타일 아래 테이블 스타일 실행 대화상자
를 클릭하여 테이블 스타일 대화상자가 나타나도록 한
후 새로 만들기를 클릭합니다.

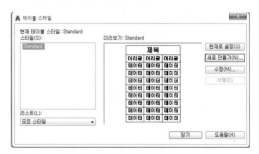

❺ 새 테이블 스타일 작성 대화상자에서 새 스타일 이름(N)을 BOM으로 지정한 후 계속을 클릭합니다.(새 스타일 이름을 사용자가 임의로 지성하여도 됩니다.)

❻ 새 테이블 스타일 대화상자의 셀 스타일 메뉴에서 머리글을 선택합니다.

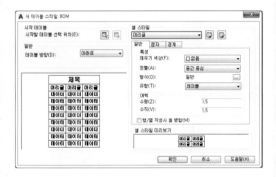

❼ 일반 탭에서 정렬(A)은 중간 중심을 선택합니다.

❽ 문자 탭에서 문자 스타일은 STYLE에서 작성한 BOM TEXT를 선택하고 문자 높이는 5, 문자 색상은 초록색을 지정합니다.

❾ 경계 탭에서 선 가중치는 0.5, 선 종류는 Continuous, 색상은 초록색을 지정한 후 경계 외부 ⊞를 클릭합니다.

❿ 선 가중치는 0.25, 선 종류는 Continuous, 색상은 빨간색을 지정한 후 경계 내부 ⊞를 클릭합니다.

⓫ 새 테이블 스타일 대화상자의 셀 스타일 메뉴에서 데이터를 선택한 후 일반 탭에서 정렬(A)은 중간 중심을 선택합니다.

⓬ 문자 탭에서 문자 스타일은 STYLE에서 작성한 BOM TEXT를 선택하고 문자 높이는 3.5, 문자 색상은 노란색을 지정합니다.

⓭ 경계 탭에서 선 가중치는 0.5, 선 종류는 Continuous, 색상은 초록색을 지정한 후 경계 외부 ⊞를 클릭합니다.

⑭ 선 가중치는 0.25, 선 종류는 Continuous, 색상은 빨간색을 지정한 후 경계 내부 ⊞를 클릭합니다.

⑮ 선 가중치는 0.25, 선 종류는 Continuous, 색상은 빨간색을 지정한 후 맨 아래 경계 ⊞를 클릭하고 확인을 클릭합니다.

⑯ 테이블 스타일 대화상자 닫기를 클릭하고 테이블 삽입 대화상자 확인을 클릭합니다.

⑰ 테이블 삽입점을 지정합니다.

⑱ 문자를 삽입합니다.

⑲ 셀을 선택하고 셀 스타일 패널에서 정렬을 중간 중심으로 선택하여 BOM 테이블을 완성합니다.

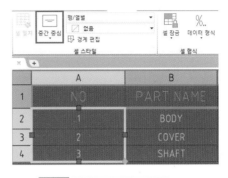

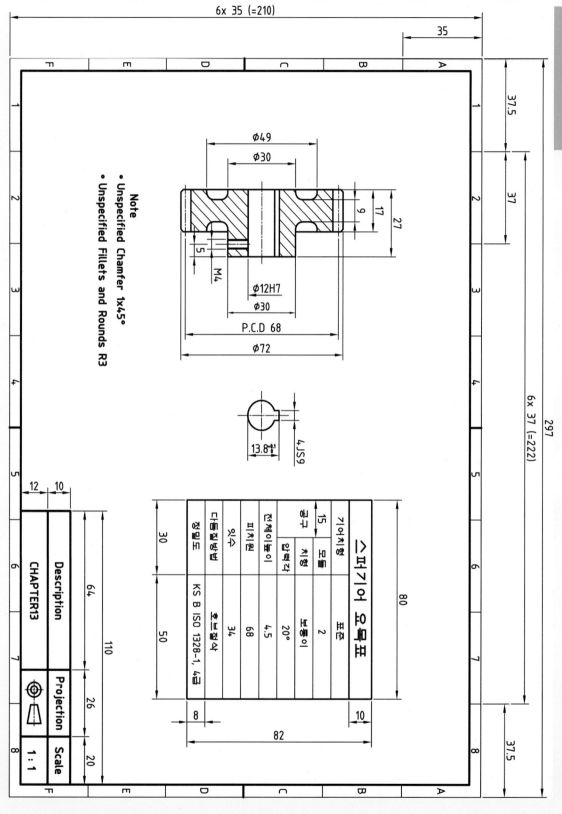

Note
- Unspecified Chamfer 1x45°
- Unspecified Fillets and Rounds R3

ø49
ø30
27
17
9
5
M4
ø12H7
ø30
P.C.D 68
ø72

13.8 +0.1
4.JS9

6x 35 (=210)
35
37.5
37
6x 37 (=222)
297
37.5

스퍼기어 요목표		
기어치형	표준	
공구	모듈	2
	치형	보통이
	압력각	20°
전체이높이		4.5
피치원		68
잇수		34
다듬질방법		호브절삭
정밀도		KS B ISO 1328-1, 4급

80
30
50
10
8
82

Description	Projection	Scale
CHAPTER13	⊕	1:1

12
10
64
110
26
20

연습도면

MEMO

AutoCAD 2019

블록 작성과 객체 분할

01 | BLOCK

선택한 객체를 묶어서 블록으로 지정하고 도면에 삽입합니다.

1 BLOCK 실행방법

❶ 리본 〉 홈 탭 〉 블록 패널 〉 작성 ⬚ 을 클릭하여 실행합니다.
❷ 명령행에 단축키(별칭) B를 입력하고 [Enter↵]나 [Space Bar]를 눌러 실행합니다.

2 BLOCK 정의 대화상자

(1) 이름(N)

블록의 이름을 지정합니다.

(2) 기준점

블록의 삽입 기준점을 지정합니다.

❶ **화면상에 지정** : 블록이름과 객체를 선택하고 확인을 클릭하면 기준점을 지정하라는 프롬프트가 표시됩니다.

❷ **삽입 기준점 선택** ⬚ : 삽입 기준점을 도면영역에서 마우스로 선택합니다.

❸ 　　　　　　　　X, Y 및 Z 좌푯값을 수동으로 입력하여 삽입점을 지정합니다.

(3) 객체

새로 작성할 블록에 포함할 객체를 지정합니다.

❶ **화면상에 지정** : 블록 정의 대화상자가 닫히면 객체를 지정하라는 프롬프트가 표시됩니다.

❷ **객체 선택** ✛ : 블록에 사용할 객체를 선택합니다. 객체 선택 버튼을 클릭하면 블록 정의 대화상자가 임시
적으로 닫히며 블록 객체를 선택한 다음 Enter↵를 누르면 블록 정의 대화상자로 복귀합니다.

❸ **신속 선택** 🏷 : 신속 선택 대화상자가 표시되며 객체 유형 및 특성을 기준으로 필터링하여 선택 세트를
작성합니다.

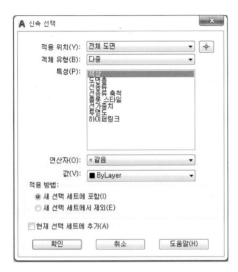

㉠ **적용 위치** : 필터링 기준을 전체 도면 또는 현재 선택한 객체
세트에 적용합니다.

㉡ **객체 선택** ✛ : 필터 기준을 적용하려는 객체를 선택합니다.

㉢ **객체 유형** : 필터링 기준에 포함할 객체 유형을 지정합니다.

㉣ **특성** : 지정한 객체 유형의 사용 가능한 특성을 나열하며 이
중 하나를 선택하여 선택 필터로 사용합니다.

㉤ **연산자** : 필터의 범위를 조정합니다. 선택한 특성에 따라 같
음, 같지 않음, 큼, 작음, 와일드카드 일치 등이 옵션에 포함
될 수 있습니다.

㉥ **값** : 필터 처리할 색상을 지정합니다.

㉦ **적용 방법** : 지정된 필터 기준과 일치하는 객체를 새 선택
세트에 포함할 것인지 제외할 것인지 지정합니다.

㉧ **현재 선택 세트에 추가** : 신속 선택에 의해 작성된 선택 세트
가 현재 선택 세트를 대치할 것인지 현재 선택 세트에 추가
할 것인지 지정합니다.

❹ **유지** : 선택한 객체를 블록 작성 후 도면 내의 별개의 객체로 유지합니다.

❺ **블록으로 변환** : 선택한 객체를 블록 작성 후 블록으로 변환합니다.

❻ **삭제** : 선택한 객체를 블록 작성 후 도면에서 삭제합니다.

(4) 동작

블록의 주석, 축척, 분해 동작을 지정합니다.

❶ **주석** : 블록이 주석임을 지정하고 블록 방향을 배치에 일치하도록 체크하여 도면 공간 뷰포트의 블록 참조
방향이 배치의 방향과 일치하도록 지정합니다.

❷ **균일하게 축척** : 블록 삽입 시 균일하게 축척할지 축 방향 축척 비율을 달리 사용할지 결정합니다. 균일하게
축척 체크 시 축 방향 축척 비율이 균일하게 축척됩니다.

❸ **분해 허용** : 분해 허용 체크 시 블록을 삽입할 때 분해 여부를 결정할 수 있습니다.

(5) 설정

블록의 설정을 지정합니다.

❶ **블록 단위** : 블록 참조에 대한 삽입 단위를 지정합니다.
❷ **하이퍼링크** : 하이퍼링크를 블록 정의에 연관시킬 수 있는 하이퍼링크 삽입 대화상자를 엽니다.

(6) 설명

블록의 설명을 지정합니다.

(7) 블록 편집기에서 열기

블록 편집기에서 현재 블록 정의가 열립니다.

알아두기

1. WBLOCK

선택한 객체, 블록으로 정의한 기존 블록 또는 전체 도면을 파일로 변환하여 저장합니다.

① 리본 〉 삽입 탭 〉 블록 정의 패널 〉 블록 작성 드롭다운 〉 블록 쓰기 를 클릭하여 실행합니다.
② 명령행에 단축키(별칭) W를 입력하고 `Enter↵` 나 `Space Bar` 를 눌러 실행합니다.

ⓐ 원본 : 블록과 객체를 지정하고 삽입점을 지정합니다.
 • 블록 : 파일로 저장할 기존 블록을 지정합니다. 리스트에서 블록 이름을 선택합니다.

 • 전체 도면 : 현재 도면을 다른 파일로 저장합니다.
 • 객체 : 선택한 객체를 파일로 저장합니다.
ⓑ 대상 : 파일의 새 이름 및 블록이 삽입될 때 사용될 측정단위를 지정합니다.
 • 파일 이름 또는 경로 : 블록 또는 객체를 저장할 파일 이름 및 경로를 지정합니다.

2. BASE

현재 도면의 삽입 기준점을 설정합니다.

① 리본 〉 삽입 탭 〉 블록 정의 패널 〉 기준점 설정 을 클릭하여 실행합니다.
② WBLOCK에서 현재 도면을 다른 도면에 삽입할 때 기준점 설정으로 설정한 기준점이 삽입 기준점으로 사용됩니다.

02 | INSERT(삽입)

현재 도면에 BLOCK, WBLOCK 등으로 정의한 블록이나 외부 도면을 삽입합니다.

1 INSERT 실행방법

❶ 리본 〉 홈 탭 〉 블록 패널 〉 삽입🔲 을 클릭하여 실행합니다.
❷ 명령행에 단축키(별칭) I를 입력하고 Enter↵ 나 Space Bar 를 눌러 실행합니다.

2 INSERT 대화상자

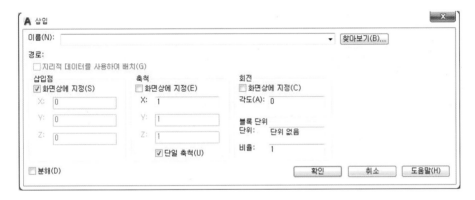

(1) 이름

삽입할 블록의 이름 또는 찾아보기를 클릭하여 블록으로 삽입할 파일의 이름을 지정합니다.

(2) 삽입점

블록의 삽입점을 지정합니다.
- **화면상에 지정** : 프롬프트에서 좌푯값을 입력하거나 마우스 왼쪽 버튼으로 삽입점을 지정합니다.

  X: 0
  Y: 0
  Z: 0
  화면상에 지정에 체크를 하지 않은 상태에서 X, Y 및 Z 좌푯값을 수동으로 입력하여 삽입점을 지정합니다.

(3) 축척

삽입될 블록의 축척을 지정합니다. X, Y 및 Z 축척 비율에 음의 값을 지정하면 블록의 대칭 이미지가 삽입됩니다.

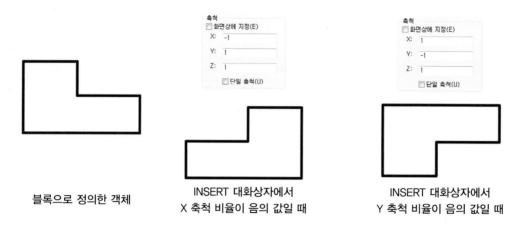

| 블록으로 정의한 객체 | INSERT 대화상자에서 X 축척 비율이 음의 값일 때 | INSERT 대화상자에서 Y 축척 비율이 음의 값일 때 |

❶ **화면상에 지정** : 프롬프트에서 축척 비율 값을 지정합니다.

❷ **단일 축척** : 단일 축척에 체크하면 X, Y 및 Z 축척 비율이 동일하게 지정되며, 체크를 하지 않으면 X, Y 및 Z 축척 비율을 달리 지정하여 입력할 수 있습니다.

(4) 회전

지정한 각도로 블록을 회전하여 삽입할 수 있습니다.

❶ **화면상에 지정** : 프롬프트에서 블록의 회전 값을 지정합니다.

❷ **각도** : 삽입될 블록의 회전 각도를 입력합니다.

(5) 블록 단위

블록 단위에 관한 정보를 표시합니다.

❶ **단위** : 삽입될 블록에 대한 단위 값을 표시합니다.

❷ **비율** : 블록 및 도면 단위의 값을 기준으로 계산된 단위 축척 비율을 표시합니다.

(6) 분해

블록을 분해하여 삽입하고자 할 때 선택합니다.

03 | ATTDEF(속성 정의)

데이터를 블록으로 저장하기 위한 속성 정의를 합니다. 여기서 속성이란 블록 정의와 함께 작성 및 포함되는 객체이며 부품번호, 제품이름 등의 데이터를 속성에 저장할 수 있습니다.

1 ATTDEF 실행방법

❶ 리본 〉 홈 탭 〉 블록 패널 〉 속성 정의 🏷를 클릭하여 실행합니다.
❷ 명령행에 단축키(별칭) ATT를 입력하고 Enter↵ 나 Space Bar 를 눌러 실행합니다.

2 ATTDEF 대화상자

(1) 모드

도면에 블록을 삽입할 때 블록과 연관된 속성 값에 대한 옵션을 설정합니다.

❶ **숨김** : 체크 시 블록을 삽입할 때 속성 값이 표시되지 않고 인쇄되지 않습니다.

ATTDISP(속성 화면표시)

도면의 모든 블록 속성에 대한 가시성 재지정을 조정합니다.

- ATTDISP 실행방법
  리본 〉 홈 탭 〉 블록 패널 〉 속성 화면표시 드롭다운

① **속성 화면표시 유지** : 각 블록 속성의 원래 가시성을 복원하여 표시하거나 숨깁니다. 숨김 속성은 표시되지 않습니다.
② **모든 속성 표시** : 원래 가시성 설정을 재지정하여 모든 블록 속성을 표시합니다.
③ **모든 속성 숨기기** : 원래 가시성 설정을 재지정하여 모든 블록 속성을 숨깁니다.

❷ **상수** : 체크 시 블록을 삽입할 때 속성에 대한 고정 값을 속성에 지정합니다. 이 설정은 변경되지 않는 정보에 사용됩니다.

❸ **검증** : 체크 시 블록을 삽입할 때 속성 값이 정확한지 검증할 수 있도록 프롬프트를 표시합니다.

❹ **사전 설정** : 체크 시 블록을 삽입할 때 프롬프트를 표시하지 않고 속성을 기본 값으로 설정합니다.

❺ **잠금 위치** : 체크 시 블록 참조 내 속성의 위치를 잠급니다.

❻ **여러 줄** : 체크 시 속성 값이 여러 줄 문자를 포함할 수 있도록 지정합니다.

(2) 속성

속성에 관한 데이터를 설정합니다.

❶ **태그** : 속성을 식별하는 데 사용할 이름을 지정합니다.

❷ **프롬프트** : 속성 정의가 포함된 블록을 삽입할 때 표시되는 프롬프트를 지정합니다. 프롬프트를 입력하지 않으면 속성 태그가 프롬프트로 사용됩니다.

❸ **기본 값** : 기본 속성 값을 지정합니다. 필드 삽입 버튼 🔁 을 클릭하면 속성 값의 전부 또는 일부로 필드를 삽입할 수 있는 필드 대화상자가 표시됩니다.

(3) 문자 설정

속성 문자의 자리 맞춤, 스타일, 높이 및 회전을 설정합니다.

❶ **자리 맞춤** : 속성 문자의 자리 맞춤을 지정합니다.

❷ **문자 스타일** : STYLE에서 정의된 문자 스타일을 선택하여 속성 문자 스타일을 지정합니다.

❸ **주석** : 속성이 주석임을 지정합니다.

❹ **문자 높이** : 속성 문자의 높이를 지정합니다.

❺ **회전** : 속성 문자의 회전 각도를 지정합니다.

❻ **경계 폭** : 다음 줄로 줄 바꿈하기 전에 여러 줄 속성의 문자 줄의 최소 길이를 지정합니다. 값이 0인 경우 문자 줄의 길이에 제한이 없으며 한 줄 속성에 사용할 수 없습니다.

(4) 삽입점

속성의 위치를 지정합니다.

❶ **화면상에 지정에 체크할 경우** : 프롬프트에서 좌푯값을 입력하거나 마우스 왼쪽 버튼으로 삽입점을 지정할 수 있습니다.

❷ **화면상에 지정에 체크하지 않을 경우** : X, Y 및 Z 좌푯값을 수동으로 입력하여 삽입점을 지정할 수 있습니다.

(5) 이전 속성 정의 아래 정렬

속성 태그를 이전에 정의된 속성 바로 아래에 배치합니다.

04 BATTMAN(블록 속성 관리자)

블록의 속성 정의를 편집하거나 제거할 수 있고 블록을 삽입할 때 속성 값에 대해 프롬프트가 표시되는 순서를 변경할 수도 있습니다.

1 BATTMAN 실행방법

리본 〉 홈 탭 〉 블록 패널 〉 속성, 블록 속성 관리자 를 클릭하여 실행합니다.

2 BATTMAN 대화상자

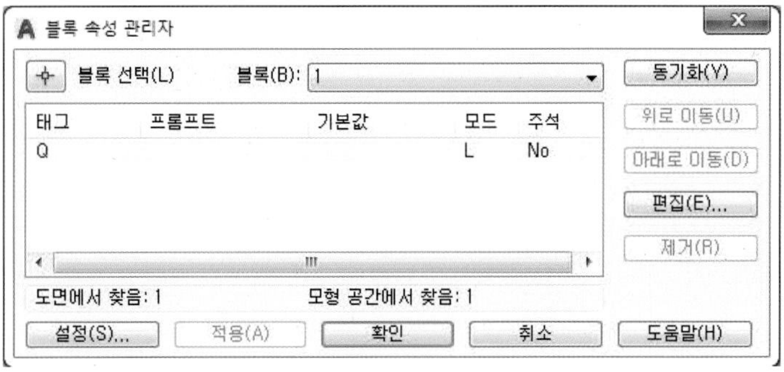

(1) 블록 선택(L)

블록 선택 버튼을 클릭하여 도면영역에서 블록을 선택할 수 있습니다. 또는 블록(B) 에서 수정하려는 속성을 가진 블록을 선택합니다.

(2) 속성 리스트

선택된 블록에 있는 태그, 프롬프트, 기본 값 등 속성의 특성을 표시합니다. 또한 모드에서 I는 숨김, C는 상수, V는 검증, P는 사전검증, L은 위치 잠금, M은 여러 줄 문자를 의미합니다.

(3) 동기화

선택된 블록을 현재 정의된 속성 특성을 사용하여 업데이트합니다.

(4) 위로 이동

프롬프트 순서에서 선택된 속성 태그를 위로 이동합니다.

(5) 아래로 이동

프롬프트 순서에서 선택된 속성 태그를 아래로 이동합니다.

(6) 편집

속성 특성을 수정할 수 있는 속성 편집 대화상자를 엽니다.

❶ **속성 탭** : 속성에 값을 지정하는 방법 및 지정된 속성 값을 도면영역에 표시 여부를 정의하며 값을 입력할지 묻는 프롬프트가 표시되는 문자열을 설정합니다.

❷ **문자 옵션 탭** : 속성 문자가 도면에 표시되는 방법을 정의하는 특성을 설정합니다.

❸ **특성 탭** : 속성의 도면층, 선 종류, 색상, 선 가중치를 정의합니다.

(7) 제거

선택된 속성을 블록 정의에서 제거합니다.

(8) 설정

블록 속성 설정 대화상자가 나타나며 속성 리스트에 표시할 특성을 지정합니다.

❶ **리스트에 표시** : 속성 리스트에 표시할 특성을 지정합니다.

❷ **중복 태그 강조** : 체크하면 중복 속성 태그가 속성리스트에서 빨간색 유형으로 표시됩니다.

❸ **기존 참조에 변경 사항 적용** : 속성을 수정 중인 블록의 기존 복제를 모두 업데이트할지 여부를 지정합니다.

05 | DIVIDE(등분할)

객체의 길이 또는 둘레를 따라 지정한 개수에 의한 일정한 간격으로 점 객체 또는 블록을 작성합니다.

1 DIVIDE 실행방법

❶ 리본 〉홈 탭 〉그리기 패널 〉등분할 을 클릭하여 실행합니다.
❷ 명령행에 단축키(별칭) DIV를 입력하고 Enter↵ 나 Space Bar 를 눌러 실행합니다.

2 DIVIDE 명령 실행 후 프롬프트에 표시 내용

(1) DIVIDE 등분할 객체 선택

점 객체 또는 블록을 추가할 참조 객체로 선, 폴리선, 원, 호, 타원호, 스플라인을 선택합니다.

(2) DIVIDE 세그먼트의 개수 또는 [블록(B)] 입력

선택한 객체를 따라 지정한 개수보다 한 개 적은 점 객체를 동일한 간격으로 배치합니다.

DIVIDE 등분할 객체 선택

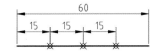

DIVIDE 세그먼트의 개수 입력 : 4

알아두기

PTYPE(점 스타일)

점 객체의 표시 스타일과 크기를 지정합니다.

1. PTYPE 실행방법

   리본 〉홈 탭 〉유틸리티 패널 〉점 스타일 을 클릭하여 실행합니다.

2. 점 스타일 대화상자

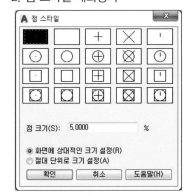

① 점 표시 이미지 : 점 객체를 표시하는 데 사용되는 이미지를 지정합니다. 아이콘을 선택하여 점 스타일을 변경할 수 있습니다.
② 점 크기 : 점 크기를 설정합니다.
 • 화면에 상대적인 크기 설정 : 점 표시 크기를 화면 크기에 대한 백분율로 설정합니다. 줌 확대 또는 줌 축소해도 점 표시가 변경되지 않습니다.
 • 절대 단위에 크기 설정 : 점 표시 크기를 점 크기에서 지정한 실제 단위로 설정합니다. 점은 줌 확대 또는 줌 축소에 따라 더 크게 또는 작게 표시됩니다.

■ **블록(B)**

지정한 블록을 선택한 객체를 따라 동일한 간격으로 배치합니다.

❶ **삽입할 블록의 이름 입력** : 삽입할 블록의 이름을 입력합니다.

❷ **객체에 블록을 정렬시키겠습니까? [예(Y)/아니오(N)] ⟨Y⟩** : Y를 입력하면 DIVIDE 등분할 객체로 선택한 객체의 곡률에 따라 블록을 정렬하며, N을 입력하면 사용자 좌표계의 현재 방향에 따라 블록을 정렬합니다.

블록 객체   객체에 블록을 정렬시키겠습니까? Y   객체에 블록을 정렬시키겠습니까? N

06 | MEASURE(길이 분할)

객체의 길이 또는 둘레를 따라 지정한 길이 값에 의한 간격으로 점 객체 또는 블록을 작성합니다.

1 MEASURE 실행방법

❶ 리본 〉 홈 탭 〉 그리기 패널 〉 길이 분할 ✨ 을 클릭하여 실행합니다.
❷ 명령행에 단축키(별칭) ME를 입력하고 [Enter↵]나 [Space Bar]를 눌러 실행합니다.

2 MEASURE 명령 실행 후 프롬프트에 표시 내용

(1) MEASURE 길이 분할 객체 선택

점 객체 또는 블록을 추가할 참조 객체로 선, 폴리선, 원, 호, 타원호, 스플라인을 선택합니다.

(2) MEASURE 세그먼트의 길이 지정 또는 [블록(B)]

객체를 선택한 위치에서 가장 가까운 끝점에서 시작하여 선택한 객체를 따라 지정된 간격으로 점 객체를 배치합니다.

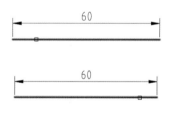

MEASURE 길이 분할 객체 선택

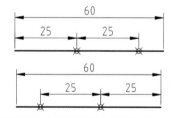

MEASURE 세그먼트의 길이 지정 : 25
25 단위마다 길이 분할

✨ **알아두기**

추가된 점 객체로 스냅하여 객체를 그리고자 할 때는 객체 스냅 노드를 사용하여 그릴 수 있습니다.

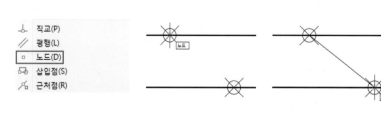

■ 블록(B)

지정한 블록을 선택한 객체를 따라 지정된 길이 값으로 배치합니다.

❶ **삽입할 블록의 이름 입력** : 삽입할 블록의 이름을 입력합니다.

❷ **객체에 블록을 정렬시키겠습니까? [예(Y)/아니오(N)] ⟨Y⟩** : Y를 입력하면 MEASURE 길이 분할 객체로 선택한 객체의 곡률에 따라 블록을 정렬하며, N을 입력하면 사용자 좌표계의 현재 방향에 따라 블록을 정렬합니다.

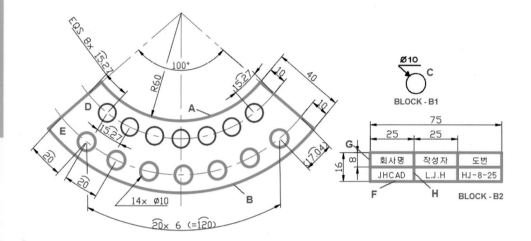

(1) A원 그리기

⏱ 중심점, 반지름을 사용하여 A원을 작성합니다.

(2) OFFSET 1

❶ 리본 〉 홈 탭 〉 수정 패널 〉 간격띄우기 ⌒ 를 클릭하거나 명령행에 단축키(별칭) O를 입력하고 [Enter↵]를 눌러 실행합니다.

❷ OFFSET 간격띄우기 거리 지정 또는 [통과점(T)/지우기(E)/도면층(L)] 〈1.0000〉 : 10을 입력하고 [Enter↵]를 누릅니다.

❸ OFFSET 간격띄우기 할 객체 선택 또는 [종료(E)/명령취소(U)] 〈종료〉 : 간격띄우기 원본 객체로 A원을 선택합니다.

❹ OFFSET 간격띄우기 할 면의 점 지정 또는 [종료(E)/다중(M)/명령취소(U)] 〈종료〉 : 간격띄우기 할 면의 점 지정으로 A원 외부를 지정합니다.

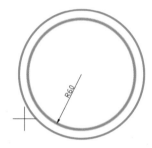

❺ OFFSET 간격띄우기 할 객체 선택 또는 [종료(E)/명령취소(U)] 〈종료〉 : [Enter↵]를 눌러 명령을 종료합니다.

(3) OFFSET 2

❶ 리본 〉 홈 탭 〉 수정 패널 〉 간격띄우기 ⌒ 를 클릭하거나 명령행에 단축키(별칭) O를 입력하고 [Enter↵]를 눌러 실행합니다.

❷ OFFSET 간격띄우기 거리 지정 또는 [통과점(T)/지우기(E)/도면층(L)] 〈1.0000〉 : 40을 입력하고 [Enter↵]를 누릅니다.

❸ OFFSET 간격띄우기 할 객체 선택 또는 [종료(E)/명령취소(U)] 〈종료〉 : 간격띄우기 원본 객체로 A원을 선택합니다.

❹ OFFSET 간격띄우기 할 면의 점 지정 또는 [종료(E)/다중(M)/명령취소(U)] 〈종료〉 : 간격띄우기 할 면의 점 지정으로 A원 외부를 지정합니다.

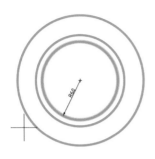

❺ OFFSET 간격띄우기 할 객체 선택 또는 [종료(E)/명령취소(U)] 〈종료〉 : Enter↵ 를 눌러 명령을 종료합니다.

(4) OFFSET 3

❶ 리본 〉 홈 탭 〉 수정 패널 〉 간격띄우기 ⊂ 를 클릭하거나 명령행에 단축키(별칭) O를 입력하고 Enter↵ 를 눌러 실행합니다.

❷ OFFSET 간격띄우기 거리 지정 또는 [통과점(T)/지우기(E)/도면층(L)] 〈1.0000〉 : 10을 입력하고 Enter↵ 를 누릅니다.

❸ OFFSET 간격띄우기 할 객체 선택 또는 [종료(E)/명령취소(U)] 〈종료〉 : 간격띄우기 원본 객체로 B원을 선택합니다.

❹ OFFSET 간격띄우기 할 면의 점 지정 또는 [종료(E)/다중(M)/명령취소(U)] 〈종료〉 : 간격띄우기 할 면의 점 지정으로 B원 내부를 지정합니다.

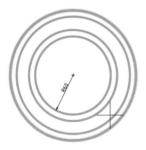

❺ OFFSET 간격띄우기 할 객체 선택 또는 [종료(E)/명령취소(U)] 〈종료〉 : Enter↵ 를 눌러 명령을 종료합니다.

(5) LINE 1

❶ 명령행에 L을 입력하고 Enter↵ 나 Space Bar 를 눌러 실행합니다.

❷ A원의 중심점을 첫 번째 점으로 지정합니다.

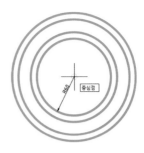

❸ LINE 다음 점 지정 또는 [명령취소(U)] : @100〈-40을 입력합니다.

❹ LINE 다음 점 지정 또는 [명령취소(U)] : Enter↵ 를 눌러 명령을 종료합니다.

(6) MIRROR

❶ 명령행에 MI를 입력하거나 수정 패널에서 대칭 ⚠ 을 선택합니다.

❷ MIRROR 객체 선택 : 선분을 선택하고 Enter↵ 를 누릅니다.

❸ MIRROR 대칭선의 첫 번째 점 지정 : 대칭선의 첫 번째 점으로 A원의 중심점을 지정합니다.

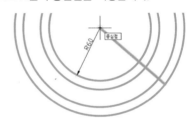

❹ MIRROR 대칭선의 두 번째 점 지정 : 대칭선의 두 번째 점으로 B원의 사분점을 지정합니다.

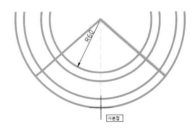

❺ MIRROR 원본 객체를 지우시겠습니까? [예(Y)/아니오(N)] 〈아니오〉 : Enter↵ 를 눌러 명령을 종료합니다.

(7) TRIM

❶ 자르기 ✂ 를 선택하여 실행합니다.

❷ TRIM 객체 선택 또는 〈모두 선택〉 : 두 선과 A원을 선택합니다.

❸ 자를 객체 선택 또는 Shift 키를 누른 채 선택하여 연장 또는 [울타리(F)/걸치기(C)/프로젝트(P)/모서리(E)/지우기(R)/명령취소(U)] : 원과 선을 선택하여 객체를 자릅니다.

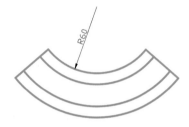

❹ Enter↵ 를 눌러 명령을 종료합니다.

(8) C원 그리기

⊙ 중심점, 반지름을 사용하여 임의의 위치에 중심점을 지정하고 반지름 5를 기입하여 C원을 작성합니다.

(9) BLOCK 1

❶ 리본 〉 홈 탭 〉 블록 패널 〉 작성 을 클릭하거나 명령행에 단축키(별칭) B를 입력하고 Enter↵ 나 Space Bar 를 눌러 실행합니다.

❷ BLOCK 정의 대화상자에서 이름을 B1으로 지정합니다.

❸ 객체 선택 ✛ 을 클릭하여 블록에 사용할 객체로 C원을 선택한 다음 Enter↵ 를 눌러 블록 정의 대화상자로 복귀합니다.

❹ 객체란 아래 삭제에 체크합니다.

❺ 삽입 기준점 선택 을 클릭한 다음 삽입 기준점으로 C원의 중심점을 지정합니다.

❻ BLOCK 정의 대화상자에서 확인 버튼을 눌러 대화상자를 닫습니다.

(10) DIVIDE

❶ 리본 〉 홈 탭 〉 그리기 패널 〉 등분할 을 클릭하거나 명령행에 단축키(별칭) DIV를 입력하고 Enter↵ 나 Space Bar 를 눌러 실행합니다.

❷ DIVIDE 등분할 객체 선택 : 등분할 객체로 D호를 선택합니다.

❸ DIVIDE 세그먼트의 개수 또는 [블록(B)] 입력 : B를 입력하고 Enter↵ 를 누릅니다.

❹ DIVIDE 삽입할 블록의 이름 입력 : B1을 입력하고 Enter↵ 를 누릅니다.

❺ DIVIDE 객체에 블록을 정렬시키겠습니까? [예(Y)/아니오(N)] 〈Y〉 : Y를 입력하고 Enter↵ 를 누릅니다.

⑥ DIVIDE 세그먼트의 개수 입력 : 8을 입력하고 `Enter↵`를 눌러 명령을 종료합니다.

(11) MEASURE

❶ 리본 〉 홈 탭 〉 그리기 패널 〉 길이 분할 을 클릭하거나 명령행에 단축키(별칭) ME를 입력하고 `Enter↵`나 `Space Bar`를 눌러 실행합니다.

❷ MEASURE 길이 분할 객체 선택 : 길이 분할 객체로 E호의 좌측 끝점 근처에서 E호를 선택합니다.

❸ MEASURE 세그먼트의 길이 지정 또는 [블록(B)] : B를 입력하고 `Enter↵`를 누릅니다.

❹ MEASURE 객체에 블록을 정렬시키겠습니까? [예(Y)/아니오(N)] 〈Y〉 : Y를 입력하고 `Enter↵`를 누릅니다.

❺ MEASURE 세그먼트의 길이 지정 : 20을 입력하고 `Enter↵`를 눌러 명령을 종료합니다.

※ 선 종류, 색상, 가중치를 변경합니다.

(12) RECTANG

❶ 리본 〉 홈 탭 〉 그리기 패널 〉 직사각형 을 클릭하거나 명령행에 단축키(별칭) REC를 입력하고 `Enter↵`나 `Space Bar`를 눌러 실행합니다.

❷ RECTANG 첫 번째 구석점 지정 또는 [모따기(C)/고도(E)/모깎기(F)/두께(T)/폭(W)] : 직사각형의 첫 번째 구석점을 도면의 임의의 위치에 마우스 왼쪽 버튼을 클릭하여 지정합니다.

❸ RECTANG 다른 구석점 지정 또는 [영역(A)/치수(D)/회전(R)] : @75,16을 입력하고 `Enter↵`를 누릅니다.

(13) EXPLODE

❶ 리본 〉 홈 탭 〉 수정 패널 〉 분해 를 선택하거나 명령행에 단축키(별칭) X를 입력하고 `Enter↵`나 `Space Bar`를 눌러 실행합니다.

❷ EXPLODE 객체 선택 : 사각형을 선택하고 `Enter↵`를 눌로 명령을 종료합니다.
단일 객체인 사각형이 EXPLODE에 의해 복합객체로 구성됩니다.

(14) OFFSET 4

❶ 리본 〉 홈 탭 〉 수정 패널 〉 간격띄우기 를 클릭하거나 명령행에 단축키(별칭) O를 입력하고 `Enter↵`를 눌러 실행합니다.

❷ OFFSET 간격띄우기 거리 지정 또는 [통과점(T)/지우기(E)/도면층(L)] 〈1.0000〉 : 8을 입력하고 `Enter↵`를 누릅니다.

❸ OFFSET 간격띄우기 할 객체 선택 또는 [종료(E)/명령취소(U)] 〈종료〉 : 간격띄우기 원본 객체로 F 수평선을 선택합니다.

❹ OFFSET 간격띄우기 할 면의 점 지정 또는 [종료(E)/다중(M)/명령취소(U)] 〈종료〉 : 간격띄우기 할 면의 점 지정으로 F 수평선 위쪽 방향을 지정합니다.

❺ OFFSET 간격띄우기 할 객체 선택 또는 [종료(E)/명령취소(U)] 〈종료〉 : `Enter↵`를 눌러 명령을 종료합니다.

(15) OFFSET 5

❶ 리본 〉 홈 탭 〉 수정 패널 〉 간격띄우기 를 클릭하거나 명령행에 단축키(별칭) O를 입력하고 `Enter↵`를 눌러 실행합니다.

❷ OFFSET 간격띄우기 거리 지정 또는 [통과점(T)/지우기(E)/도면층(L)] 〈1.0000〉 : 25를 입력하고 `Enter↵`를 누릅니다.

❸ OFFSET 간격띄우기 할 객체 선택 또는 [종료(E)/명령취소(U)] 〈종료〉 : 간격띄우기 원본 객체로 G 수직선을 선택합니다.

❹ OFFSET 간격띄우기 할 면의 점 지정 또는 [종료(E)/다중(M)/명령취소(U)] 〈종료〉 : 간격띄우기 할 면의 점 지정으로 G 수직선 오른쪽 방향을 지정합니다.

❺ OFFSET 간격띄우기 할 객체 선택 또는 [종료(E)/명령취소(U)] 〈종료〉 : H 수직선을 선택합니다.

❻ OFFSET 간격띄우기 할 면의 점 지정 또는 [종료(E)/다중(M)/명령취소(U)] 〈종료〉 : 간격띄우기 할 면의 점 지정으로 H 수직선 오른쪽 방향을 지정합니다.

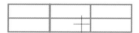

❼ OFFSET 간격띄우기 할 객체 선택 또는 [종료(E)/명령취소(U)] 〈종료〉 : Enter↵를 눌러 명령을 종료합니다.

(16) LINE 2

❶ 명령행에 L을 입력하고 Enter↵ 나 Space Bar 를 눌러 실행합니다.

❷ 두 점을 지정하여 6개의 대각선을 그립니다.

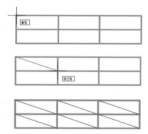

(17) STYLE

❶ 리본 〉 홈 탭 〉 주석 패널 〉 문자 스타일 🅰 을 클릭하거나 명령행에 단축키(별칭) ST를 입력하고 Enter↵ 나 Space Bar 를 눌러 실행합니다.

❷ 문자 스타일 대화상자에서 새로 만들기(N)를 클릭합니다.

❸ 새 문자 스타일 대화상자에서 스타일 이름으로 ATEXT를 입력하고 확인을 클릭합니다.(스타일 이름을 사용자가 임의로 지정하여도 됩니다.)

❹ 글꼴 이름(F)으로 굴림체를 선택하고 크기 아래 높이는 3.5를 입력합니다.

❺ 닫기를 클릭하여 문자 스타일 대화상자를 닫습니다.

(18) ATTDEF 1

❶ 리본 〉 홈 탭 〉 블록 패널 〉 속성 정의 🏷 를 클릭하거나 명령행에 단축키(별칭) ATT를 입력하고 Enter↵ 나 Space Bar 를 눌러 실행합니다.

❷ 속성 정의 대화상자에서 모드 아래 상수를 체크하고 속성 아래 태그는 회사명 기본 값도 회사명으로 입력합니다.

❸ 문자설정 아래에 자리 맞춤은 중간 중심, 문자 스타일 ATEXT를 선택합니다.

❹ 삽입점 아래에 화면상에 지정을 체크합니다.

❺ 확인을 누른 후 삽입점으로 선의 중간점을 선택합니다.

(19) ATTDEF 2

❶ 앞에서 한 방법으로 속성 정의 대화상자를 설정합니다.

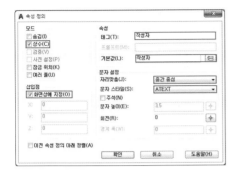

❷ 확인을 누른 후 삽입점으로 선의 중간점을 선택합니다.

(20) ATTDEF 3

❶ 속성 정의 대화상자를 설정합니다.

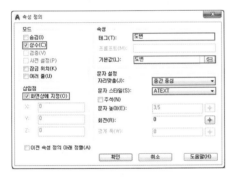

❷ 확인을 누른 후 삽입점으로 선의 중간점을 선택합니다.

(21) ATTDEF 4

❶ 속성 정의 대화상자를 설정합니다.

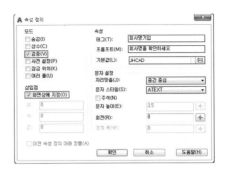

❷ 확인을 누른 후 삽입점으로 선의 중간점을 선택합니다.

(22) ATTDEF 5

❶ 속성 정의 대화상자를 설정합니다.

❷ 확인을 누른 후 삽입점으로 선의 중간점을 선택합니다.

(23) ATTDEF 6

❶ 속성 정의 대화상자를 설정합니다.

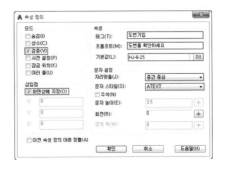

❷ 확인을 누른 후 삽입점으로 선의 중간점을 선택합니다.

※ 테이블에서 불필요한 선을 제거합니다.

회사명	작성자	도번
회사명기입	작성자기입	도번기입

(24) BLOCK 2

❶ 리본 〉 홈 탭 〉 블록 패널 〉 작성 을 클릭하거나 명령행에 단축키(별칭) B를 입력하고 Enter↵ 나 Space Bar 를 눌러 실행합니다.

❷ BLOCK 정의 대화상자에서 이름을 B2로 지정합니다.

❸ 객체 선택 ✛ 을 클릭하여 블록에 사용할 객체로 테이블을 선택한 다음 Enter↵ 를 눌러 블록 정의 대화상자로 복귀합니다.

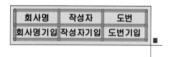

❹ 객체란 아래 삭제에 체크합니다.

❺ 삽인 기준점 선택 을 클릭한 다음 삽입 기준점으로 테이블의 끝점을 지정합니다.

❻ BLOCK 정의 대화상자에서 확인을 눌러 대화상자를 닫습니다.

(25) INSERT

❶ 리본 〉 홈 탭 〉 블록 패널 〉 삽입 을 클릭하거나 명령행에 단축키(별칭) I를 입력하고 Enter↵ 나 Space Bar 를 눌러 실행합니다.

❷ INSERT 대화상자에서 삽입할 블록의 이름을 B2를 선택하고 삽입점 아래 화면상에 지정을 선택합니다.

❸ 확인을 누른 후 도면영역의 임의의 위치에 삽입점을 지정하여 블록을 삽입합니다.

❹ 속성 편집 대화상자에서 검증에 해당되는 속성내용을 확인하고 확인을 클릭합니다.

회사명	작성자	도번
JHCAD		HJ-8-25

(26) ATTDISP

리본 〉 홈 탭 〉 블록 패널 〉 속성 화면표시 드롭다운에서 모든 속성 표시를 선택하여 숨겨진 작성자를 표시합니다.

회사명	작성자	도번
JHCAD	L.J.H	HJ-8-25

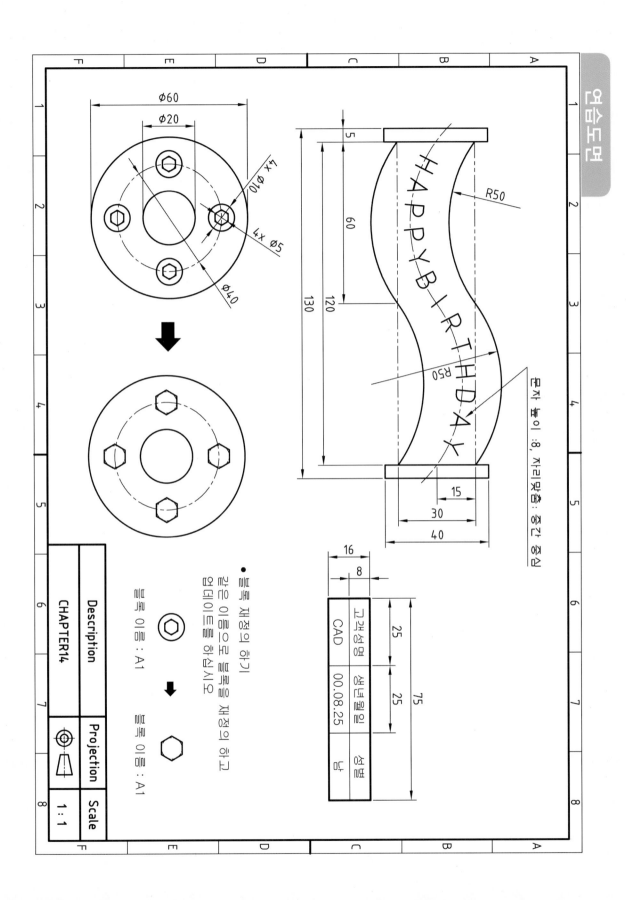

문자 높이 :8, 자리맞춤 : 중간 중심

ϕ60
ϕ20
4x ϕ10
4x ϕ5
ϕ40

5
60
120
130

R50
R50

15
30
40

16
8
25
25
75

도면명	생년월일	성별
CAD	00.08.25	남

● 블록 재정의 하기
같은 이름으로 블록을 재정의 하고
업데이트를 하십시오

블록 이름 : A1

블록 이름 : A1

Description	Projection	Scale
CHAPTER14		1:1

치수 형식 및 스타일 지정

01. DIMSTYLE(치수 스타일)

01 | DIMSTYLE(치수 스타일)

작업내용 및 회사에 따라 여러 가지 치수 유형을 작성하거나 수정합니다.

📌 **알아두기**

1. 치수 구성요소

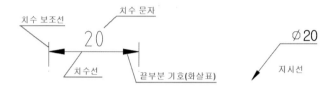

2. 치수기입 방법의 일반 형식

① 치수는 치수선, 치수보조선, 보조기호 등을 사용하여 치수 수치에 따라 나타냅니다.

② 치수선은 원칙적으로 지시하는 길이 또는 각도를 측정하는 방향에 평행하게 긋고 선의 양 끝에는 끝부분 기호를 붙입니다.

③ 치수선은 원칙적으로 치수보조선을 사용하여 기입합니다. 다만, 치수보조선을 빼내면 그림을 혼동하기 쉬울 때는 이것에 따르지 않아도 좋다.

④ 치수보조선은 지시하는 치수의 끝에 닿는 도형상의 점 또는 선의 중심을 통과하고 치수선에 직각되게 그어서 치수선을 약간 지날 때까지 연장합니다. 다만, 치수보조선과 도형 사이를 약간 떼어 놓아도 좋습니다. 치수를 지시하는 점 또는 선을 명확히 하기 위하여, 특히 필요한 경우에는 치수선에 대하여 적당한 각도를 가진 서로 평행한 치수보조선을 그을 수 있으며 이 각도는 되도록 60°가 좋습니다.

⑤ 치수 수치를 기입하는 위치 및 방향은 특별히 정한 누진 치수 기입법의 경우를 제외하고 다음 중 어느 하나를 따릅니다. 일반적으로는 방법 1을 사용합니다. 또한 이 두 개의 방법을 같은 도면 내에서 혼용하면 안 되며, 일련의 도면에서도 혼용하지 않는 것이 좋습니다.

　㉠ 방법 1 : 치수 수치는 수평 방향의 치수선에 대하여는 도면의 하변으로부터 수직 방향의 치수선에 대하여는 도면의 우변으로부터 읽도록 씁니다. 경사 방향의 치수선에 대해서도 이에 준해서 씁니다. 치수 수치는 치수선을 중단하지 않고 이에 연하여 그 위쪽으로 약간 띄어서 기입합니다. 이 경우 치수선의 거의 중앙에 쓰는 것이 좋습니다.

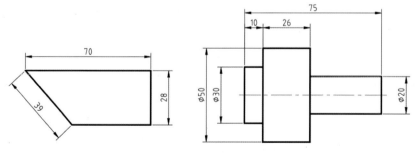

　㉡ 방법 2 : 치수 수치는 도면의 하변에서 읽을 수 있도록 씁니다. 수평 방향 이외의 방향의 치수선은 치수 수치를 끼우기 위하여 중단하고, 그 위치는 치수선의 거의 중앙으로 하는 것이 좋습니다.

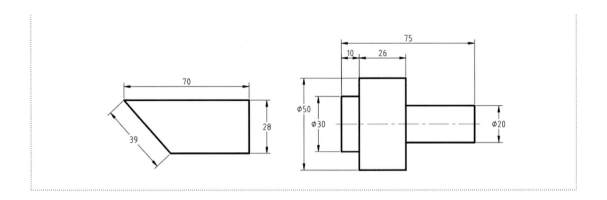

1 DIMSTYLE 실행방법

❶ 리본 〉 홈 탭 〉 주석 패널 〉 🖾 치수 스타일을 클릭하여 실행합니다.
❷ 명령행에 단축키(별칭) D를 입력하고 Enter↵ 나 Space Bar 를 눌러 실행합니다.

2 치수 스타일 관리자 대화상자

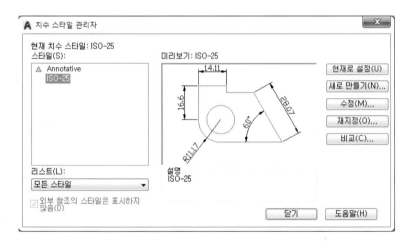

(1) 현재 치수 스타일

현재 치수 스타일의 이름을 표시합니다.

(2) 스타일

도면에 치수 스타일을 나열합니다. 리스트를 마우스 오른쪽 버튼으로 클릭
하면 현재 스타일을 설정하거나 스타일의 이름을 바꾸거나 스타일을 삭제
하는 데 사용되는 바로 가기 메뉴가 표시됩니다.
현재로 설정된 스타일이나 현재 도면에서 사용 중인 스타일은 삭제할 수
없습니다.

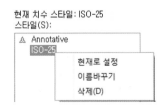

(3) 현재로 설정

스타일 아래에서 선택된 스타일을 현재 스타일로 설정합니다.

(4) 새로 만들기

새 치수 스타일을 정의할 수 있는 새 치수 스타일 작성 대화상자를 표시합니다.

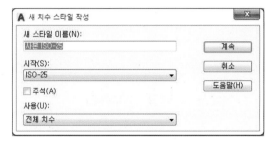

❶ **새 스타일 이름** : 새 치수 스타일 이름을 지정합니다.

❷ **시작** : 새 스타일의 기준으로 사용할 스타일을 설정합니다.

❸ **주석** : 치수 스타일이 주석임을 지정합니다.

❹ **사용** : 특정 치수 스타일에만 적용할 치수 스타일을 작성합니다.

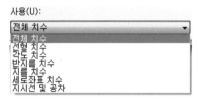

❺ **계속** : 새 치수 스타일 특성을 정의할 수 있는 새 치수 스타일 대화상자를 표시합니다.

(5) 수정

치수 스타일을 수정할 수 있는 치수 스타일 수정 대화상자를 표시합니다. 새 치수 스타일 대화상자와 옵션은 동일합니다.

(6) 재지정

현재 치수 스타일을 변경하지 않고 치수기입 시스템 변수를 임시로 변경할 수 있습니다. 새 치수 스타일 대화상자와 옵션은 동일하며 재지정한 내용은 스타일 리스트의 치수 스타일 아래에 저장되지 않은 변경 내용으로 표시됩니다.

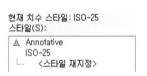

(7) 비교

단일 치수 스타일의 모든 특성을 나열하거나 두 치수 스타일을 비교할 수 있는 치수 스타일 비교 대화상자를 표시합니다.

❶ **비교** : 비교할 첫 번째 치수 스타일을 지정합니다.

❷ **대상** : 비교할 두 번째 치수 스타일을 지정합니다.

❸ **클립보드에 복사 버튼** 🗐 : 비교 결과를 클립보드에 복사하여 워드프로세서와 같은 다른 응용프로그램에 붙여 넣을 수 있습니다.

③ 새 치수 스타일, 치수 스타일 수정 및 치수 스타일 재지정 대화상자

(1) 선 탭

치수선과 치수보조선 특성을 설정합니다.

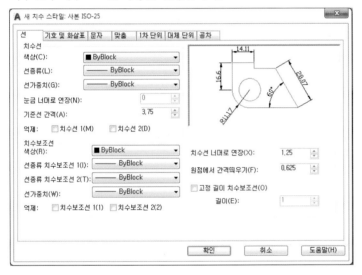

❶ **치수선**

ㄱ **색상** : 색상 리스트에서 치수선의 색상을 설정합니다. 명령행에 시스템 변수 DIMCLRD를 입력하여 치수선의 색상을 변경할 수도 있습니다.

ㄴ **선 종류** : 치수선의 선 종류를 설정합니다.(시스템 변수 : DIMLTYPE)

ㄷ **선 가중치** : 치수선의 선 굵기를 설정합니다.(시스템 변수 : DIMLWD)

ㄹ **눈금 너머로 연장** : 끝부분 기호(화살촉)를 기울기, 건축눈금, 정수를 사용하거나 끝부분 기호(화살촉)를 사용하지 않을 때 치수보조선 너머로 치수선을 연장할 거리를 지정합니다.(시스템 변수 : DIMDLE)

눈금 너머로 연장 값이 0일 때

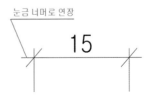

눈금 너머로 연장 값을 양수 값을 지정했을 때

ⓜ 기준선 간격 : 기준선 치수(병렬 치수)에서 치수선과 치수선 사이의 간격을 설정합니다(시스템 변수 : DIMDLI).

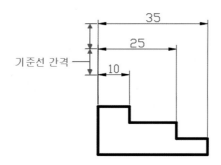

ⓑ 억제 : 치수선을 표시하거나 제거합니다. 치수선 1(시스템 변수 : DIMSD1)을 체크하면 첫 번째 치수선을 억제하고, 치수선 2(시스템 변수 : DIMSD2)를 체크하면 두 번째 치수선을 억제합니다. 둘 다 표시하면 치수선이 표시되지 않습니다.

❷ 치수보조선

ⓐ 색상 : 색상 리스트에서 치수보조선의 색상을 설정합니다.(시스템 변수 : DIMCLRE)

ⓑ 선 종류 치수보조선 1 : 첫 번째 치수보조선의 선 종류를 설정합니다.(시스템 변수 : DIMLTEX1)

ⓒ 선 종류 치수보조선 2 : 두 번째 치수보조선의 선 종류를 설정합니다.(시스템 변수 : DIMLTEX2)

ⓓ 선 가중치 : 치수보조선의 선 굵기를 설정합니다.(시스템 변수 : DIMLWE)

ⓔ 억제 : 치수보조선을 표시하거나 제거합니다. 치수보조선 1(시스템 변수 : DIMSE1)을 체크하면 첫 번째 치수보조선을 억제하고, 치수보조선 2(시스템 변수 : DIMSE2)를 체크하면 두 번째 치수보조선을 억제합니다. 둘 다 표시하면 치수보조선이 표시되지 않습니다.

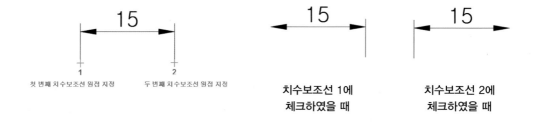

ⓗ **치수선 너머로 연장** : 치수선 위로 치수보조선을 연장할 거리를 지정합니다.(시스템 변수 : DIMEXE)

치수선 너머로 연장 값이 0일 때 치수선 너머로 연장 값을 양수 값을 지정했을 때

ⓢ **원점에서 간격띄우기** : 치수를 정의하는 점으로부터 치수보조선의 간격을 설정합니다.(시스템 변수 : DIMEXO)

원점에서 간격띄우기 값이 0일 때 원점에서 간격띄우기 값을 양수 값을 지정했을 때

ⓞ **고정 길이 치수보조선** : 치수보조선의 끝에서 치수선에 이르는 길이를 지정한 값만큼의 길이로 고정합니다.(시스템 변수 : DIMFXL)

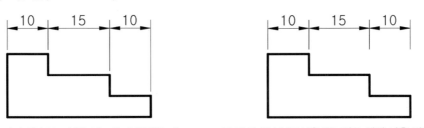

고정 길이 치수보조선을 체크하지 않았을 때 고정 길이 치수보조선을 체크하고 길이 값을 지정했을 때

(2) 기호 및 화살표 탭

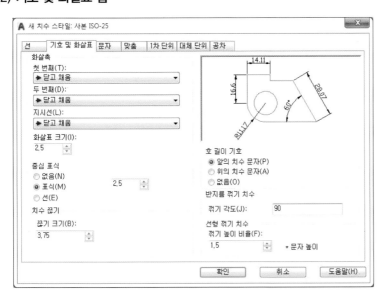

❶ 화살촉

　ㄱ 첫 번째 : 첫 번째 치수선에 사용할 끝부분 기호를 설정합니다.(시스템 변수 : DIMBLK1)

　ㄴ 두 번째 : 두 번째 치수선에 사용할 끝부분 기호를 설정합니다.(시스템 변수 : DIMBLK2)

　ㄷ 지시선 : 지시선에 사용할 끝부분 기호를 설정합니다.(시스템 변수 : DIMLDRBLK)

　ㄹ 화살표 크기 : 화살표의 크기를 설정합니다.(시스템 변수 : DIMASZ)

❷ 중심 표식(시스템변수 : DIMCEN)

지름 및 반지름 치수의 중심 표식과 중심선의 모양을 조정합니다. 중심 표식은 지름 및 반지름 치수선의 배치가 원 또는 호의 외부에 있을 경우에만 그려집니다.

　ㄱ 없음 : 중심 표식 및 중심선을 작성하지 않습니다.

　ㄴ 표식 : 설정된 크기 값에 의한 중심 표식을 작성합니다.

　ㄷ 선 : 설정된 크기 값에 의한 중심선을 작성합니다.

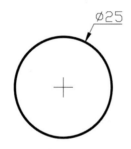

표식 : DIMCEN 시스템 변수에서는
양의 값을 지정합니다.

선 : DIMCEN 시스템 변수에서는
음의 값을 지정합니다.

❸ 치수 끊기 : 치수 끊기에 사용되는 간격의 크기를 설정합니다.

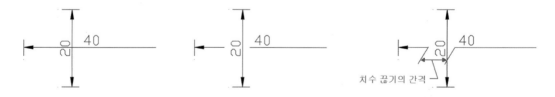

❹ 호의 길이(시스템 변수 : DIMARCSYM) : 호 길이 기호의 위치를 조정합니다.

　ㄱ 앞의 치수 문자 : 호 길이 기호를 치수 문자 앞에 배치합니다.

　ㄴ 위의 치수 문자 : 호 길이 기호를 치수 문자 위에 배치합니다.

　ㄷ 억제 : 호 길이 기호를 표시하지 않습니다.

| 앞의 치수 문자 | 위의 치수 문자 | 억제 |

⑤ 반지름 꺾기 치수 : 꺾어진 반지름 치수의 각도를 조정합니다.(시스템 변수 : DIMJOGANG)

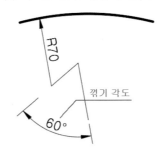

⑥ 선형 꺾기 치수

선형 치수에 대한 꺾기 높이 비율을 조정합니다. 문자 높이에 대한 비율 값을 지정하며, 높이는 꺾기를 구성하는 각도의 두 정점 간의 거리를 말합니다.

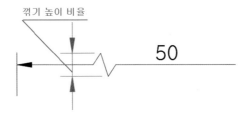

(3) 문자 탭

❶ 문자 모양

ㄱ 문자 스타일 : 사용 가능한 문자 스타일을 나열하며 문자스타일 버튼 ... 을 클릭하여 문자 스타일을 작성 또는 수정할 수 있습니다.(시스템 변수 : DIMTXSTY)

ㄴ 문자 색상 : 치수 문자의 색상을 설정합니다.(시스템 변수 : DIMCLRT)

ㄷ 채우기 색상 : 치수 문자의 배경 색상을 설정합니다.(시스템 변수 : DIMTFILL 및 DIMTFILLCLR)

ㄹ 문자 높이 : 현재 치수 문자 스타일의 높이를 지정합니다. 문자 스타일에서 지정한 문자 높이는 고정된 문자 이며 문자 높이를 입력하려면 문자 스타일의 높이를 0으로 설정해야 합니다.(시스템 변수 : DIMTXT)

ㅁ 분수 높이 축척 : 분수 높이 축척 값에 문자 높이를 곱하면 치수 분수 높이가 결정됩니다. 단위 탭에서 단위 형식으로 분수를 선택한 경우에만 사용할 수 있습니다.(시스템 변수 : DIMTFAC)

ㅂ 문자 주위에 프레임 그리기 : 이론적 치수를 표현하기 위한 문자 주위에 직사각형 프레임을 표시합니다. (시스템 변수 : DIMGAP 변수 값을 음수 값으로 변경하면 문자 주위에 프레임이 그려집니다.)

❷ 문자 배치

ㄱ 수직 : 치수선과 관련하여 치수 문자의 수직 배치를 조정합니다.(시스템 변수 : DIMTAD)

• 중심 : 치수선이 치수 문자 중심에 놓이도록 치수 문자를 배치합니다.

• 위 : 치수선 위에 치수 문자를 배치합니다.

• 외부 : 치수의 첫 번째 지정한 점으로부터 가장 먼 치수 선 쪽에 치수 문자를 배치합니다.

• JIS : 일본 산업 표준에 맞춰 치수 문자를 배치합니다.

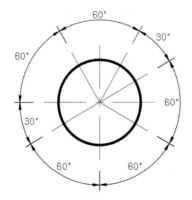

- 아래 : 치수선 아래에 치수 문자를 배치합니다.

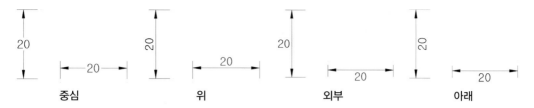

ⓛ 수평 : 치수보조선을 기준으로 치수선에 대한 치수 문자의 수평 위치를 조정합니다.(시스템 변수 : DIMJUST)

- 중심 : 치수 문자를 치수보조선 사이의 치수선 가운데에 배치합니다.
- 치수보조선 1에 : 첫 번째 치수보조선의 방향으로 치수선에 치수 문자를 배치합니다.
- 치수보조선 2에 : 두 번째 치수보조선의 방향으로 치수선에 치수 문자를 배치합니다.
- 치수보조선 1 너머 : 치수 문자를 첫 번째 치수보조선 위에 배치합니다.
- 치수보조선 2 너머 : 치수 문자를 두 번째 치수보조선 위에 배치합니다.

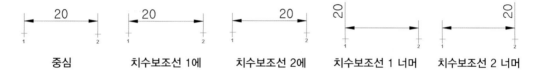

ⓒ 뷰 방향 : 문자를 읽는 방향에 따라 문자의 방향을 조정합니다.(시스템 변수 : DIMTXTDIRECTION)

- 왼쪽에서 오른쪽으로 : 문자를 왼쪽에서 오른쪽으로 읽을 수 있도록 배치합니다.
- 오른쪽에서 왼쪽으로 : 문자를 오른쪽에서 왼쪽으로 읽을 수 있도록 배치합니다.

ⓔ 치수선에서 간격띄우기 : 치수선과 치수 문자 사이의 간격을 조정합니다.(시스템 변수 : DIMGAP)

❸ 문자 정렬

㉠ 수평 : 치수보조선 안 또는 밖에서 치수 문자의 방향을 수평이 되도록 조정합니다(시스템 변수 : DIMTIH 및 DIMTOH).

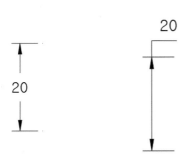

치수보조선 안에서
치수 문자 방향 수평
(시스템 변수 : DIMTIH)

치수보조선 밖에서
치수 문자 방향 수평
(시스템 변수 : DIMTOH)

㉡ 치수선에 정렬 : 치수 문자를 치수선에 정렬합니다.

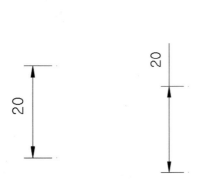

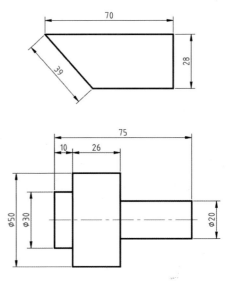

치수보조선 안에서
치수 문자 치수선에 정렬

치수보조선 밖에서
치수 문자 치수선에 정렬

㉢ ISO 표준 : 문자가 치수보조선 안에 있을 때는 치수선을 따라 치수 문자를 정렬하고 문자가 치수보조선 밖에 있을 때는 치수 문자를 수평으로 정렬합니다.

(4) 맞춤 탭

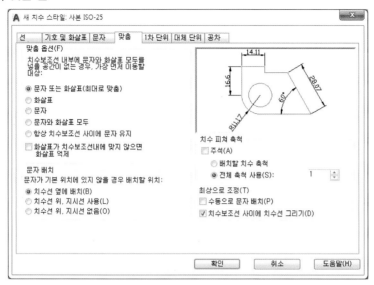

❶ 맞춤 옵션

치수보조선 사이의 공간을 기준으로 치수 문자 및 화살표의 배치를 조정합니다.

  ㉠ 문자 또는 화살표(최대로 맞춤)

   최대로 맞춤을 기준으로 하여 치수보조선 바깥쪽으로 문자 또는 화살표를 이동합니다.(시스템 변수 : DIMATFIT)

   • 치수보조선 사이의 공간이 치수 문자와 화살표를 배치할 수 있는 충분한 공간인 경우 : 치수 문자와 화살표 모두 치수보조선 사이에 배치합니다.

   • 치수보조선 사이의 공간이 치수 문자와 화살표 모두 배치할 수 있는 충분한 공간이 없는 경우 : 치수 문자와 화살표 모두 치수보조선 외부에 배치합니다.

   • 치수보조선 사이의 공간이 치수 문자에만 충분한 공간을 사용할 수 있는 경우 : 치수 문자는 치수보조선 사이에 배치하고 화살표는 치수보조선 외부에 배치합니다.

   • 치수보조선 사이의 공간이 화살표에만 충분한 공간을 사용할 수 있는 경우 : 화살표는 치수보조선 사이에 배치하고 치수 문자는 치수보조선 외부에 배치합니다.

  ㉡ 화살표

   치수보조선 바깥쪽으로 먼저 화살표를 이동한 다음 문자를 이동합니다(시스템 변수 : DIMATFIT).

   • 치수보조선 사이의 공간이 치수 문자와 화살표를 배치할 수 있는 충분한 공간인 경우 : 치수 문자와 화살표 모두 치수보조선 사이에 배치합니다.

   • 치수보조선 사이의 공간이 화살표에만 충분한 공간을 사용할 수 있는 경우 : 화살표는 치수보조선 사이에 배치하고 치수 문자는 치수보조선 외부에 배치합니다.

   • 치수보조선 사이의 공간이 화살표에 충분한 공간을 사용할 수 없는 경우 : 치수 문자와 화살표 모두 치수보조선 외부에 배치합니다.

ⓒ 문자

치수보조선 바깥쪽으로 먼저 치수 문자를 이동한 다음 화살표를 이동합니다(시스템 변수 : DIMATFIT).

- 치수보조선 사이의 공간이 치수 문자와 화살표를 배치할 수 있는 충분한 공간인 경우 : 치수 문자와 화살표 모두 치수보조선 사이에 배치합니다.

- 치수보조선 사이의 공간이 치수 문자에만 충분한 공간을 사용할 수 있는 경우 : 치수 문자는 치수보조선 사이에 배치하고 화살표는 치수보조선 외부에 배치합니다.

- 치수보조선 사이의 공간이 치수 문자에 충분한 공간을 사용할 수 없는 경우 : 치수 문자와 화살표 모두 치수보조선 외부에 배치합니다.

ⓔ 문자와 화살표 모두

치수 문자와 화살표에 공간이 부족할 경우 치수보조선 바깥쪽으로 둘 다 이동합니다.(시스템 변수 : DIMATFIT)

ⓜ 항상 치수보조선 사이에 문자 유지

치수 문자를 항상 치수보조선 사이에 배치합니다.(시스템 변수 : DIMTIX)

- 화살표가 치수보조선 내에 맞지 않으면 화살표 억제

치수보조선 내에 충분한 공간이 없으면 화살표 억제(시스템 변수 : DIMSOXD)

❷ **문자 배치**

ⓗ 치수선 옆에 배치

옵션을 선택하면 치수 문자를 이동할 때마다 치수선도 함께 이동합니다.(시스템 변수 : DIMTMOVE)

ⓛ 치수선 위, 지시선 사용

옵션을 선택하면 문자를 이동할 때 치수선이 이동하지 않으며, 치수 문자가 치수선으로부터 멀리 떨어져 있을 경우 치수 문자와 치수선을 지시선으로 연결합니다.(시스템 변수 : DIMTMOVE)

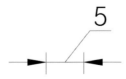

ⓒ 치수선 위, 지시선 없음

옵션을 선택하면 문자를 이동할 때 치수선이 이동하지 않으며, 치수 문자가 치수선으로부터 멀리 떨어져 있어도 지시선으로 연결되지 않습니다.(시스템 변수 : DIMTMOVE)

❸ 치수 피처 축척

치수 문자 및 화살표 크기, 치수 너머로 연장 등 크기를 갖는 치수 시스템 변수 값의 축척 또는 도면 공간 축척을 설정합니다.

　ᄀ **주석** : 치수가 주석임을 지정합니다. 주석 객체가 모형공간이나 배치에서 표시되는 크기와 축척을 조정하는 데 사용됩니다.

　ᄂ **배치할 치수 축척** : 현재 모형 공간 뷰포트와 도면 공간 사이의 축척을 기준으로 축척 비율을 결정합니다. (시스템 변수 : DIMSCALE)

　ᄃ **전체 축척 사용** : 치수 문자 및 화살표 크기, 치수 너머로 연장 등 거리와 간격을 지정하는 모든 치수 스타일 설정에 대한 축척을 설정합니다.(시스템 변수 : DIMSCALE)

❹ 최상으로 조정

치수 문자 배치를 위한 추가 옵션입니다.

　ᄀ **수동으로 문자 배치** : 치수 기입 시 커서가 치수 문자 위치 및 치수선 위치를 모두 조정합니다. 체크하지 않았을 때는 커서가 치수선 위치만 조정합니다.(시스템 변수 : DIMUPT)

　ᄂ **치수보조선 사이에 치수선 그리기** : 치수보조선 외부에 치수 문자가 배치되었을 때 치수보조선 사이에 치수선을 그릴지 여부를 조정합니다.(시스템 변수 : DIMTOFL)

치수보조선 사이에 치수선 그리기를 체크하였을 때　　　치수보조선 사이에 치수선 그리기를 체크하지 않았을 때

(5) 1차 단위 탭

❶ 선형치수

㉠ **단위 형식** : 각도를 제외한 모든 치수 유형의 단위를 설정합니다.(시스템 변수 : DIMLUNIT)

㉡ **정밀도** : 치수 문자에 있는 소수자릿수를 설정합니다.(시스템 변수 : DIMDEC)

㉢ **분수 형식** : 단위 형식에 건축 또는 분수로 설정되어 있는 경우 분수 형식을 설정합니다.(시스템 변수 : DIMFRAC)

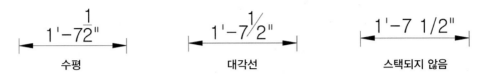

㉣ **소수 구분 기호** : 단위 형식이 십진수인 경우 문자 소수 구분기호를 지정합니다.(시스템 변수 : DIMDSEP)

㉤ **반올림** : 각도치수를 제외한 모든 치수 유형의 치수 측정 값에 대한 반올림 규칙을 설정합니다. 만약 0.25를 입력하면 모든 거리는 가장 근접한 0.25 단위로 반올림됩니다.(시스템 변수 : DIMRND)

㉥ **머리말** : 치수 문자에 머리말을 지정합니다. 머리말로는 문자를 입력하거나 특수기호를 표시하기 위한 조정코드를 사용할 수 있습니다. 예를 들어, 머리말로 지름 표시 기호를 지정하고자 한다면 조정 코드 %%C를 입력합니다.(시스템 변수 : DIMPOST)

머리말(X): %%c ⇨ Ø19.86

㉦ **꼬리말** : 치수 문자에 꼬리말을 지정합니다. 꼬리말로는 문자를 입력하거나 특수기호를 표시하기 위한 조정코드를 사용할 수 있습니다.(시스템 변수 : DIMPOST)

꼬리말(S): H7 ⇨ Ø19.86H7

❷ 측정 축척

㉠ **축척 비율** : 치수로 측정한 값에 대한 축척 비율을 설정합니다. 예를 들어, 축척 비율을 2를 입력하면 실제 길이가 50인 선분의 치수는 100으로 표시됩니다.(시스템 변수 : DIMLFAC)

㉡ **배치 치수에만 적용** : 배치 뷰포트에서 작성된 치수에만 축척비율을 적용합니다.

❸ 0 억제

㉠ **선행** : 소수 치수에서 소수점 앞에 오는 0을 억제합니다. 예를 들어, 치수 0.50은 .50으로 표시됩니다.(시스템 변수 : DIMZIN)

㉡ **후행** : 소수 치수에서 소수점 뒤에 오는 0을 억제합니다. 예를 들어, 치수 0.50은 0.5으로 표시됩니다.(시스템 변수 : DIMZIN)

선행, 후행을 둘 다 체크
하지 않았을 때 | 선행만 체크했을 때 | 후행만 체크했을 때 | 선행, 후행을 둘 다 체크
했을 때

ⓒ 보조 단위 비율 : 소수 치수를 길이 단위를 바꾸어 표현하고자 할 때 사용합니다. 예를 들어, 0.5m 단위를
5cm로 표시하고자 한다면 보조 단위 비율을 100을 입력합니다. 또한 길이 단위 기호 cm는 보조 단위
꼬리말에 기입합니다.

ⓔ 0 피트 : 거리가 1피트 미만일 때 피트 – 인치 치수에서 피트 부분을 억제합니다.

ⓗ 0 인치 : 피트 – 인치 치수에서 거리가 피트의 정수 부분만으로 이루어질 때 인치 부분을 억제합니다.

❹ 각도 치수

ㄱ 단위 형식 : 각도 단위 형식을 설정합니다. (시스템 변수 : DIMAUNIT)

ㄴ 정밀도 : 각도 치수에 사용할 소수자릿수를 설정합니다. (시스템 변수 : DIMADEC)

❺ 0 억제

ㄱ 선행 : 각도 소수 치수에서 소수점 앞에 오는 0을 억제합니다. 예를 들어, 치수 0.80은 .80으로 표시됩니다. (시스템 변수 : DIMAZIN)

ㄴ 후행 : 각도 소수 치수에서 소수점 뒤에 오는 0을 억제합니다. 예를 들어, 치수 0.80은 0.8로 표시됩니다. (시스템 변수 : DIMAZIN)

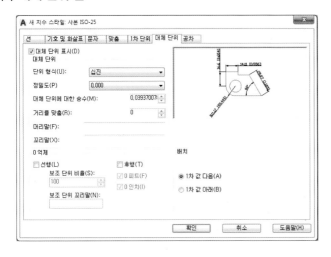

선행, 후행을 둘 다 체크
하지 않았을 때 | 선행만 체크했을 때 | 후행만 체크했을 때 | 선행, 후행을 둘 다 체크
했을 때

(6) 대체 단위 탭

① 대체 단위

치수의 대체 단위 표시를 조정합니다.(시스템 변수 : DIMALT)

- ㉠ 단위 형식 : 각도를 제외한 모든 치수의 대체 난위 형식을 설정합니다.(시스넴 변수 : DIMALTU)
- ㉡ 정밀도 : 대체 단위의 소수자릿수를 설정합니다.
- ㉢ 대체 단위에 대한 승수 : 단위 환산을 위한 승수를 기입합니다. 예를 들어, 밀리미터를 인치로 변환하려면 1/25.5≒0.03937 값을 입력하고 인치를 밀리미터로 변환하려면 25.4를 입력합니다.(시스템 변수 : DIMALTF)

대체 단위에 대한 승수(M):   0.0393700개   ➡   25.4 [1.00]

- ㉣ 거리를 맞춤 : 반올림을 말하며 각도치수를 제외한 모든 치수 유형의 치수 측정값에 대한 반올림 규칙을 설정합니다.

② 배치

- ㉠ 1차 값 다음 : 1차 단위 치수 문자 뒤에 대체 단위를 배치합니다.
- ㉡ 1차 값 아래 : 1차 단위 치수 문자 아래에 대체 단위를 배치합니다.

25.4mm [1inch]

1차 값 다음

25.4mm
[1inch]

1차 값 아래

(7) 공차 탭

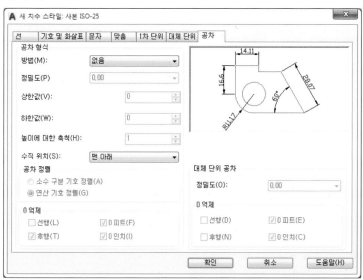

❶ 공차 형식

㉠ 방법 : 공차 기입 형식을 설정합니다(시스템 변수 : DIMTOL).

- 없음 : 공차를 기입하지 않습니다.
- 대칭 : 단일 편차 값이 적용되는 양수/음수 공차를 추가합니다. 상한 값에 공차 값을 입력합니다.

$$20\pm0.2$$

- 편차 : 위 치수 허용차와 아래 치수 허용차를 추가합니다. 위 치수 허용차는 상한 값에, 아래 치수 허용차는 하한 값에 기입합니다.

  상한 값은 양수 기호(+), 하한 값은 음수 기호(−)가 공차 앞에 표시됩니다. 만약 아래 치수 허용차를 양수 기호로 표현하고자 한다면 하한 값에 음수 값을 입력합니다.

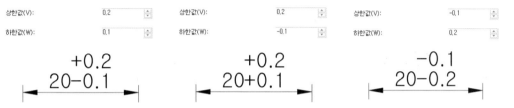

- 한계 : 허용한계치수를 작성합니다. 치수에 상한 값에 입력한 최댓값을 더한 값을 최대 허용치수로, 치수에 하한 값에 입력한 최솟값을 뺀 값을 최소 허용치수로 표시합니다.

- 기준 : 이론적 치수를 작성합니다. 치수 문자 주위에 직사각형 프레임을 표시합니다.

㉡ 정밀도 : 공차 소수자릿수를 설정합니다.(시스템 변수 : DIMTDEC)

정밀도(P)   [0.00 ▼]

$$20\pm1.00$$

㉢ 높이에 대한 축척 : 치수 문자에 대한 공차 높이의 비율을 입력하여 공차 문자의 높이를 설정합니다.

ⓔ 수직 위치 : 편차 공차 문자의 자리 맞추기를 조정합니다.(시스템 변수 : DIMTOLJ)

- 맨 아래 : 공차 문자를 치수 문자의 맨 아래에 정렬합니다.
- 가운데 : 공차 문자를 치수 문자의 중간에 정렬합니다.
- 맨 위 : 공차 문자를 치수 분자의 맨 위에 정릴합니다.

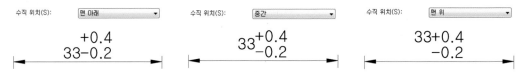

❷ 공차 정렬

㉠ 소수 구분 기호 정렬 : 위 치수 허용차와 아래 치수 허용차의 수직 정렬을 소수점을 기준으로 합니다.

㉡ 연산 기호 정렬 : 위 치수 허용차와 아래 치수 허용차의 수직 정렬을 양수, 음수기호를 기준으로 합니다.

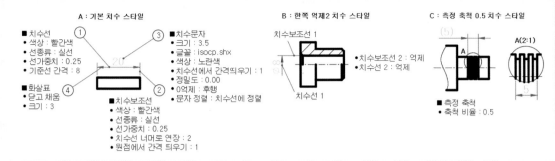

A : 기본 치수 스타일

■ 치수선
• 색상 : 빨간색
• 선종류 : 실선
• 선가중치 : 0.25
• 기준선 간격 : 8

■ 화살표
• 닫고 채움
• 크기 : 3

■ 치수보조선
• 색상 : 빨간색
• 선종류 : 실선
• 선가중치 : 0.25
• 치수선 너머로 연장 : 2
• 원점에서 간격 띄우기 : 1

■ 치수문자
• 크기 : 3.5
• 글꼴 : isocp.shx
• 색상 : 노란색
• 치수선에서 간격띄우기 : 1
• 정밀도 : 0.00
• 억제 : 후행
• 문자 정렬 : 치수선에 정렬

B : 한쪽 억제2 치수 스타일

치수보조선 1

• 치수보조선 2 : 억제
• 치수선 2 : 억제

치수선 1

C : 측정 축척 0.5 치수 스타일

■ 측정 축척
• 축척 비율 : 0.5

(1) 치수 스타일 A 설정하기

❶ 리본 〉 홈 탭 〉 주석 패널 〉 치수 스타일을 클릭하거나 명령행에 단축키(별칭) D를 입력하고 Enter↵ 나 Space Bar 를 눌러 실행합니다.

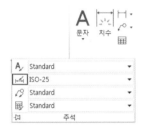

❷ 치수 스타일 관리자 대화상자에서 새로 만들기를 클릭합니다.

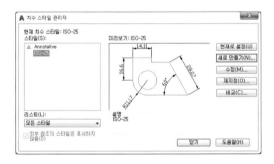

❸ 새 치수 스타일 작성 대화상자에서 새 스타일 이름을 기본으로 입력하고 계속을 클릭합니다.

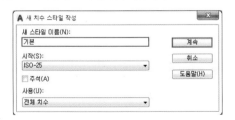

❹ 선 탭에서 치수선 아래에 색상은 빨간색, 선 종류는 Continuous, 선 가중치는 0.25, 기준선 간격은 8을 지정합니다.

❺ 치수보조선 아래에 색상은 빨간색, 치수보조선 1과 치수보조선 2의 선 종류는 Continuous, 선 가중치는 0.25, 치수선 너머로 연장은 2, 원점에서 간격띄우기는 1을 지정합니다.

❻ 기호 및 화살표 탭에서 화살촉 아래에 첫 번째와 두 번째, 지시선은 닫고 채움을 설정하고 화살표 크기는 3을 지정합니다.

❼ 중심 표식 아래에 없음을 선택하고 호의 길이 기호 아래에 위의 치수 문자를 선택합니다.

❽ 문자 탭에서 문자 모양 아래에 문자 스타일 버튼 […] 을 클릭하여 문자 스타일 대화상자를 실행합니다.

⑨ 문자 스타일 대화상자에서 새로 만들기 버튼을 클릭한
후 새 문자 스타일 대화상자에서 스타일 이름을 치수로
지정하고 확인을 클릭합니다.

⑩ 문자 스타일 대화상자에서 글꼴 아래에 글꼴은 isocp.shx
를 선택하고 큰 글꼴 사용에 체크한 다음 큰 글꼴로
whgtxt.shx를 선택합니다. 또한 크기 아래 높이를 3.5를
지정하고 적용과 닫기를 클릭하여 문자 스타일 대화상
자를 닫습니다.

⑪ 문자 모양 아래 문자 스타일은 치수를, 문자 색상은 노란
색을 선택합니다.

⑫ 문자 배치 아래에 수직은 위, 수평은 중심, 뷰 방향은 왼
쪽에서 오른쪽으로, 치수선에서 간격띄우기는 1을 지정
합니다.

⑬ 문자 정렬 아래에 치수선에 정렬을 선택합니다.

⑭ 맞춤 탭에서 맞춤 옵션 아래에 문자 또는 화살표(최대로
맞춤)를 선택하고 문자 배치 아래에 치수선 옆에 배치를,
치수 피처 축척 아래에 전체 축척 사용 1을, 최상으로 조정
아래에 치수보조선 사이에 치수선 그리기를 선택합니다.

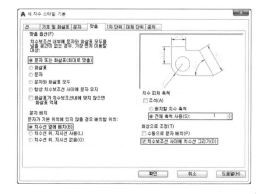

⑮ 1차 단위 탭에서 선형 치수 아래에 단위 형식은 십진,
정밀도는 소수점 둘째 자리, 소수 구분 기호는 마침표,
반올림은 0을 지정합니다.

⑯ 측정 축척 비율 아래 축척 비율은 1을, 0 억제 아래 후행
을 체크합니다.

⑰ 각도 치수 아래 단위 형식은 십진 도수를, 정밀도는 소수
점 둘째 자리를 선택하고 0 억제 아래 후행을 선택한 후
확인을 클릭하여 새 치수 스타일 대화상자를 닫습니다.

(2) 치수 스타일 B 설정하기

❶ 치수 스타일 대화상자에서 스타일 리스트 아래에 기본을 선택하고 새로 만들기를 클릭합니다.

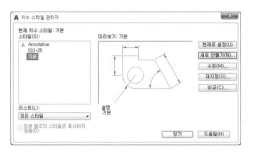

❷ 새 치수 스타일 작성 대화상자에서 새 스타일 이름을 한쪽 억제2를 입력하고 계속 버튼을 클릭합니다.

❸ 선 탭에서 치수선 아래 억제에 치수선 2와 치수보조선 아래 억제에 치수보조선 2를 체크하고 확인 버튼을 클릭하여 새 치수 스타일 대화상자를 닫습니다.

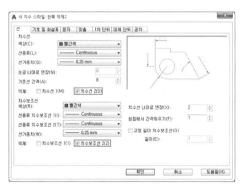

(3) 치수 스타일 C 설정하기

❶ 치수 스타일 대화상자에서 스타일 리스트 아래에 기본을 선택하고 새로 만들기를 클릭합니다.

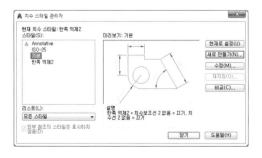

❷ 새 치수 스타일 작성 대화상자에서 새 스타일 이름을 측정축척 0.5를 입력하고 계속 버튼을 클릭합니다.

❸ 1차 단위 탭 측정 축척 아래 축척 비율을 0.5를 기입하고 확인 버튼을 클릭합니다.

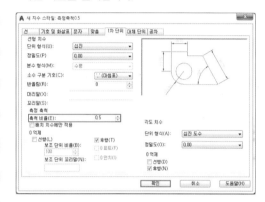

❹ 치수 스타일 대화상자에서 스타일 리스트 아래에 기본을 선택하고 현재로 설정을 클릭하고 닫기 버튼을 클릭하여 치수 스타일 대화상자를 닫습니다.

■ 여러 치수 스타일을 만들고 상황에 따라 치수 스타일을 선택하여 치수를 기입합니다. 만들어진 모든 치수 스타일은 리본 〉 홈 탭 〉 주석 패널 〉 치수 스타일 드롭다운에 나타나며 선택한 치수 스타일에 의하여 치수가 기입됩니다.

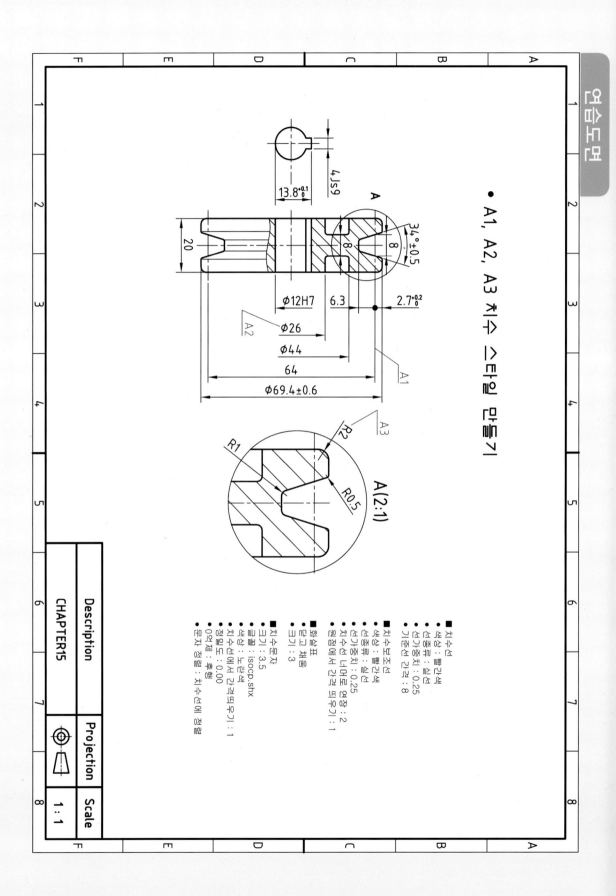

• A1, A2, A3 치수 스타일 만들기

13.8⁺⁰·¹₀ → $13.8^{+0.1}_{0}$

4-Js9

34°±0.5

20

8

8

ϕ12H7

6.3

2.7⁺⁰·²₀ → $2.7^{+0.2}_{0}$

A2

ϕ26

ϕ44

64

A1

ϕ69.4±0.6

A3

R1

R2

R0.5

A(2:1)

■ 치수선
• 색상 : 빨간색
• 선종류 : 실선
• 선가중치 : 0.25
• 기준선 간격 : 8

■ 치수보조선
• 색상 : 빨간색
• 선종류 : 실선
• 선가중치 : 0.25
• 치수선 너머로 연장 : 2
• 원점에서 간격 띄우기 : 1

■ 화살표
• 닫기 채움
• 크기 : 3

■ 치수문자
• 크기 : 3.5
• 글꼴 : isocp.shx
• 색상 : 노란색
• 치수선에서 간격띄우기 : 1
• 정밀도 : 0.00
• 0억제 : 후행
• 문자 정렬 : 치수선에 정렬

Description	Projection	Scale
CHAPTER15	⊕	1:1

MEMO
AutoCAD 2019

치수 유형 및 기입

01 치수 유형

다양한 객체 유형에 따른 치수 유형을 선택하여 작성합니다.

1 선형 치수(DIMLINEAR)

수평, 수직 및 회전된 치수선과 함께 선형 치수를 작성합니다.

• 리본 〉 홈 탭 〉 주석 패널 〉 선형 ┠ 또는 리본 〉 주석 탭 〉 치수 패널 〉 선형 ┠을 클릭하여 실행합니다.

■ 선형 치수 명령 실행 후 프롬프트에 표시 내용

(1) 첫 번째 치수보조선 원점 지정 또는 〈객체 선택〉

첫 번째 치수보조선의 위치점을 지정합니다. 만약 첫 번째 치수보조선의 원점 지정을 하지 않고 Enter↵를 눌러 치수 기입할 객체를 선택하면 첫 번째 치수보조선, 두 번째 치수보조선의 원점이 자동으로 결정됩니다.

(2) 두 번째 치수보조선 원점 지정

두 번째 치수보조선의 위치점을 지정합니다.

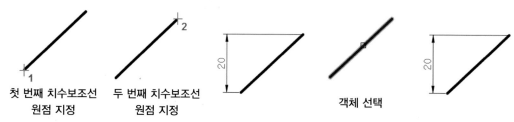

첫 번째 치수보조선 원점 지정 ／ 두 번째 치수보조선 원점 지정 ／ 객체 선택

(3) 치수선의 위치 지정 또는 [여러 줄 문자(M)/문자(T)/각도(A)/수평(H)/수직(V)/회전(R)]

마우스나 좌표계를 사용하여 치수선이 위치할 점을 지정하면 점 위치에 치수선이 배치됩니다.

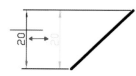

❶ **여러 줄 문자(M)** : 여러 줄 문자에 의해 치수 문자를 편집하거나 특수문자나 기호를 입력할 수 있습니다.

❷ **문자(T)** : 단일 행 문자로 치수 문자를 편집합니다. 명령 프롬프트에서 새 치수 문자를 입력합니다.

❸ **각도(A)** : 치수 문자의 각도를 변경합니다.

④ **수평(H)** : 수평한 선형치수만 작성합니다.

⑤ **수직(V)** : 수직한 선형치수만 작성합니다.

⑥ **회전(R)** : 입력한 각도만큼 치수선이 회전합니다.

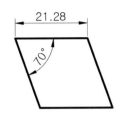

치수선의 각도를 지정하지 않았을 때

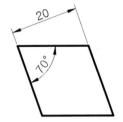

치수선의 각도를 지정 〈0〉 : 20을 기입하였을 때

2 정렬 치수(DIMALIGNED)

수평, 수직 및 사선의 정렬된 선형 치수를 작성합니다.

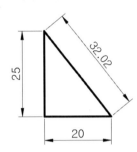

• 리본 〉 홈 탭 〉 주석 패널 〉 정렬 ✎ 또는 리본 〉 주석 탭 〉 치수 패널 〉 정렬 ✎ 을 클릭하여 실행합니다.

3 각도 치수(DIMANGULAR)

호, 원, 또는 선을 선택하거나 [Enter↵]를 눌러 세 점을 지정하여 각도 치수를 작성합니다.

• 리본 〉 홈 탭 〉 주석 패널 〉 각도 △ 또는 리본 〉 주석 탭 〉 치수 패널 〉 각도 △ 를 클릭하여 실행합니다.

(1) 호를 선택하여 각도 치수 기입

호를 선택하면 선택한 호의 끝점이 치수보조선의 원점이 되며 호의 중심점이 각도 정점이 되어 3점에 의한 각도 치수가 작성됩니다.

호, 원, 선을 선택하거나 〈정점 지정〉 :
호를 선택합니다.

치수 호 선의 위치 지정 또는
[여러 줄 문자(M)/문자(T)/각도(A)/사분점(Q)] :
치수선의 위치를 지정합니다.

(2) 원을 선택하여 각도 치수 기입

원을 선택한 점을 첫 번째 치수보조선의 원점으로 사용하며 원의 중심이 각도 정점이 됩니다. 두 번째 치수보조선의 원점을 시정합니다. 두 번째 치수보조선의 원점은 원에 놓일 필요는 없습니다.

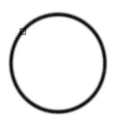

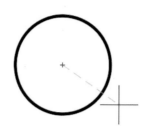

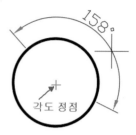

호, 원, 선을 선택하거나 〈정점 지정〉 : 원을 선택합니다.

두 번째 각도 끝점 지정 : 두 번째 치수보조선의 원점을 지정합니다.

치수 호 선의 위치 지정 또는 [여러 줄 문자(M)/문자(T)/각도(A)/사분점(Q)] : 치수선의 위치를 지정합니다.

(3) 선을 선택하여 각도 치수 기입

두 선을 선택한 후 커서의 위치에 따라 표시되는 각도 중 원하는 방향의 각도 치수선을 지정하여 각도 치수를 작성합니다.

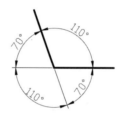

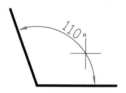

호, 원, 선을 선택하거나 〈정점 지정〉 : 첫 번째 선을 선택합니다.

두 번째 선 선택 : 두 번째 선을 선택합니다.

마우스를 움직여 원하는 방향의 각도 치수를 결정합니다.

치수 호 선의 위치 지정 또는 [여러 줄 문자(M)/문자(T)/각도(A)/사분점(Q)] : 치수선의 위치를 지정합니다.

(4) 세 점을 지정하여 각도 치수 기입

지정한 세 점을 기초로 각도 치수를 기입합니다.

호, 원, 선을 선택하거나 〈정점 지정〉 : 정점 지정을 위해 Enter↵ 를 누릅니다.

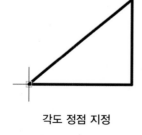

각도 정점 지정

첫 번째 각도 끝점 지정

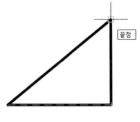

두 번째 각도 끝점 지정

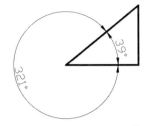

마우스를 움직여 원하는 방향의
각도 치수를 결정합니다.

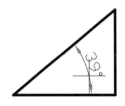

치수 호 선의 위치 지정 또는 [여러 줄 문
자(M)/문자(T)/각도(A)/사분점(Q)] : 치
수선의 위치를 지정합니다.

• 각도 프롬프트에 표시 내용 중 사분점(Q)

사분점을 지정하면 각도 방향이 잠겨 커서를 움직여도 다른 각도 치수는 표현되지 않으며 커서를 따라 치수
문자와 치수선이 움직입니다.

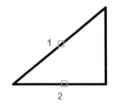

두 선분을 선택합니다.

치수 호 선의 위치 지정
또는 [여러 줄 문자(M)/
문자(T)/각도(A)/사분
점(Q)] : Q를 입력하고
Enter↵ 를 누릅니다.

사분점 지정 : 원하는 각도
방향을 지정합니다. 지정한
각도 방향이 잠깁니다.

치수 호 선의 위치 지정 또
는 [여러 줄 문자(M)/문자
(T)/각도(A)/사분점(Q)] :
치수 문자와 치수선의 위치
를 지정합니다.

4 호 길이 치수(DIMARC)

호 또는 폴리선 호 세그먼트를 따라 호의 길이를 측정합니다. 새 치수 스타일, 치수 스타일 수정 및 치수 스타일
재지정 대화상자에서 지정한 호 길이 기호의 위치에 따라 호 길이 기호가 치수 문자 앞이나 위 또는 표시되지
않습니다.

• 리본〉홈 탭〉주석 패널〉호 길이 ⌒ 또는 리본〉주석 탭〉치수 패널〉호 길이 ⌒를 클릭하여 실행합니다.

■ 호 길이 치수 명령 실행 후 프롬프트에 표시 내용

(1) 호 또는 폴리선 호 세그먼트 선택

호 길이 치수를 기입할 호 또는 폴리선 호 세그먼트를 선택합니다.

(2) 호 길이 치수 위치 지정 또는 [여러 줄 문자(M)/문자(T)/각도(A)/부분(P)/지시선(L)]

호 길이 치수선의 위치를 지정합니다.

❶ **부분(P)** : 선택한 호의 일부분의 호의 길이를 측정합니다.

호 또는 폴리선 호 세그먼트 선택 :
호를 선택합니다.

호 길이 치수 위치 지정 또는 [여러 줄 문자(M)/문자(T)/각도(A)/부분(P)/지시선(L)] : P를 입력하고 Enter⏎를 누릅니다.

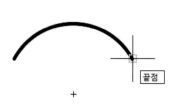

호 길이 치수의 첫 번째 점 지정

호 길이 치수의 두 번째 점 지정

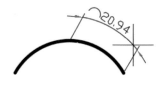

호 길이 치수 위치 지정 또는 [여러 줄 문자(M)/문자(T)/각도(A)/부분(P)] : 치수선의 위치를 지정합니다.

❷ **지시선(L)** : 호 길이 치수선에 호 중심을 향한 지시선을 추가합니다. 호가 90도보다 클 경우에만 지시선이 표시됩니다.

호 또는 폴리선 호 세그먼트 선택 :
호를 선택합니다.

호 길이 치수 위치 지정 또는 [여러 줄 문자(M)/문자(T)/각도(A)/부분(P)/지시선(L)] : L을 입력하고 Enter⏎를 누릅니다.

호 길이 치수 위치 지정 또는 [여러 줄 문자(M)/문자(T)/각도(A)/부분(P)/지시선 없음(N)] : 치수선의 위치를 지정합니다.

5 반지름 치수(DIMRADIUS)

호 또는 원의 반지름 치수를 작성합니다. 선택한 원이나 호의 반지름을 측정하고 반지름 치수 표시 기호(R)를 치수 문자와 함께 표시합니다.

• 리본 〉 홈 탭 〉 주석 패널 〉 반지름 ⌒ 또는 리본 〉 주석 탭 〉 치수 패널 〉 반지름 ⌒ 을 클릭하여 실행합니다.

호 또는 원 선택

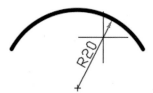

치수선의 위치 지정 또는 [여러 줄 문자(M)/문자(T)/각도(A)] : 치수선의 위치를 지정합니다.

6 지름 치수(DIMDIAMETER)

호 또는 원의 지름 치수를 작성합니다. 선택한 원이나 호의 지름을 측정하고 지름 치수 표시 기호(∅)를 치수 문자와 함께 표시합니다.

• 리본 〉 홈 탭 〉 주석 패널 〉 지름 ◯ 또는 리본 〉 주석 탭 〉 치수 패널 〉 지름 ◯ 을 클릭하여 실행합니다.

호 또는 원 선택

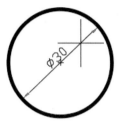

치수선의 위치 지정 또는 [여러 줄 문자(M)/문자(T)/각도(A)] :
치수선의 위치를 지정합니다.

7 꺾기 치수(DIMJOGGED)

호나 원의 중심이 멀리 떨어져 있어서 반지름 치수선이 중심에 놓이지 못할 때 꺾어진 반지름 치수를 작성합니다.

중심 위치 재지정은 호나 원의 중심의 연장선상에서 중심 위치를 지정합니다.

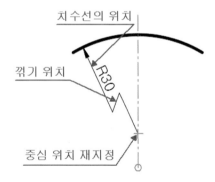

• 리본 〉 홈 탭 〉 주석 패널 〉 꺾기 ⌒ 또는 리본 〉 주석 탭 〉 치수 패널 〉 꺾기 ⌒ 를 클릭하여 실행합니다.

호 또는 원 선택

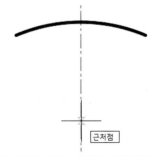

중심 위치 재지정 지정 : 중심의 연장선상에서 중심
위치를 지정합니다.

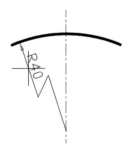

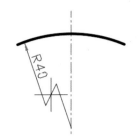

치수선의 위치 지정 또는
[여러 줄 문자(M)/문자(T)/각도(A)] :
치수선의 위치를 지정합니다.

꺾기 위치 지정 : 꺾기 위치를 지정합니다.

8 세로좌표 치수(DIMORDINATE)

원점(데이텀)으로부터 X축 거리, Y축 거리 치수를 작성합니다. 데이텀은 현재 UCS 원점의 위치에 따라 설정됩니다.

> **알아두기**
>
> UCS 명령을 사용하여 도면 공간의 UCS를 이동하고 회전할 수 있습니다.
>
>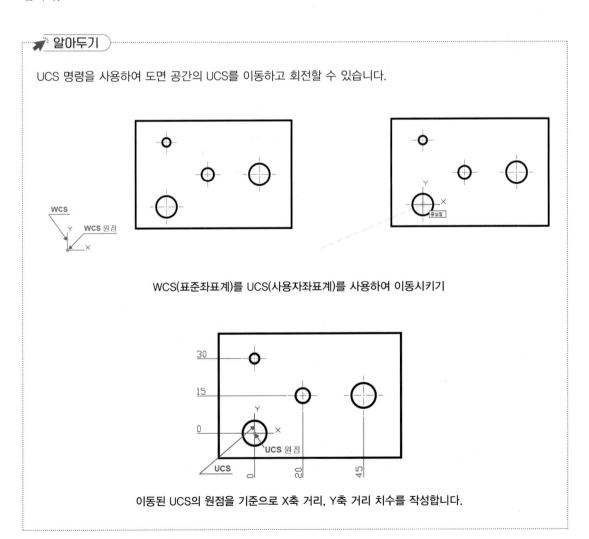
>
> WCS(표준좌표계)를 UCS(사용자좌표계)를 사용하여 이동시키기
>
> 이동된 UCS의 원점을 기준으로 X축 거리, Y축 거리 치수를 작성합니다.

• 리본〉홈 탭〉주석 패널〉세로좌표 또는 리본〉주석 탭〉치수 패널〉세로좌표 를 클릭하여 실행합니다.

■ 세로좌표 치수 명령 실행 후 프롬프트에 표시 내용

(1) 피처 위치를 지정

객체의 끝점, 중심점 또는 교차점 등 피처의 점을 지정합니다.

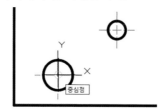

(2) 지시선 끝점을 지정 또는 [X데이텀(X)/Y데이텀(Y)/여러 줄 문자(M)/문자(T)/각도(A)]

X축 또는 Y축으로 마우스를 움직여 X축 또는 Y축 세로 좌표치수를 결정하여 지시선 끝점을 지정합니다. 또한 지시선에 꺾기를 포함하지 않으려면 직교 모드를 켭니다.

❶ X축 데이텀 : X 세로좌표를 측정하고 지시선의 끝점을 지정합니다.

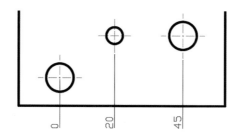

❷ Y축 데이텀 : Y 세로좌표를 측정하고 지시선의 끝점을 지정합니다.

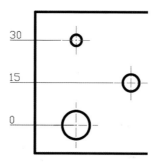

9 기준선 치수(DIMBASELINE)

이전 치수 또는 선택한 치수를 기준 치수로 하여 병렬치수를 작성합니다.

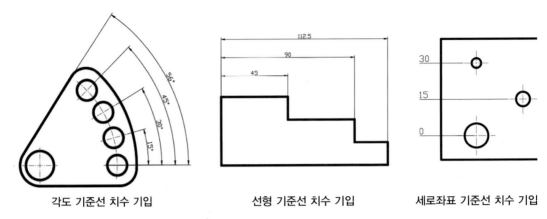

각도 기준선 치수 기입   선형 기준선 치수 기입   세로좌표 기준선 치수 기입

• 리본 〉 주석 탭 〉 치수 패널 〉 기준선 ⊟ 을 클릭하여 실행합니다.

■ 기준선 치수 명령 실행 후 프롬프트에 표시 내용

(1) 기준 치수 선택

현재 도면에서 치수 기입 후 해당 명령어를 실행하면 마지막으로 작성되었던 치수가 기준 치수가 됩니다. 그렇지 않으면 선형, 각도, 세로좌표 치수를 선택하여 기준 치수를 지정합니다.

(2) 두 번째 치수보조선 원점 지정 또는 [선택(S)/명령취소(U)] 〈선택〉

두 번째 치수보조선 원점을 지정합니다. 두 번째 치수보조선 원점을 지정하면 기준선 치수가 그려지며 두 번째 치수보조선 원점 지정 프롬프트가 다시 표시되어 기준선 치수를 계속 작성할 수 있습니다.

기본적으로 기준선 치수의 첫 번째 치수보조선은 기준 치수의 첫 번째 치수보조선의 원점을 사용합니다. 기준선 치수의 첫 번째 치수보조선의 원점을 재지정하거나 새로운 기준 치수를 선택하고자 한다면 Enter↵를 누릅니다. 또한 기준 치수가 선형 또는 각도 치수이면 해당 프롬프트가 표시되고, 세로좌표 치수이면 피처 위치 지정 프롬프트가 표시됩니다.

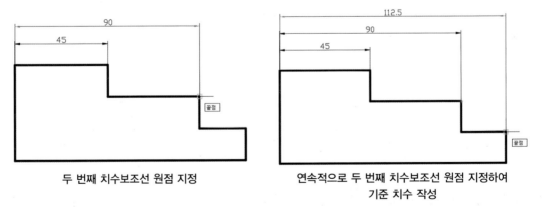

두 번째 치수보조선 원점 지정   연속적으로 두 번째 치수보조선 원점 지정하여
기준 치수 작성

• 선택(S) : 기준선 치수의 첫 번째 치수보조선의 원점을 재지정하거나 새로운 기준 치수를 선택할 때 사용합니다. 기준 치수 선택 시 선택 위치에서 가장 근접한 치수보조선이 첫 번째 치수보조선의 원점이 됩니다.

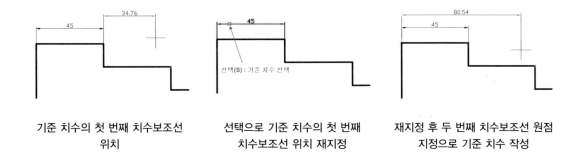

| 기준 치수의 첫 번째 치수보조선 위치 | 선택으로 기준 치수의 첫 번째 치수보조선 위치 재지정 | 재지정 후 두 번째 치수보조선 원점 지정으로 기준 치수 작성 |

⑩ 연속 치수(DIMCONTINUE)

이전 치수 또는 선택한 치수를 기준 치수로 하여 직렬치수를 작성합니다. 기준 치수 선택, 두 번째 원점 지정의 방법은 기준선 치수와 동일합니다.

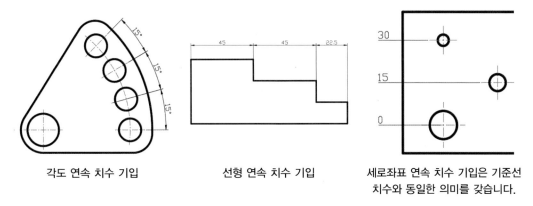

| 각도 연속 치수 기입 | 선형 연속 치수 기입 | 세로좌표 연속 치수 기입은 기준선 치수와 동일한 의미를 갖습니다. |

• 리본 〉 주석 탭 〉 치수 패널 〉 연속 치수┼┼┼를 클릭하여 실행합니다.

⑪ 치수(DIM)

단일 명령으로 수평, 수직 및 정렬된 선형치수, 세로좌표 치수, 각도 치수, 반지름 및 꺾어진 반지름 치수, 지름 치수, 호 길이 치수 등을 프롬프트에서 선택하여 치수를 작성합니다.

• 리본 〉 홈 탭 〉 주석 패널 〉 치수 또는 리본 〉 주석 탭 〉 치수 패널 〉 치수를 클릭하여 실행하거나 명령행에 단축키(별칭) DIM를 입력하고 Enter↵ 나 Space Bar 를 눌러 실행합니다.

■ **치수 명령 실행 후 프롬프트에 표시 내용**

(1) 객체 선택 또는 첫 번째 치수보조선 원점 지정 또는 [각도(A)/기준선(B)/계속(C)/세로좌표(O)/정렬(G)/분산(D)/도면층(L)/명령취소(U)]

객체 위에 마우스를 놓으면 객체에 적용 가능한 치수 유형의 미리보기가 표시됩니다.

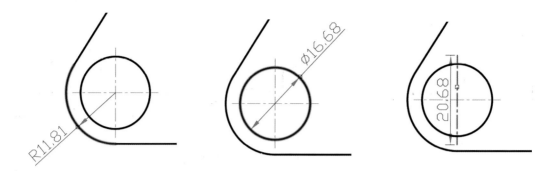

❶ **분산(D)** : 선택된 여러 개의 선형 또는 세로좌표 치수를 일정한 간격으로 분산합니다.

　㉠ **동일** : 세 개 이상의 치수선을 선택하여 선택된 모든 치수를 동일한 간격으로 분산합니다.

　㉡ **간격띄우기** : 두 개 이상의 치수선을 선택하여 지정된 간격띄우기 거리만큼 선택된 모든 치수를 분산합니다.

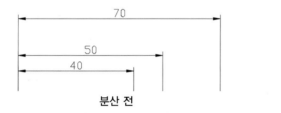
분산 전

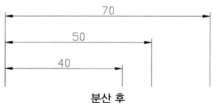
분산 후

❷ **도면층(L)** : 도면층 이름을 입력하거나 치수를 배치할 도면층을 지정하도록 객체를 선택하면 해당 도면층으로 새 치수의 도면층이 지정됩니다.

도면층 객체 선택

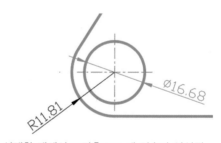
선택한 객체의 도면층으로 새 치수가 작성됨

12 빠른 작업(신속) 치수(QDIM)

선택한 객체로 일련의 기준선 치수 또는 연속된 치수, 다중 치수, 세로좌표 치수를 작성하거나 일련의 지름과 반지름 치수를 기입할 수 있습니다.

• 리본 〉 주석 탭 〉 치수 패널 〉빠른 작업 　을 클릭하여 실행하거나 명령행에 단축키(별칭) QDIM을 입력하고 Enter⏎ 나 Space Bar 를 눌러 실행합니다.

■ 빠른 작업 치수 명령 실행 후 프롬프트에 표시 내용

(1) 치수 기입할 형상 선택

하나 이상의 치수를 기입할 객체를 선택합니다. 치수를 선택하면 이동 편집을 할 수 있습니다.

(2) 치수선의 위치 지정 또는 [연속(C)/다중(S)/기준선(B)/세로좌표(O)/반지름(R)/지름(D)/데이텀 점(P)/편집 (E)/설정(T)] 〈연속(C)〉

❶ **다중(S)** : 대칭 형상의 치수를 작성합니다.

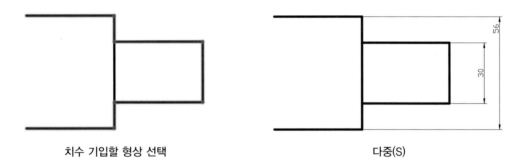

치수 기입할 형상 선택   다중(S)

❷ **데이텀 점(P)** : 기준선, 연속, 세로좌표 치수의 새 데이텀 점을 설정합니다.

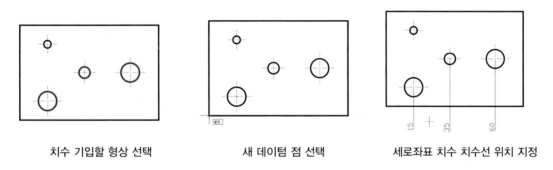

치수 기입할 형상 선택   새 데이텀 점 선택   세로좌표 치수 치수선 위치 지정

❸ **편집** : 치수를 생성하기 전 치수를 생성하기 위해 필요한 점 위치를 제거하거나 추가하여 치수를 생성합니다.

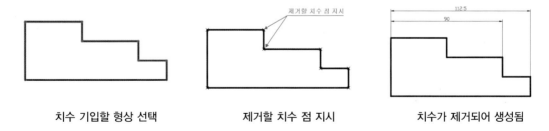

치수 기입할 형상 선택   제거할 치수 점 지시   치수가 제거되어 생성됨

❹ **설정** : 치수보조선 원점(교차점 또는 끝점)을 지정하기 위한 객체 스냅 우선순위를 설정합니다.

❺ **반지름(R)** : 선택한 호의 원의 반지름 표시 기호가 표시된 일련 반지름 치수를 작성합니다.

❻ **지름(D)** : 선택한 호의 원의 지름 표시 기호가 표시된 일련 지름 치수를 작성합니다.

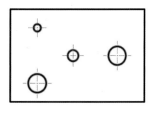

치수 기입할 형상 선택

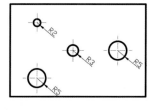

반지름(R)

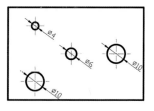

지름(D)

13 공차(TOLERANCE)

기하공차의 기호와 공차 값, 데이텀을 지정하여 기하공차 기입 테두리를 작성합니다.

📌 알아두기

기하공차

(1) 기하공차의 종류와 기호

적용하는 형체	공차의 종류		기호
단독 형체	모양 공차	진직도 공차	—
		평면도 공차	▱
		진원도 공차	○
		원통도 공차	⌀
단독 형체 또는 관련 형체		선의 윤곽도 공차	⌒
		면의 윤곽도 공차	⌓
관련 형체	자세 공차	평행도 공차	//
		직각도 공차	⊥
		경사도 공차	∠
	위치 공차	위치도 공차	⊕
		동축도 공차 또는 동심도 공차	◎
		대칭도 공차	⹀
	흔들림 공차	원주 흔들림 공차	↗
		온 흔들림 공차	⟋⟋

(2) 기하공차의 표시방법

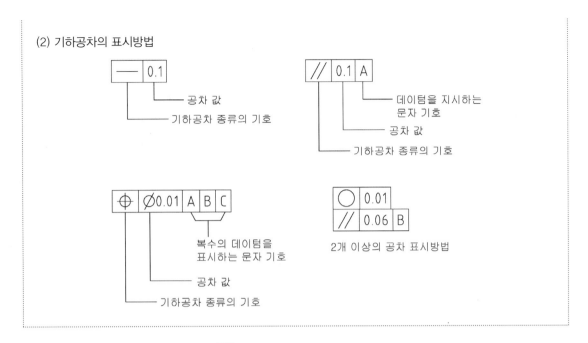

• 리본 〉 주석 탭 〉 치수 패널 〉 공차 ⊞1를 클릭하여 실행합니다.

■ 기하학적 공차 대화상자

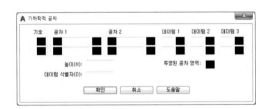

(1) 기호

상자를 클릭하여 기하공차 종류에 따른 기호를 선택합니다.

(2) 공차 1, 공차 2

기하공차 1, 기하공차 2, 기입 테두리 안에 들어갈 공차 값과 기호를 기입합니다.

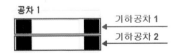

• 상자를 클릭하여 공차 값 앞에 지름 기호를 삽입합니다.

- 공차 두 번째 상자는 공차의 재질 상태를 나타내는 최대 실체조건(MMC), 최소 실체조건(LMC), 형체치수 무관계(RFS) 기호를 삽입합니다.

재료 상태

(3) 데이텀 1, 데이텀 2, 데이텀 3

기하공차 기입 테두리 안에 데이텀을 지시하는 문자기호를 기입합니다. 복수데이텀일 경우 데이텀 2, 데이텀 3을 사용합니다.

데이텀 1   데이텀 2   데이텀 3

- 첫 번째 상자는 데이텀 문자를, 두 번째 상자는 데이텀의 재질 상태 기호를 삽입합니다.

(4) 투영된 공차영역, 높이

투영된 공차영역은 돌출 공차영역을 표시하는 기호 Ⓟ를 표시하며, 높이는 돌출길이 값을 기입하여 나타냅니다.

(5) 데이텀 식별자

사각형의 틀 안에 데이텀을 나타내는 문자로 표시되는 데이텀 기호를 만듭니다. 데이텀 문자는 반드시 대문자를 기입합니다.

데이텀 식별자(D): A

02 | 지시선

가공 구멍의 치수 또는 가공방법, 부품번호 등을 기입하기 위한 선을 작성합니다.

1 다중 지시선 스타일(MLEADERSTYLE)

(1) 다중 지시선 객체 구성

• 리본 〉 홈 탭 〉 주석 패널 〉 다중 지시선 스타일 ⌁ 을 클릭하여 실행합니다.

(2) 다중 지시선 스타일 관리자 대화상자

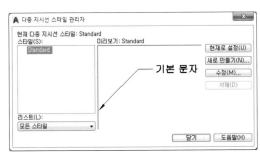

❶ **현재 다중 지시선 스타일** : 작성한 스타일의 이름을 표시합니다.

❷ **스타일(S)** : 스타일 리스트를 표시합니다.

❸ **리스트(L)** : 도면에서 사용할 수 있는 모든 스타일을 표시하려면 모든 스타일을 클릭하고 현재 도면에서 참조하는 스타일만 표시하려면 사용 중인 스타일을 클릭합니다. 선택한 스타일에 따라 스타일 리스트에 표시됩니다.

❹ **현재로 설정** : 스타일 리스트에서 선택된 스타일을 현재 스타일로 설정합니다.

❺ **새로 만들기** : 새 스타일을 정의할 수 있는 새 다중 지시선 스타일 작성 대화상자를 표시합니다.

㉠ **새 스타일 이름** : 새 다중 지시선 스타일 이름을 지정합니다.

㉡ **시작** : 새 다중 지시선 스타일의 기준으로 사용할 스타일을
설징합니다.

㉢ **주석** : 다중 지시선 스타일이 주석임을 지정합니다.

㉣ **계속** : 새 다중 지시선 스타일의 특성을 정의할 수 있는 다중
지시선 스타일 수정 대화상자를 표시합니다.

❻ **수정** : 스타일을 수정할 수 있는 다중 지시선 스타일 수정 대화상자를 표시합니다.

❼ **삭제** : 스타일 리스트에서 선택된 스타일을 삭제합니다. 현재 스타일이거나 도면에 사용 중인 스타일은
삭제할 수 없습니다.

２ 다중 지시선 스타일 수정 대화상자

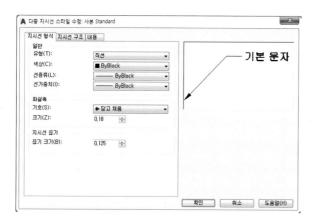

(1) 지시선 형식 탭

❶ **일반**

㉠ **유형** : 지시선의 유형을 결정합니다. 직선, 스플라인, 지시선 없음을 선택할 수 있습니다.

㉡ **색상** : 지시선의 색상을 조정합니다.

㉢ **선 종류** : 지시선의 선 종류를 조정합니다.

㉣ **선 가중치** : 지시선의 선 굵기를 조정합니다.

❷ **화살촉**

㉠ **기호** : 다중 지시선의 화살표 모양을 조정합니다.

ⓛ 크기 : 화살표의 크기를 설정합니다.

❸ **지시선 끊기** : DIMBREAK 명령에 사용되는 끊기 크기를 설정합니다.

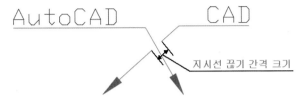

(2) 지시선 구조 탭

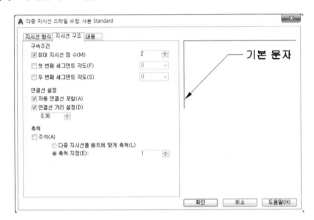

❶ **구속조건**

　ⓐ 최대 지시선 점 수 : 지시선의 최대 점 수를 지정합니다.

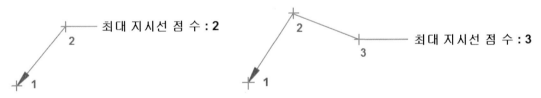

　ⓑ 첫 번째 세그먼트 각도 : 지시선의 첫 번째 각도를 지정합니다.

　ⓒ 두 번째 세그먼트 각도 : 지시선의 두 번째 각도를 지정합니다.

❷ **연결선 설정**

　ⓐ 자동 연결선 포함 : 수평 연결선을 다중 지시선 콘텐츠에 부착합니다.

　ⓑ 연결선 거리 설정 : 수평 연결선의 거리를 지정합니다.

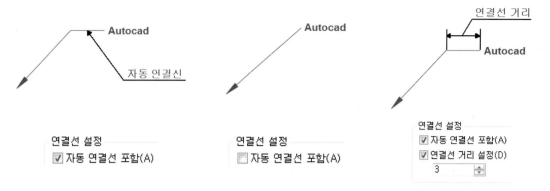

③ **축척**

　　㉠ 주석 : 다중 지시선이 주석이 되도록 지정합니다.

　　㉡ 다중 지시선을 배치에 맞게 축척 : 모형공간 및 도면 공간 뷰포트의 축척에 기반하여 다중 지시선의 축척
　　　비율을 결정합니다.

　　㉢ 축척 지정 : 다중 지시선의 축척을 지정합니다.

3 내용 탭

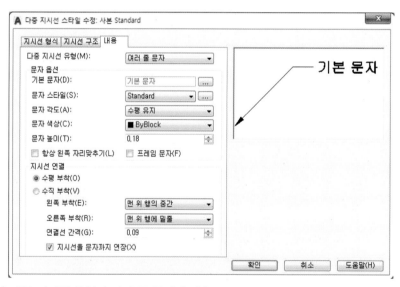

(1) 다중 지시선 유형이 여러 줄 문자인 경우

❶ **문자 옵션**

　　㉠ 기본 문자 : 다중 지시선 콘텐츠에 대한 기본 문자를 설정합니다. ┅┅ 버튼을 누르면 여러 줄 문자 내부
　　　편집기를 시작합니다.

　　㉡ 문자 스타일 : STYEL에서 설정하고 사용 가능한 문자 스타일이 나열되며 다중 지시선에 사용할 문자스

타일을 지정합니다.

ⓒ 문자 각도 : 문자의 회전 각도를 지정합니다.

ⓔ 문자 색상 : 문자의 색상을 지정합니다.

ⓜ 문자 높이 : 문자의 높이를 지정합니다.

ⓗ 항상 왼쪽 자리 맞추기 : 문자가 항상 왼쪽으로 정렬되도록 지정합니다.

ⓢ 프레임 문자 : 문자 내용을 문자 상자로 프레임 처리합니다.

❷ 지시선 연결

ⓣ 수평 부착 : 지시선을 문자 콘텐츠의 왼쪽 또는 오른쪽에 삽입합니다.

• 왼쪽 부착 : 문자가 지시선의 오른쪽에 있을 경우 문자에 대한 연결선 부착을 조정합니다.

• 오른쪽 부착 : 문자가 지시선의 왼쪽에 있는 경우 문자에 대한 연결선 부착을 조정합니다.

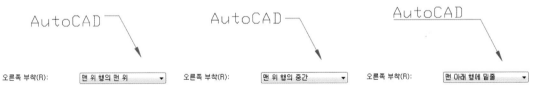

ⓛ 수직 부착 : 문자 콘텐츠의 위 또는 아래에 지시선을 삽입합니다. 문자와 지시선 사이의 연결선은 수직
부착에 포함되지 않습니다.

• 위쪽 부착 : 텍스트 콘텐츠의 위쪽 중간에 지시선을 부착하거나 부착된 지시선과 텍스트 콘텐츠 사이
에 오버라인을 삽입할 수 있습니다.

| 위쪽 부착(T): | 중심 ▼ | 위쪽 부착(T): | 오버라인 및 중심 ▼ |

- 아래쪽 부착 : 텍스트 콘텐츠의 아래쪽 중간에 지시선을 부착하거나 부착된 지시선과 텍스트 콘텐츠
  사이에 밑줄을 삽입할 수 있습니다.

| 아래쪽 부착(B): | 중심 ▼ | 아래쪽 부착(B): | 밑줄 및 중심 ▼ |

ⓒ 연결선 간격 : 연결선과 문자 사이의 거리를 지정합니다.

(2) 다중 지시선 유형이 블록인 경우

❶ 블록 옵션

㉠ 원본 블록 : 다중 지시선 콘텐츠에 사용된 블록을 지정합니다.

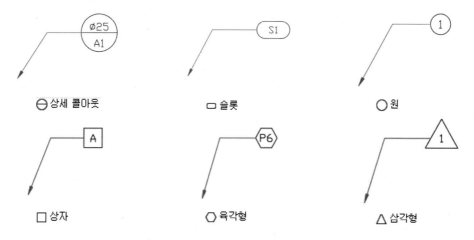

㉡ 부착 : 블록을 다중 지시선 객체에 부착할 방식을 지정합니다. 블록의 삽입점 또는 블록의 중심점을 지정
   하여 블록을 부탁할 수 있습니다.

㉢ 색상 : 다중 지시선 블록 콘텐츠의 색상을 지정합니다.

㉣ 축척 : 삽입 후 블록의 축척을 지정합니다.

4 다중 지시전(MLEADER)

다중 지시선 스타일을 사용하여 해당 스타일에서 다중 지시선을 작성하거나 프롬프트에서 지정하여 다중 지시선을 작성합니다.

- 리본 〉홈 탭 〉주석 패널 〉다중 지시선 🖋️ 또는 리본 〉주석 탭 〉지시선 패널 〉다중 지시선 🖋️ 을 클릭하여 실행합니다.

■ **다중 지시선 명령 실행 후 프롬프트에 표시 내용**

지시선 화살촉 위치 지정 또는 [지시선 연결선 먼저(L)/콘텐츠 먼저(C)/옵션(O)] 〈옵션〉 : 다중 지시선의 화살표 위치를 지정합니다.

(1) 지시선 연결선 먼저(L)

지시선 연결선을 먼저 지정합니다.

(2) 콘텐츠 먼저(C)

다중 지시선 객체와 연관된 문자 또는 블록의 위치를 먼저 지정합니다.

(3) 옵션(O)

❶ **지시선 유형(L)** : 지시선 유형 중 직선, 스플라인, 없음을 지정합니다.
❷ **지시선 연결선(A)** : 지시선 연결선 사용 여부와 고정 연결선 거리를 지정합니다.
❸ **콘텐츠 유형(C)** : 콘텐츠 유형으로 블록, 여러 줄 문자, 없음을 선택합니다.
❹ **최대 점(M)** : 지시선에 대한 최대 점 또는 세그먼트 수를 지정합니다.
❺ **첫 번째 각도(F)** : 지시선의 첫 번째 세그먼트 각도를 지정합니다.
❻ **두 번째 각도(S)** : 지시선의 두 번째 세그먼트 각도를 지정합니다.

5 정렬(MLEADERALIGN)

선택한 다중 지시선 객체를 정렬하고 간격을 둡니다. 다중 지시선을 선택한 다음 나머지 다중 지시선의 정렬 기준으로 사용할 다중 지시선을 지정합니다.

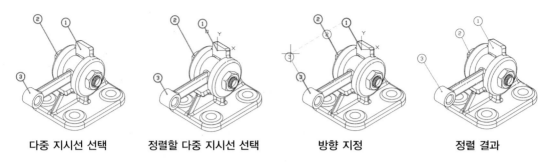

| 다중 지시선 선택 | 정렬할 다중 지시선 선택 | 방향 지정 | 정렬 결과 |

- 리본 〉홈 탭 〉주석 패널 〉정렬 🗝 또는 리본 〉주석 탭 〉지시선 패널 〉정렬 🗝을 클릭하여 실행합니다.

- 정렬 명령 실행 후 프롬프트에 표시 내용

(1) 다중 지시선 선택

다중 지시선을 1개 이상 선택합니다.

(2) 정렬할 다중 지시선 선택 또는 [옵션(O)]

다중 지시선의 정렬 기준으로 사용할 다중 지시선을 선택합니다.

- 옵션(O)

❶ **분산(D)** : 다중 지시선 선택을 선택하고 첫 번째 점 지정 과 두 번째 점 지정을 지정하면 지정한 두 점 사이 간격 안에 선택한 다중 지시선이 배치됩니다.

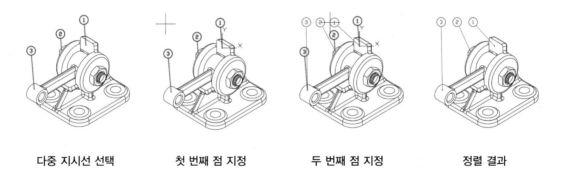

| 다중 지시선 선택 | 첫 번째 점 지정 | 두 번째 점 지정 | 정렬 결과 |

❷ **지시선 세그먼트를 평행으로 지정(P)** : 다중 지시선을 선택하고 정렬기준으로 사용할 다중 지시선을 선택하여 다중 지시선을 평행하도록 만듭니다.

| 다중 지시선 선택 | 정렬할 다중 지시선 선택 | 정렬 결과 |

❸ **간격두기 지정(S)** : 다중 지시선을 선택하고 간격두기 값을 지정 한 후 정렬할 다중 지시선을 선택하면 정렬할 다중 지시선을 기준으로 간격 값 만큼 거리를 두고 다중 지시선의 방향을 지정합니다.

| 다중 지시선 선택 | 정렬할 다중 지시선 선택 | 간격두기 값 지정 후 간격 값 만큼
위치에서 방향 지정 |

❹ **현재 간격두기 사용(U)** : 다중지시선 과 정렬할 다중 지시선 사이의 현재 간격 안에서 다중 지시선의 방향을 지정합니다.

(3) 방향 지정

정렬할 방향을 지정합니다.

6 수집(MLEADERCOLLECT)

블록이 포함된 다중 지시선을 선택하여 행 또는 열로 구성하고 그 결과를 지시선 하나로 표시합니다.

| 다중 지시선 선택 | 수평 선택 후
수집한 다중 지시선의 위치 지정 | 수집 결과 |

• 리본 〉 홈 탭 〉 주석 패널 〉 수집 ⌇⑧ 또는 리본 〉 주석 탭 〉 지시선 패널 〉 수집 ⌇⑧ 을 클릭하여 실행합니다.

■ **수집 명령 실행 후 프롬프트에 표시 내용**

(1) 다중 지시선 선택

하나 이상의 다중 지시선을 선택합니다.

(2) 수집한 다중 지시선 위치 지정 또는 [수직(V)/수평(H)/줄바꿈(W)] 〈줄바꿈〉

다중 지시선 집합 위치로 선택된 점을 집합의 왼쪽 상단 구석에 지정합니다.

❶ **수직(V)** : 다중 지시선 집합을 하나 이상의 열에 배치합니다.

❷ **수평(H)** : 다중 지시선 집합을 하나 이상의 행에 배치합니다.

❸ **줄바꿈(W)** : 줄바꿈 된 다중 지시선 집합의 폭을 지정하거나 줄바꿈 상태에서 N을 입력하여 다중 지시선 집합의 행당 최대 블록 수를 시정합니다.

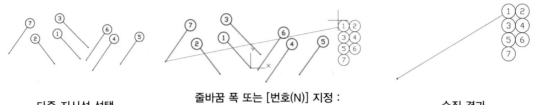

| 다중 지시선 선택 | 줄바꿈 폭 또는 [번호(N)] 지정 :
N을 입력한 후 행당 수 지정을 2를 기입했을 때 | 수집 결과 |

7 지시선 추가 및 지시선 제거(MLEADEREDIT)

다중 지시선 객체에 지시선을 추가하거나 지시선을 제거합니다.

| 다중 지시선 선택 | 새 지시선의 화살표를 배치할 위치를
지정 | 지시선 추가된 결과 |

• 리본 〉 홈 탭 〉 주석 패널 〉 지시선 추가 ☆ 또는 리본 〉 주석 탭 〉 지시선 패널 〉 지시선 추가 ☆ 를 클릭하여 실행합니다.

■ **지시선 추가 명령 실행 후 프롬프트에 표시 내용**

(1) 다중 지시선 선택

지시선을 추가할 다중 지시선을 선택합니다.

(2) 지시선 화살촉 위치 지정 또는 [지시선 제거(R)]

새 지시선의 화살촉을 배치할 위치를 지정합니다.

• 지시선 제거(R) : 선택한 다중 지시선 객체에서 지시선을 제거합니다.

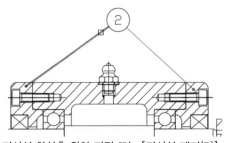

**지시선 화살촉 위치 지정 또는 [지시선 제거(R)] :
R를 입력한 후 제거할 지시선 선택**

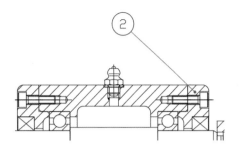

지시선 제거된 결과

🖱 **알아두기**

다중 지시선 객체에 지시선을 제거하기 위해 지시선 제거 🖈 명령어를 사용하여도 됩니다.

- 리본 〉홈 탭 〉주석 패널 〉지시선 제거 🖈 또는 리본 〉주석 탭 〉지시선 패널 〉지시선 제거 🖈 를 클릭하여 실행합니다.
- 지시선 제거 명령 실행 후 프롬프트에 표시 내용
① 다중 지시선 선택 : 지시선을 제거할 다중 지시선을 선택합니다.
② 제거할 지시선 지정 또는 [지시선 추가(A)] : 제거할 지시선을 선택하여 다중 지시선 객체에서 지시선을 제거합니다.

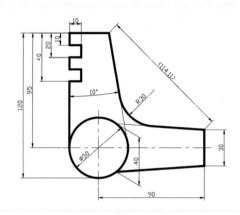

(1) 선형 치수(DIMLINEAR)

❶ 리본 〉 홈 탭 〉 주석 패널 〉 선형 ┠ 또는 리본 〉 주석
탭 〉 치수 패널 〉 선형 ┠을 클릭하여 실행합니다.

❷ 첫 번째 치수보조선 원점 지정과 두 번째 치수보조선 원
점 지정을 지정합니다.

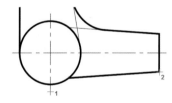

❸ 치수선의 위치 지정 또는 [여러 줄 문자(M)/문자(T)/각
도(A)/수평(H)/수직(V)/회전(R)] : 마우스를 움직여 치
수선이 위치할 방향을 결정하고 마우스 왼쪽 버튼을 클
릭하여 치수선을 배치합니다.

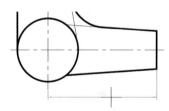

❹ Enter↵ 를 눌러 선형치수 명령을 반복합니다.

❺ 첫 번째 치수보조선 원점 지정 또는 〈객체 선택〉 : 객체
선택을 하여 치수를 기입하기 위해서 Enter↵ 를 누릅니다.

❻ 치수 기입할 객체를 선택합니다.

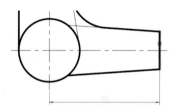

❼ 마우스를 움직여 치수선이 위치할 방향을 결정하고 마
우스 왼쪽 버튼을 클릭하여 치수선을 배치합니다.

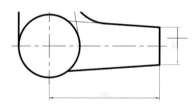

❽ 위와 같은 방법으로 선형 치수와 관련된 치수를 작성합
니다.

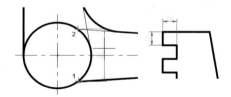

(2) 기울기(DIMEDIT)

❶ 리본 〉 주석 탭 〉 치수패널 〉 기울기 ┠ 를 클릭하여 실행
합니다.

❷ 객체 선택 : 40 치수를 선택하고 Enter↵ 를 누릅니다.

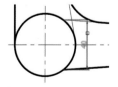

❸ 기울기 각도 입력(없는 경우 Enter↵ 키) : 기울기 각도로 −30을 입력하고 Enter↵ 를 누릅니다.

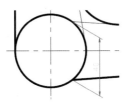

(3) 정렬 치수(DIMALIGNED)

❶ 리본 〉홈 탭 〉주석 패널 〉정렬 또는 리본 〉주석 탭 〉치수 패널 〉정렬 을 클릭하여 실행합니다.

❷ 첫 번째 치수보조선 원점 지정과 두 번째 치수보조선 원점 지정을 지정합니다.

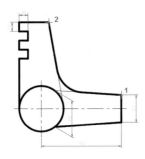

❸ 마우스를 움직여 치수선이 위치할 방향을 결정하고 마우스 왼쪽 버튼을 클릭하여 치수선을 배치합니다.

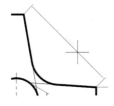

(4) TEXTEDIT

❶ 명령행에 단축키(별칭) ED를 입력하고 Enter↵ 나 Space Bar 를 눌러 실행합니다.

❷ 치수 객체의 문자를 편집할 정렬 치수를 선택합니다.

❸ 아래와 같이 치수 문자를 편집합니다.

(5) 기준선 치수(DIMBASELINE)

❶ 리본 〉주석 탭 〉치수 패널 〉기준선 을 클릭하여 실행합니다.

❷ 두 번째 치수보조선 원점 지정 또는 [선택(S)/명령취소(U)] 〈선택〉: S를 입력한 후 Enter↵ 를 누릅니다.

❸ 기준 치수 선택 : 기준 치수를 선택합니다.

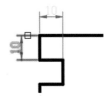

❹ 두 번째 치수보조선 원점 지정 또는 [선택(S)/명령취소(U)] 〈선택〉: 두 번째 치수보조선의 원점을 마우스 왼쪽 버튼을 클릭하여 지정합니다.

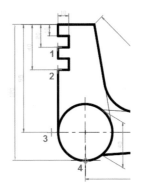

(6) 각도 치수(DIMANGULAR)

❶ 리본 〉홈 탭 〉주석 패널 〉각도 또는 리본 〉주석 탭 〉치수 패널 〉각도 를 클릭하여 실행합니다.

❷ 두 선을 선택한 후 커서의 위치에 따라 표시되는 각도 중 원하는 방향의 각도 치수선을 지정하여 각도치수를 작성합니다.

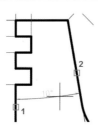

(7) 반지름 치수(DIMRADIUS)

❶ 리본 〉 홈 탭 〉 주석 패널 〉 반지름 또는 리본 〉 주석 탭 〉 치수 패널 〉 반지름 을 클릭하여 실행합니다.

❷ 호를 선택합니다.

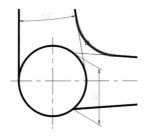

❸ 마우스를 움직여 치수선이 위치할 방향을 결정하고 마우스 왼쪽 버튼을 클릭하여 치수선을 배치합니다.

(8) 지름 치수(DIMDIAMETER)

❶ 리본 〉 홈 탭 〉 주석 패널 〉 지름 또는 리본 〉 주석 탭 〉 치수 패널 〉 지름 을 클릭하여 실행합니다.

❷ 원을 선택합니다.

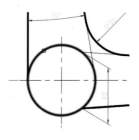

❸ 마우스를 움직여 치수선이 위치할 방향을 결정하고 마우스 왼쪽 버튼을 클릭하여 치수선을 배치합니다.

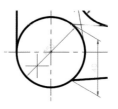

(9) DIMTEDIT

치수 문자를 이동 및 회전하고 치수선의 위치를 조정합니다.

❶ 명령행에 단축키(별칭) DIMTE를 입력하고 Enter↵ 나 Space Bar 를 눌러 실행합니다.

❷ 치수 문자를 이동시킬 지름치수 객체를 선택합니다.

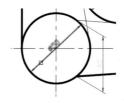

❸ 마우스 왼쪽 버튼을 클릭하여 치수 문자에 대한 새 위치를 지정합니다.

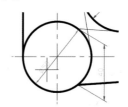

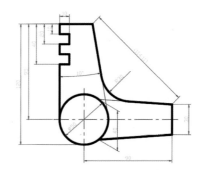

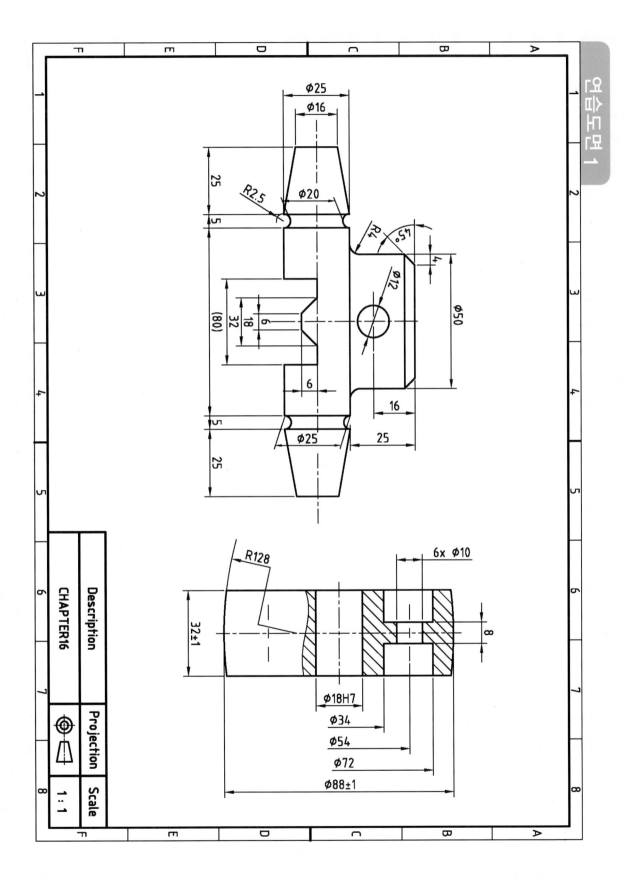

Description	Projection	Scale
CHAPTER16		1:1

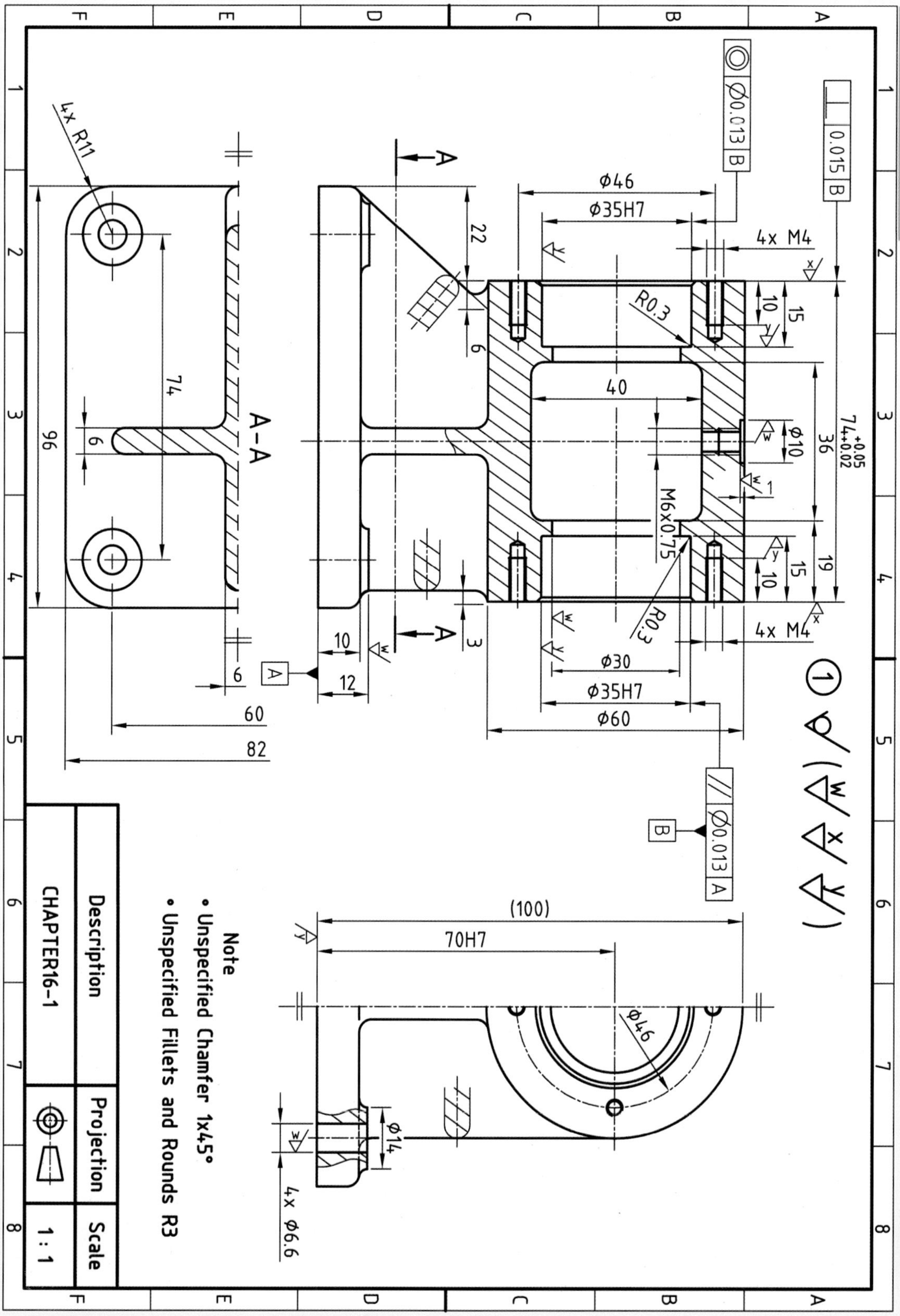

Ø0.013 B

0.015 B

Ø46

Ø35H7

4x M4

22

6

R0.3

10

15

40

74 +0.05 +0.02

36

Ø10

w

M6x0.75

1

R0.3

15

10

19

4x M4

x

y

A–A

4x R11

96

74

6

6

60

82

10

12

w

A

3

Ø30

Ø35H7

Ø60

w

x

y

B

Ø0.013 A

①

w

x

y

(100)

70H7

Ø46

Ø14

4x Ø6.6

Note
• Unspecified Chamfer 1x45°
• Unspecified Fillets and Rounds R3

Description	CHAPTER16-1		
Projection		Scale	
		1:1	

MEMO
AutoCAD 2019

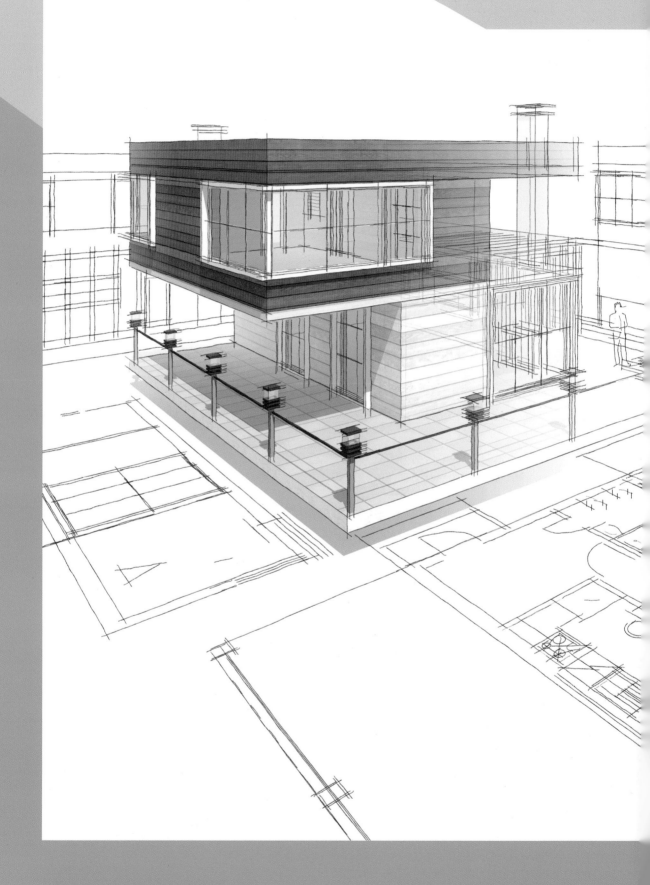

도면 출력

01. PLOT(플롯)

01 | PLOT(플롯)

도면을 플로터, 프린터 또는 파일로 출력합니다.

1 PLOT 실행방법

리본 〉 출력 탭 〉 플롯 패널 〉 플롯🖶을 클릭하여 실행합니다.

2 PLOT 대화상자

❶ 페이지 설정

㉠ 이름 : 현재 페이지 설정의 이름을 표시합니다.

㉡ 추가 : 페이지 설정 추가 대화상자에서 새 플롯 설정 이름을 지정하여 현재 설정된 값을 저장합니다.

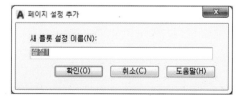

❷ 프린터/플로터

㉠ 이름 : 현재 도면을 출력할 프린터나 플로터를 선택합니다.

㉡ 파일에 플롯 : 플로터 또는 프린터로 플롯하지 않고 파일에 출력을 플롯합니다.

❸ 용지 크기
  ㉠ 용지 크기 : 선택된 플로팅 장치에 사용할 수 있는 표준 용지 크기를 표시하며 출력하고자 하는 용지의
     크기를 지정합니다.
  ㉡ 복사 매수 : 복사할 매수를 입력합니다.

❹ 플롯 영역
  도면에서 플롯할 부분을 지정합니다. 플롯 대상에서 플롯될 도면의 영역을 선택할 수 있습니다.

  ㉠ 범위 : 도면 중 객체를 포함하고 있는 현재 공간 부분을 플롯합니다. 현재 공간에 있는 모든 형상이 플롯
     됩니다.

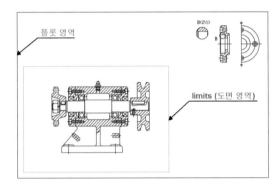

  ㉡ 윈도우 : 사용자가 지정한 영역을 플롯합니다.

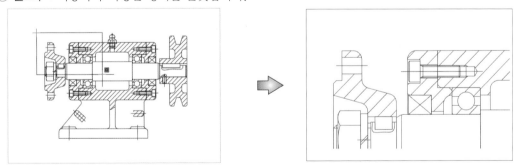

  ㉢ 한계 : limits 명령에서 미리 지정한 도면영역을 플롯합니다.

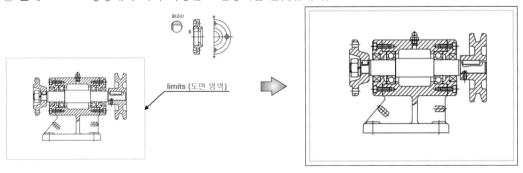

ⓔ 화면 표시 : 현재 도면 공간 뷰를 플롯합니다.

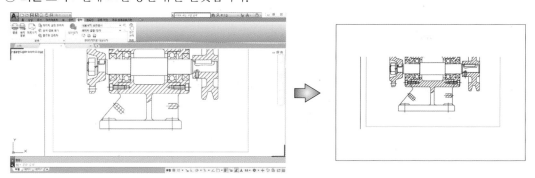

⑤ 플롯 간격띄우기

플롯 간격띄우기 지정 기준 옵션에서 지정한 설정에 따라 인쇄 가능 영역의 왼쪽 아래 구석 또는 용지 모서리를 기준으로 플롯 영역의 간격띄우기를 지정합니다.

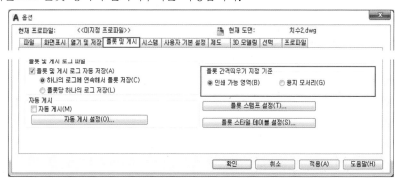

ⓐ 플롯의 중심 : 용지 중앙에 플롯을 배치하기 위한 X 및 Y 간격띄우기 값을 자동으로 계산합니다.

ⓑ X, Y : 플롯 간격띄우기 지정 기준 옵션의 설정에 대해 X 방향과 Y 방향으로 플롯 원점을 지정합니다.

⑥ 플롯 축척

ⓐ 용지에 맞춤 : 플롯을 선택한 용지 크기에 맞게 축척합니다.

ⓑ 축척 : 플롯 대상을 용지에 출력할 비율을 지정합니다. 사용자에서 축척을 정의하여 도면 단위 값과 같은 인치 또는 밀리미터 값을 입력하여 사용자 축척을 작성할 수 있습니다.

ⓒ 선 가중치 : 플롯 축척에 비례하여 선 가중치를 축척합니다. 일반적으로 선 가중치는 플롯된 객체의 선 폭을 지정하며 플롯 축척과 관계없이 선 폭 크기에 따라 플롯됩니다.

⑦ 플롯 스타일 테이블(펜 지정)

플롯 스타일 테이블을 설정하거나 플롯 스타일 테이블을 편집하거나 또는 새 플롯 스타일 테이블을 작성합니다.

ⓐ 이름 : 현재 모형 또는 배치 탭에 지정된 플롯 스타일 테이블을 표시하고 현재 사용할 수 있는 플롯 스타일 테이블 리스트를 제공합니다. 새로 만들기를 선택할 경우 새 플롯 스타일 테이블 작성에 사용할 수 있는 플롯 스타일 테이블 추가 마법사가 표시됩니다. 현재 도면이 색상 종속 모드인지 명명된 플롯 스타일 모드인지에 따라 다른 마법사가 표시됩니다.

ⓑ 편집 🖳 : 현재 지정된 플롯 스타일 테이블의 플롯 스타일을 보거나 수정할 수 있는 플롯 스타일 테이블 편집기가 표시됩니다.

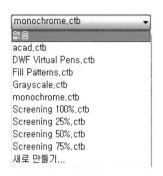

- 없음 : 플롯 스타일 테이블을 적용하지 않습니다.
- acad.ctb : 기본 플롯 스타일 테이블
- DWF Virtual Pens.ctb : DWF 파일에서 동일한 색상의 가상 펜으로 AutoCAD 색상을 변환합니다.
- fill patterns.ctb : 처음 9개의 색상은 처음 9개의 채우기 패턴을 사용하고 다른 색상은 객체의 채우기를 사용하도록 설정합니다.
- Grayscale.ctb : 플롯될 때는 모든 색상을 회색조로 변환합니다.
- monochrome.ctb : 모든 색상을 검은색으로 플롯합니다.
- Screening 100%.ctb : 모든 색상에 잉크를 100%로 사용합니다.
- Screening 25%.ctb : 모든 색상에 잉크를 25%로 사용합니다.
- Screening 50%.ctb : 모든 색상에 잉크를 50%로 사용합니다.
- Screening 75%.ctb : 모든 색상에 잉크를 75%로 사용합니다.

❽ 플롯 스타일 테이블 편집기 대화상자

㉠ 일반 탭 : 플롯 스타일 테이블 파일 이름, 설명, 버전, 경로, 테이블 스타일을 나열합니다.
  - 플롯 스타일 테이블 파일 이름 : 편집 중인 플롯 스타일 테이블의 이름을 표시합니다.
  - 파일 정보 : 편집하고 있는 플롯 스타일 테이블에 관한 정보를 표시합니다.
  - 비 ISO 선 종류에 전역 축척 비율 허용 : 이 플롯 스타일 테이블로 조정되는 객체의 플롯 스타일에서 모든 비 ISO 선 종류와 채우기 패턴을 축척합니다.
  - 축척 비율 : 비 ISO 선 종류와 채우기 패턴의 축척 정도를 지정합니다.
㉡ 테이블 뷰 및 형식 보기 탭 : 플롯 스타일 테이블의 모든 플롯 스타일과 그 설정이 나열되며 플롯 스타일 테이블에서 플롯 유형을 수정합니다. 일반적으로 테이블 탭은 플롯 스타일의 수가 적을 때 편리하며 많은 플롯 스타일이 있는 경우 플롯 스타일 이름이 왼쪽에 나열되고 선택한 스타일의 특성이 오른쪽에 표시되기 때문에 형식 뷰가 더 편리합니다.

- **색상** : 객체의 플롯 색상을 지정합니다.
- **디더링** : 디더링을 사용하면 색상을 점 패턴으로 혼합함으로써 AutoCAD 색상 색인에서 사용할 수 있는 색상보다 더 많은 색상을 사용하여 플롯한 느낌이 나도록 합니다. 플로터가 디더링을 지원하지 않으면 디더링 설정은 무시합니다.
- **회색조** : 플로터가 회색조를 지원하는 경우 객체의 색상을 회색조로 변환합니다. 회색조로 변환을 선택하지 않으면 객체의 색상에 RGB 값이 사용됩니다.
- **펜** : 펜 플로터에만 해당하며 객체를 플롯할 때 사용할 펜을 지정합니다.
- **가상펜** : 플롯 스타일의 가상펜 설정은 가상펜에 대해 구성되어 있는 경우에만 사용되며 펜 방식이 아닌 플로터에만 사용됩니다. 이러한 경우 다른 모든 스타일 설정은 무시되고 가상펜만 사용됩니다. 펜 방식이 아닌 플로터가 가상펜에 대해 구성되지 않을 경우 플롯 스타일의 가상펜 및 실제 펜 정보가 무시되고 다른 모든 설정이 사용됩니다. 프로그램이 AutoCAD 색상 색인으로부터 가상펜을 지정하도록 하려면 자동을 지정합니다.
- **스크리닝** : 플롯할 때 용지에 배치하는 잉크의 양을 결정하는 색상 농도 설정을 지정합니다.
- **선 종류** : 플롯 스타일 선 종류를 지정하면 선 종류는 플롯할 때 객체의 선 종류를 재지정합니다.
- **가변성** : 선 종류의 축척을 조정하여 선 종류 패턴을 완성합니다. 선 종류 축척이 중요한 경우 가변성을 끕니다. 완전한 선 종류 패턴이 정확한 선 종류 축척보다 중요하면 가변성을 켭니다.
- **선 가중치** : 플롯 스타일 선 가중치를 지정하면 선 가중치는 플롯할 때 객체의 선 가중치를 재지정합니다.
- **선 끝 스타일** : 선 끝 스타일을 지정하면 선 끝 스타일은 플롯할 때 객체의 선 끝 스타일을 재지정합니다.
- **선 결합 스타일** : 선 결합 스타일을 지정하면 선 결합 스타일은 플롯할 때 객체의 선 결합 스타일을 재지정합니다.
- **채움 스타일** : 채우기 스타일을 지정하면 채우기 스타일은 플롯할 때 객체의 채우기 스타일을 재지정합니다.
- **선 가중치 편집** : 선 가중치 편집 대화상자가 표시되며 기존 선 가중치의 값을 수정합니다.

⑨ 음영처리된 뷰포트 옵션

㉠ **음영 플롯** : 뷰가 플롯되는 방법을 지정합니다. 모형 탭에서는 다음과 같은 옵션 중에서 선택할 수 있습니다.
- **표시되는 대로** : 화면에 표시되는 방식대로 객체를 플롯합니다.

- 기존 와이어프레임 : 화면에 표시되는 방식과는 관계없이 기존 SHADEMODE 명령을 사용하는 와이어프레임의 객체입니다.

음영 플롯(D) [표시되는 대로]

> 🖱 알아두기

SHADEMODE 명령

3D 솔리드 및 표면용으로 간단한 음영처리를 제공합니다.

① 2D 와이어프레임 : 경계를 나타내는 선과 곡선을 사용하여 객체를 표시합니다. 래스터와 OLE 객체, 선 종류 및 선 가중치를 볼 수 있습니다.

② 3D 와이어프레임 : 경계를 나타내는 선과 곡선을 사용하는 객체를 표시합니다. 객체에 적용된 재료 색 상이 표시됩니다.

③ 숨김 : 객체를 3D 와이어프레임 표현을 사용하여 표시하고 뒷면을 표현하는 선을 숨깁니다.

④ 단순음영처리 : 폴리곤 면 사이의 객체를 음영처리합니다. 객체가 Gouraud 음영처리 객체보다 더 평면 적이고 덜 부드럽게 보입니다. 객체에 적용된 재료가 객체가 단순 음영처리될 때 표시됩니다.

⑤ Gouraud 음영처리 : 객체를 음영처리하며 폴리곤 면 사이의 모서리를 부드럽게 만듭니다. 이 옵션은 객체 가 부드럽고 사실적으로 보이게 합니다. 객체에 적용된 재료가 객체가 Gouraud 음영처리될 때 표시됩니다.

⑥ 단순 음영처리, 모서리 켜기 : 단순 음영처리와 와이어프레임 옵션을 결합합니다. 와이어프레임이 보이 는 상태로 객체가 단순하게 음영처리됩니다.

⑦ Gouraud 음영처리, 모서리 켜기 : Gouraud 음영처리와 와이어프레임 옵션을 결합합니다. 와이어프레 임이 보이는 상태로 객체가 Gouraud 음영처리 됩니다.

- 기존 숨김 : 화면에 표시되는 방식과는 관계없이 기존 SHADEMODE 명령을 사용하는 은선이 제거된 객체입니다.

- 개념 : 객체가 화면에 표시되는 방식에 관계없이 적용된 뷰 스타일을 사용하여 객체를 플롯합니다.

- 숨김 : 객체가 화면에 표시되는 방식에 관계없이 은선을 제거한 채 객체를 플롯합니다.

- 실제 : 객체가 화면에 표시되는 방식에 관계없이 적용된 실제 비주얼 스타일을 사용하여 객체를 플롯합 니다.

- 음영처리 : 객체가 화면에 표시되는 방식에 관계없이 적용된 음영처리 비주얼 스타일을 사용하여 객체 를 플롯합니다.

- 모서리로 음영처리됨 : 객체가 화면에 표시되는 방식에 관계없이 적용된 모서리로 음영처리된 비주얼 스타일을 사용하여 객체를 플롯합니다.

- 회색 음영처리 : 객체가 화면에 표시되는 방식에 관계없이 적용된 회색 음영처리 비주얼 스타일을 사용 하여 객체를 플롯합니다.

- 스케치 : 객체가 화면에 표시되는 방식에 관계없이 적용된 스케치 비주얼 스타일을 사용하여 객체를 플롯합니다.

- 와이어프레임 : 화면에 표시되는 방식에 관계없이 객체를 와이어프레임으로 플롯합니다.

- X레이 : 객체가 화면에 표시되는 방식에 관계없이 적용된 X레이 비주얼 스타일을 사용하여 객체를 플롯합니다.

- 렌더 : 화면에 표시되는 방식에 관계없이 객체를 렌더링된 상태로 플롯합니다.
ⓛ 품질 : 음영처리 뷰포트와 렌터링된 뷰포트가 플롯될 해상도를 지정합니다.

- 간단하게 인쇄 : 렌더링 및 음영처리된 모형 공간 뷰를 와이어프레임으로 플롯되도록 설정합니다.
- 미리보기 : 렌더링 및 음영처리된 모형 공간 뷰를 현재 장치 해상도의 1/4로 최대 150dpi까지 플롯되도록 설정합니다.
- 보통 : 렌더링 및 음영처리된 모형 공간 뷰를 현재 장치 해상도의 1/2로 최대 300dpi까지 플롯되도록 설정합니다.
- 프리젠테이션 : 렌더링 및 음영처리된 모형 공간 뷰를 현재 장치 해상도로 최대 600dpi까지 플롯되도록 설정합니다.
- 최대 : 렌더링 및 음영처리된 모형 공간 뷰를 현재 장치 해상도로 최대 한계 없이 플롯되도록 설정합니다.
- 사용자 : 렌더링 및 음영처리된 모형 공간 뷰를 사용자가 DPI 상자에 지정한 해상도 설정(최대 현재 장치 해상도까지 설정 가능)으로 플롯되도록 설정합니다.

⑩ 플롯 옵션

선 가중치, 투명도, 플롯 스타일, 음영처리 플롯 및 객체가 플롯되는 순서에 대한 옵션을 지정합니다.

ⓐ 백그라운드 플롯 : 플롯이 배경에서 처리되도록 지정합니다.
ⓑ 객체의 선 가중치 플롯 : 객체와 도면층에 지정된 선 가중치의 플롯 여부를 지정합니다.
ⓒ 플롯 투명도 : 객체 투명도의 플롯 여부를 지정합니다. 이 옵션은 투명 객체로 도면을 플로팅할 때만 사용해야 합니다.
ⓓ 플롯 스타일로 플롯 : 객체 및 도면층에 적용된 플롯 스타일의 플롯 여부를 지정합니다.
ⓔ 도면 공간을 맨 마지막으로 플롯 : 모형 공간 형상을 먼저 플롯합니다. 일반적으로 도면 공간 형상이 모형 공간 형상보다 먼저 플롯됩니다.
ⓕ 도면 공간 객체 숨기기 : 숨기기 작업이 도면 공간 뷰포트의 객체에 적용 여부를 지정합니다. 이 옵션은 배치 탭에서만 사용할 수 있습니다.
ⓖ 플롯 스탬프 켬 : 플롯 스탬프를 켭니다. 각 도면의 지정된 구석에 플롯 스탬프를 배치하고 파일에 로그를 기록합니다. 플롯 스탬프 설정 버튼을 클릭하여 플롯 스탬프 대화상자에서 도면 이름, 날짜 및 시간, 플롯 축척 등 플롯 스탬프에 적용할 정보를 지정할 수 있습니다.
ⓗ 변경 사항을 배치에 저장 : 플롯 대화상자에서 변경한 사항을 배치에 저장합니다.

⑪ 도면 방향

ⓐ 세로 : 용지의 긴 쪽이 세로 방향이 되도록 도면의 방향을 맞추고 플롯합니다.
ⓑ 가로 : 용지의 긴 쪽이 가로 방향이 되도록 도면의 방향을 맞추고 플롯합니다.
ⓒ 대칭으로 플롯 : 도면의 위아래를 뒤집어 플롯합니다.

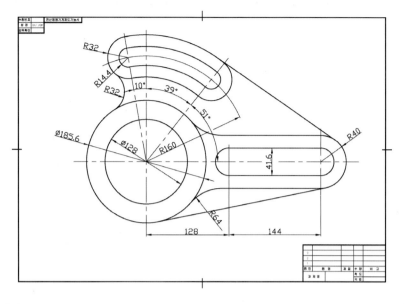

■ 도면 작성 양식

① 다음 표는 국가자격시험에서 지정한 표의 예입니다. 기능사, 산업기사 등 자격종목에 따라 색상과 굵기 등이 달라질 수 있으므로 시험 시 제시되는 요구사항을 준수하시기 바랍니다.

② 문자, 숫자, 기호의 크기, 선 굵기는 다음 표에서 지정한 용도별 크기를 구분하는 색상을 지정하여 제도하십시오.

문자, 숫자, 기호의 높이	선 굵기	지정 색상(Color)	용도
7.0mm	0.70mm	청(파란)색(Blue)	윤곽선, 표제란과 부품란의 윤곽선 등
5.0mm	0.50mm	초록색(Green), 갈색(Brown)	외형선, 부품번호, 개별주서, 중심마크 등
3.5mm	0.35mm	황(노란)색(Yellow)	숨은선, 치수와 기호, 일반주서 등
2.5mm	0.25mm	흰색(White), 빨간색(Red)	해치선, 치수선, 치수보조선, 중심선, 가상선 등

③ 도면의 크기 및 한계설정(Limits), 윤곽선 및 중심마크 크기는 다음과 같이 설정하고, a와 b의 도면의 한계선(도면의 가장자리 선)이 출력되지 않도록 하십시오.

구분	도면의 한계		중심마크	
도면크기　　　　　기호	a	b	c	d
A2(부품도, 렌더링 등각 투상도)	594	420	10	5

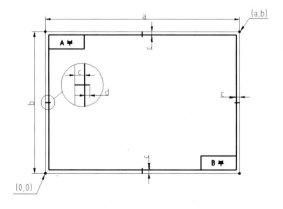

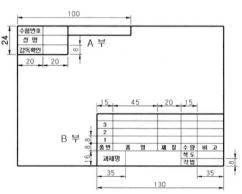

(1) PLOT (플롯) 실행

리본 〉 출력 탭 〉 플롯 패널 〉 플롯🖶을 클릭하여 실행합니다.

(2) PLOT 대화상자에서 설정

❶ 페이지 설정

추가 : 추가 버튼을 클릭하여 페이지 설정 추가 대화상자에서 새 플롯의 이름을 지정합니다. 추가는 필수는 아닙니다.

❷ 프린터/플로터

이름 : 현재 도면을 출력할 프린터나 플로터를 선택합니다. 여기서는 DWG를 PDF로 변환하여 출력해 보기 위해 DWG To PDF.pc3를 선택하겠습니다.

❸ 용지 크기 : 출력하고자 하는 용지의 크기를 A3로 지정하고 복사할 매수는 1을 입력합니다.

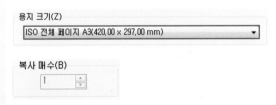

❹ 플롯 영역

도면에서 플롯할 영역을 지정합니다. 여기서는 위에서 제시한 도면의 크기 및 한계설정(Limits)에 따라 윈도우나 한계를 선택하겠습니다. 한계를 선택할 경우 플롯전 LIMITS 명령에서 도면의 영역을 지정해야 합니다.

❺ 플롯 간격띄우기(인쇄 가능 영역으로의 최소세트)

용지 중앙에 플롯을 배치하기 위한 X 및 Y 간격띄우기 값이 자동으로 계산되도록 플롯의 중심에 체크합니다.

❻ 플롯 축척

플롯을 선택한 용지의 크기에 맞게 축척하기 위해 용지에 맞춤에 체크합니다.

❼ 플롯 스타일 테이블(펜 지정)

㉠ 여기서는 모든 색상을 검은색으로 플롯하기 위해 monochrome.ctb를 선택합니다.

㉡ 편집🖶을 클릭한 후 플롯 스타일 테이블 편집기 대화상자의 형식 보기 탭에서 색상에 따라 선 가중치를 지정합니다.

- 플롯 스타일(P)에서 빨간색을 선택하고 특성의 선 가중치에서 0.25를 지정합니다.

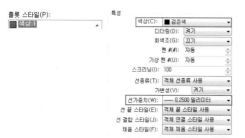

- 플롯 스타일(P)에서 노란색을 선택하고 특성의 선 가중치에서 0.35를 지정합니다.

- 플롯 스타일(P)에서 초록색을 선택하고 특성의 선 가중치에서 0.5를 지정합니다.

- 플롯 스타일(P)에서 파란색을 선택하고 특성의 선 가중치에서 0.7을 지정합니다.

위와 같은 방법으로 도면에서 표현한 색상에 선의 용도에 따른 선의 굵기를 지정합니다.

ⓒ 저장 및 닫기를 클릭하여 스타일 테이블 편집기 대화상자를 닫습니다.

❽ 음영처리된 뷰포트 옵션

화면에 표시되는 방식대로 플롯하기 위해 음영 플롯은 표시되는 대로를 선택하고 품질은 보통을 선택합니다.

❾ 플롯 옵션

도면층에 지정된 선 가중치 및 플롯 스타일로 플롯하고자 한다면 객체의 선 가중치 플롯과 플롯 스타일로 적용에 체크합니다.

❿ 도면 방향

용지의 긴 쪽이 가로 방향으로 출력되도록 가로에 체크합니다.

(3) 플롯 미리보기

❶ 미리보기 [미리보기(P)...] 버튼을 클릭하여 PLOT 대화상자에서 설정한 값에 의한 도면을 플롯된 상태로 미리 봅니다.

❷ 미리보기를 종료하고 플롯 대화상자로 복귀하려면 [Esc] 또는 [Enter↵]를 누르거나 마우스 오른쪽 버튼을 클릭하고 바로가게 메뉴에서 종료를 선택합니다. 미리보기 상태에서 플롯하고자 한다면 바로가기 메뉴에서 플롯을 선택합니다. 여기서는 플롯 대화상자로 복귀하겠습니다.

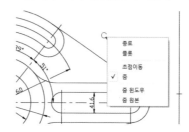

(4) 플롯하기

❶ 플롯 대화상자에서 확인을 클릭합니다.

❷ 플롯 파일 대화상자에서 파일이름과 저장위치를 지정하고 저장된 PDF 파일을 열어 플롯된 도면을 확인합니다.

● 도면 작성 양식(말풀칸)를 만들고 출력하기

Ø170

3×Ø20

18

64.4

R32

R150

E.G.S 120°

Ø100

60

17

Note
• Unspecified Chanfer 1x45°
• Unspecified Fillets and Rounds R3

품번	품 명	재 질	수 량	비 고
3				
2				
1				
과제명	CHAPTER17	척도	1:1	
		각법	3각법	

MEMO

AutoCAD 2019

옵션과
명령어 모음

01 옵션

1 이동 명령 실행 방법

① 응용프로그램 버튼 **A·** 〉 응용프로그램 메뉴 〉 옵션 옵션 을 선택하거나 메뉴 막대 〉 도구 〉 옵션을 선택하여 실행합니다.

② 명령행에 OP를 입력하고 Enter나 Space Bar를 눌러 실행하면 옵션 대화상자가 표시됩니다.

2 옵션 대화상자

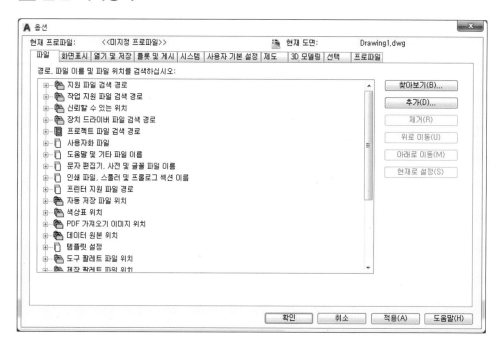

(1) 파일

프로그램에서 지원하는 드라이버, 메뉴 및 다른 파일을 검색하는 폴더 및 사용자 지정된 설정을 나열합니다.

- 지원 파일 검색 경로 : AutoCAD에서 현재 폴더에 없는 문자 글꼴, 사용자화 파일, 플러그인, 삽입할 노면, 선종류 및 해치 패턴을 검색할 폴더를 지정합니다.
- 작업 지원 파일 검색 경로 : AutoCAD에서 사용자 시스템 전용 지원 파일을 검색할 활성 디렉터리를 표시합니다. 또한 리스트는 읽기 전용이며 현재 디렉터리 구조와 네트워크 매핑 내에 있는 지원 파일 검색 경로의 유효한 경로를 표시합니다.

- 신뢰할 수 있는 위치 : AutoCAD에서 코드를 포함하는 파일을 로드하고 실행할 수 있는 권한이 있는 폴더를 지정합니다.

  C : ₩Program Files₩ 및 C : ₩Program Files(x86)₩ 폴더는 자동으로 신뢰합니다.
- 장치 드라이버 파일 검색 경로 : 좌표 입력 장치, 비디오 디스플레이, 프린터 및 플로터에 대한 장치 드라이버를 찾을 위치를 지정합니다.
- 프로젝트 파일 검색 경로 : PROJECTNAME 시스템 변수를 사용하여 도면에 대한 프로젝트 이름을 지정합니다. 해당 프로젝트에 연관된 외부참조에 대한 검색을 할 폴더를 지정합니다.
- 사용자화 파일 : 주 사용자화 파일, 엔터프라이즈(공유) 사용화 파일, 사용자 아이콘 위치 파일을 검색할 위치를 지정합니다.
- 도움말 및 기타 파일 이름 : 도움말 파일 위치, 기본 인터넷 위치, 구성파일 위치를 지정합니다.
- 문자 편집기, 사전 및 글꼴 파일 이름 : 문자 객체 작성, 확인 및 표시에 사용할 파일을 지정합니다.
- 인쇄파일, 스풀러 및 프롤로그 섹션 이름 : 기존 플로팅 스크립트를 위한 플롯 파일 이름, 인쇄 스풀 실행 파일, PostScript 프롤로그 섹션이름과 같은 플로팅에 관련된 설정을 지정합니다.
- 프린터 지원 파일 경로 : 프린터 지원 파일의 검색 경로 설정을 지정합니다.
- 자동 저장 파일 위치 : 열기 및 저장 탭에서 자동 저장을 선택한 경우 작성되는 파일의 경로를 지정합니다.
- 색상표 위치 : 색상 선택 대화상자에서 색상을 지정하는 경우 사용할 수 있는 색상표 파일의 경로를 지정합니다.
- PDF 가져오기 이미지 위치 : PDF 파일을 가져올 때 이미지 파일이 추출되어 저장되는 폴더를 지정합니다.
- 데이터 원본 위치 : 데이터베이스 원본 파일의 경로를 지정합니다.
- 템플릿 설정 : 새 도면을 위한 도면 템플릿 폴더와 기본 템플릿 파일 이름을 지정합니다.
- 도구 팔레트 파일 위치 : 도구 팔레트 지원 파일의 경로를 지정합니다.
- 제작 팔레트 파일 위치 : 블록 제작 팔레트 지원 파일의 경로를 지정합니다.
- 로그 파일 위치 : 열기 및 저장 탭에서 로그 파일 유지를 선택한 경우 작성되는 로그 파일의 경로를 지정합니다.
- 동작 레코드 설정 : 기록된 동작 매크로를 저장하기 위해 사용할 위치 또는 재생할 추가 동작 매크로가 있는 위치를 지정합니다.
- 플롯 및 게시 로그 파일 위치 : 플롯 및 게시 탭에서 플롯 및 게시 로그 파일 자동 저장을 선택한 경우 작성된 로그 파일의 경로를 지정합니다.
- 임시 도면 파일 위치 : 임시 파일을 저장하는 위치를 지정합니다.
- 임시 외부 참조 파일 위치 : 임시 외부 참조 파일에 대한 경로를 지정합니다. 비어 있는 경우 임시 도면 파일 위치가 사용됩니다.
- 텍스처 맵 검색 경로 : 렌더링 텍스처 맵을 검색할 폴더를 지정합니다.
- 웹 파일 검색 경로 : 포토메트릭 웹 파일에 대해 검색할 폴더를 지정합니다.
- DGN 매핑 설정 위치 : DGN 매핑 설정이 저장된 dgnsetups.ini 파일의 위치를 지정합니다.

(2) 화면표시

도면 윈도우, 해상도, 십자선 크기 등 화면 표시를 사용자화합니다.

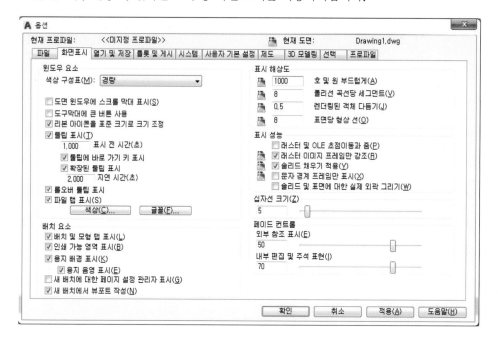

❶ **윈도우 요소** : 도면 환경 고유의 화면표시 설정을 조정합니다.

ㄱ **색상 구성표** : 상태막대, 제목 표시줄, 리본 표시줄 및 응용프로그램 메뉴 프레임 등의 인터페이스 요소에 대해 진하거나 옅은 색상으로 색상 설정을 조정합니다.

어두움

경량

ㄴ **도면 윈도우에 스크롤 막대 표시** : 도면 영역 맨 아래와 오른쪽에 스크롤 막대를 표시합니다. 스크롤 막대를 움직여 도면을 좌우, 위아래로 이동시킬 수 있습니다.

ㄷ **도구막대에 큰 버튼 사용** : 큰 버튼 형식으로 표시합니다.

도구막대에 큰 버튼 사용 체크 해제 시

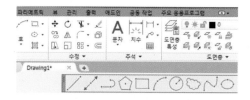
도구막대에 큰 버튼 사용 체크 시

ⓔ 리본 아이콘을 표준 크기로 크기 조정 : 표준 아이콘 크기와 일치하지 않는 경우 작은 리본 아이콘은 크기를 16×16 픽셀로, 큰 리본 아이콘은 크기를 32×32 픽셀로 조정합니다.

ⓜ 툴팁 표시 : 리본, 도구막대에 툴팁 표시를 조정합니다.

툴팁 표시

확장된 툴팁 표시

ⓗ 롤오버 툴팁 표시 : 커서를 객체로 위로 가져갔을 때 롤오버 툴팁 표시를 조정합니다.

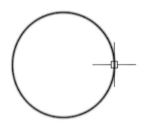

롤오버 툴팁 표시 체크 해제 시

롤오버 툴팁 표시 체크 시

ⓢ 파일 탭 표시 : 도면 영역의 맨 위에 파일 탭을 표시합니다.

파일 탭 표시 체크 해제 시

파일 탭 표시 체크 시

❷ **배치 요소** : 배치는 플로팅을 위해 도면을 설정할 수 있는 도면 공간 환경이며 기존의 배치와 새 배치를 위한 옵션을 조정합니다.

㉠ 배치 및 모형 탭 표시 : 도면 영역 좌측 하단에 있는 모형 탭과 배치 탭을 표시합니다.

배치 및 모형 탭 표시 해제 시   **배치 및 모형 탭 표시 체크 시**

ⓛ 인쇄 가능 영역 표시 : 배치에 인쇄 가능 영역을 표시합니다. 인쇄 가능 영역은 점선으로 표현됩니다.

ⓒ 용지 배경 표시 : 지정한 용지 크기를 표시하기 위해 배경을 회색으로 보여 주며 체크를 해제하면 도면 용지와 화면을 동일한 색상으로 표현합니다.

ⓔ 새 배치에 대한 페이지 설정 관리자 표시 : 새로운 배치 탭을 만들고 클릭하거나 배치 탭을 처음 클릭하면 페이지 설정 관리자를 표시하도록 합니다.

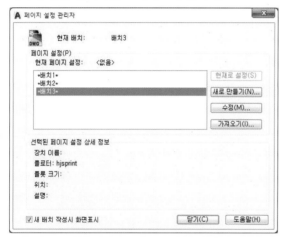

ⓜ 새 배치에서 뷰포트 작성 : 새 배치를 작성할 때 모형 공간의 뷰를 표시하는 단일 뷰포트를 자동으로 작성합니다.

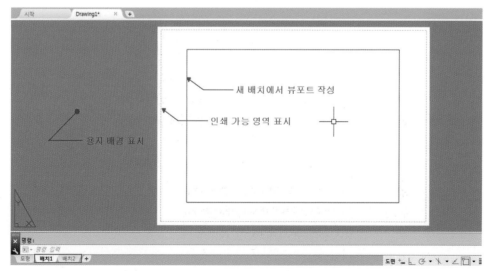

❸ **표시 해상도** : 객체의 화면 표시 해상도를 조정합니다.

    ㉠ 호 및 원 부드럽게 : 객체의 해상도를 설정합니다. 설정 값 범위 1~20000까지이며 설정 값이 클수록 원이나 호의 모양이 더 부드러워집니다. 설정 값이 커지면 도면을 재생성하는 데 시간이 더 오래 걸릴 수 있습니다.

    ㉡ 폴리선 곡선당 세그먼트 : Pedit 명령으로 스플라인 맞춤 폴리선을 생성할 때 각 스플라인 맞춤 폴리선에 생성될 선 세그먼트 수를 설정합니다.

    ㉢ 렌더링 객체 다듬기 : 음영처리, 렌더링된 객체, 렌더링된 그림자 및 은선이 제거된 객체의 부드럽기를 조정합니다.

    ㉣ 표면당 형상 선 : 3D 솔리드의 곡선 표면에 표시되는 윤곽선 수를 지정합니다.

❹ **표시 성능** : 화면표시 성능에 영향을 주는 화면표시 설정을 조정합니다.

    ㉠ 래스터 및 OLE 초점이동과 줌 : 실시간 ZOOM 또는 PAN 명령을 사용하는 동안 래스터 이미지 및 OLE 객체의 표시를 조정합니다. 체크하면 그림 파일도 실시간 ZOOM 또는 PAN 명령을 사용하여도 원래 이미지를 유지합니다.

    ㉡ 래스터 이미지 프레임만 강조 : 전체 래스터 이미지를 강조할지 또는 래스터 이미지 프레임만을 강조할지 여부를 조정합니다. 체크하면 그림 파일의 외곽이 점선으로 표시되며, 체크를 하지 않으면 외곽 및 영역이 해칭으로 표시됩니다.

    ㉢ 솔리드 채우기 적용 : 솔리드 패턴의 해칭, 2D 솔리드 및 두께를 부여한 폴리선을 채울지 여부를 지정합니다.

솔리드 채우기 적용 체크 해제 시

솔리드 채우기 적용 체크 시

    ㉣ 문자 경계 프레임만 표시 : 문자 표시 방법을 조정합니다. 체크 시 문자를 사각형의 프레임만으로 표시합니다.

문자 경계 프레임만 표시 체크 해제 시   문자 경계 프레임만 표시 체크 시

    ㉤ 솔리드 및 표면에 대한 실제 외곽 그리기 : 3D 솔리드 객체의 윤곽을 와이어 프레임 형식으로 표시합니다.

❺ **십자선 크기** : 십자선 크기를 조정합니다.

❻ **외부 참조 표시** : 외부 참조 객체의 광도를 조정합니다.

❼ **내부 편집 및 주석 표현** : 내부 편집 중인 참조 내의 페이드 정도를 조정합니다. 참조에서 편집 중이지 않은 객체에만 적용됩니다.

(3) 열기 및 저장

도면 열기와 저장에 관한 설정을 사용자화합니다.

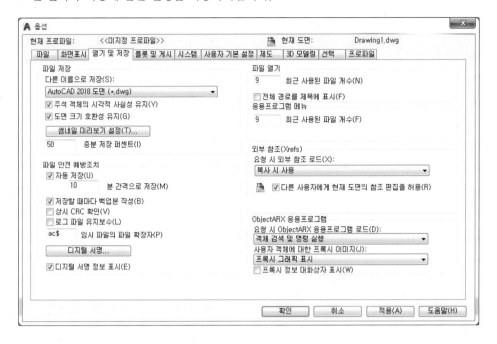

❶ **파일 저장** : 파일 저장에 관련된 설정을 합니다.

ㄱ 다른 이름으로 저장 : 선택한 파일 형식이 도면의 저장 기본 형식이 됩니다.

ㄴ 주석 객체의 시각적 사실성 유지 : AutoCAD 2007 또는 이전 버전 파일 형식으로 도면을 저장할 때 주석
객체를 지정된 도면층에 남기거나 주석 축척이 지정된 주석 객체는 사용한 축척별로 서로 다른 도면층에
저장되도록 합니다.

ㄷ 도면 크기 호환성 유지 : 도면을 열고 저장할 때 큰 객체 크기 제한을 조정합니다.

ㄹ 썸네일 미리보기 설정 : 도면을 저장할 때 썸네일 미리보기 이미지를 저장합니다.

ㅁ 증분 저장 퍼센트 : 증분 저장을 위해 DWG 파일에 할당되는 공간의 양을 조정합니다. 증분저장을 사용하
면 속도가 빨라지지만 도면 크기가 증가합니다. 성능을 최적화하려면 값을 50으로 설정합니다.

❷ **파일 안전 예방조치** : 데이터 손실을 방지하며 오류 발견을 할 수 있도록 설정합니다.

ㄱ 자동 저장 : 지정한 시간 간격으로 도면을 자동 저장합니다.

ㄴ 각 저장 시 백업본 작성 : 백업 파일을 작성하며 큰 도면에서 증분 저장 속도를 향상시킵니다.

ㄷ 상시 CRC 확인 : 도면이 손상되어 하드웨어 문제나 소프트웨어 오류가 의심되는 경우 이 옵션을 켭니다.

ㄹ 로그 파일 유지보수 : 명령 사용 내역을 로그 파일에 기록할지 여부를 지정합니다.

ㅁ 임시 파일의 파일 확장자 : 임시 파일의 파일 확장자를 지정하며 기본 확장자는 .ac$입니다.

ㅂ 디지털 서명 정보 표시 : 디지털 서명이 부착된 파일을 열 때 경고 메시지를 표시할지 여부를 조정합니다.

❸ 파일 열기 : 최근 열었던 파일과 사용한 파일에 대한 설정을 조정합니다.

　㉠ **최근 사용된 파일 개수** : 최근 사용된 파일 중 파일 메뉴에 나열될 개수를 조정합니다. 다음은 5개를 지정한 경우입니다.

　㉡ **전체 경로를 제목에 표시** : 도면의 제목 표시줄 또는 응용프로그램 윈도우 제목 표시줄에 도면의 전체 경로를 표시합니다.

❹ 응용프로그램 메뉴 : 응용프로그램 메뉴에 나열되는 최근 사용된 파일의 개수를 조정합니다.

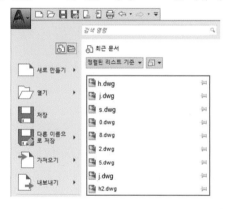

❺ 외부 참조 : 외부 참조 로드 및 외부 참조 편집에 관한 설정을 조정합니다.

　㉠ **요청 시 외부 참조 로드** : 외부 참조 요청 시 로드하기를 끄거나 켜고 참조된 도면이나 사본을 열지를 조정합니다.

　㉡ **다른 사용자에게 현재 도면의 참조 편집을 허용** : 현재 도면을 다른 도면에서 참조할 때 편집 여부를 조정합니다.

❻ ObjectARX 응용프로그램 : 특정 응용프로그램에 대한 로드 요구 여부와 그 시기를 지정합니다.

(4) 플롯 및 게시

플롯 및 게시에 관한 옵션을 조정합니다.

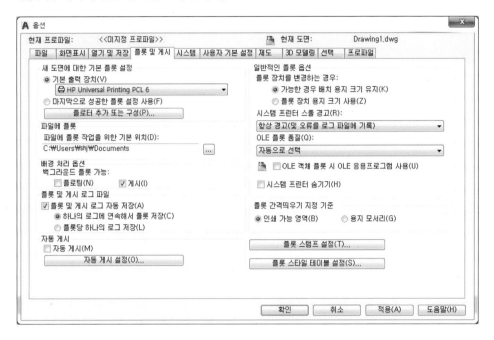

① **새 도면에 대한 기본 플롯 설정** : 새 도면에 대한 기본 플롯을 설정합니다.

㉠ 기본 출력 장치 : 새 도면에 대한 기본 출력 장치를 설정합니다.

㉡ 마지막으로 성공한 플롯 설정 사용 : 마지막으로 성공한 플롯의 설정에 따라 플롯 사용을 설정합니다.

② **파일에 플롯** : 파일에 출력을 플롯할 때 플롯 파일의 기본위치를 지정합니다.

③ **배경 처리 옵션** : 백그라운드 플롯을 사용하여 플롯 또는 게시 중인 작업을 시작하고 작업이 플롯되거나 게시되는 동안 바로 도면으로 돌아갈 수 있습니다.

④ **플롯 및 게시 로그 파일** : 플롯 및 게시 로그 파일을 스프레드시트 프로그램에서 볼 수 있는 CVS 파일로 저장하는 옵션을 조정합니다.

⑤ **자동 게시** : 도면을 DWF, DWG 또는 PDF 파일로 자동으로 게시할지 여부를 지정합니다.

⑥ **일반적인 플롯 옵션**

㉠ 플롯 장치를 변경하는 경우 : 가능한 경우 배치 용지 크기 유지를 선택 시 페이지 설정 대화상자에 지정된 용지 크기를 사용하며, 플롯 장치 용지 크기 사용을 선택 시 플로터 구성파일에 지정된 용지크기 또는 기본 시스템 설정에 지정된 용지 크기를 사용합니다.

㉡ 시스템 프린터 스풀 경고 : 플롯된 도면이 입력 또는 출력 포트의 충돌 때문에 시스템 프린터에 스풀되는 경우 사용자에게 경고하고 오류의 기록 여부를 조정합니다.

㉢ OLE 플롯 품질 : 모든 OLE 객체의 플롯 품질을 단색, 저품질 그래픽, 고품질 그래픽으로 지정할 수 있습니다.

㉣ 시스템 프린터 숨기기 : 윈도우 시스템 프린터가 플롯 대화상자 또는 페이지 설정 대화상자에 표시될지 여부를 조정합니다.

⑦ 플롯 간격띄우기 지정 기준 : 플롯 간격 띄우기가 인쇄 가능 영역 또는 용지 모서리를 기준으로 할지 조정합니다.

⑧ 플롯 스탬프 설정 : 플롯 스탬프 설정 대화상자를 엽니다.

⑨ 플롯 스타일 테이블 설정 : 플롯 스타일 테이블 설정 대화상자를 엽니다.

(5) 시스템

시스템 설정을 조정합니다.

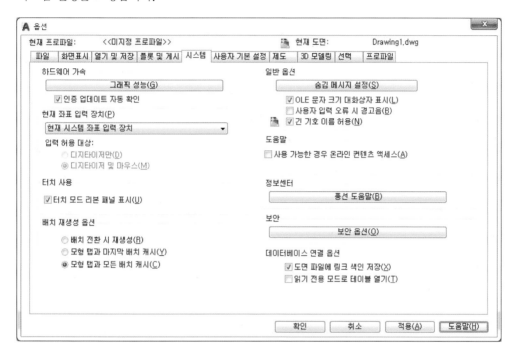

❶ 하드웨어 가속 : 그래픽 화면표시 시스템의 구성과 관련된 설정을 조정합니다. 그래픽 성능 버튼을 누르면 그래픽 성능 대화상자가 표시됩니다.

❷ 현재 좌표 입력 장치 : 좌표 입력 장치에 관련된 옵션을 조정합니다. 현재 시스템 좌표 입력 장치 선택 시 시스템 좌표 입력 장치를 현재로 설정하며, Wintab 호환 디지타이저 선택 시 입력 허용대상을 디지타이저 만 또는 디지타이저 및 마우스로 선택할 수 있습니다.

❸ 터치 사용 : ZOOM 및 초점이동과 같은 터치 패드 작업을 취소하는 버튼이 있는 패널을 표시합니다.

❹ 배치 재생성 옵션 : 모형 탭 및 배치 탭에서 표시 리스트의 업데이트 방법을 지정합니다. 각 탭에 대해 표시 리스트는 해당 탭을 전환할 때 도면을 재생성하거나 해당 탭으로 전환할 때 화면표시 리스트를 메모리에 저장하고 수정한 객체만을 재생성하여 업데이트됩니다.

ⓔ **일반 옵션**

   ㉠ 숨김 메시지 설정 : 숨김 메시지 설정 대화상자를 표시하며 이전에 숨겼던 메시지의 표시를 조정합니다.

   ㉡ OLE 문자 크기 대화상자 표시 : OLE 문자 크기 대화상자 표시에 체크하면 OLE 객체를 도면에 삽입할
      때 OLE 문자 크기 대화상자를 표시합니다.

   ㉢ 사용자 입력 오류 시 경고음 : 부적합한 입력을 탐지하면 경고음을 냅니다.

   ㉣ 긴 기호 이름 허용 : 블록, 치수, 스타일, 도면층 및 기타 명명된 객체의 이름에 사용할 수 있는 문자의
      개수를 조정합니다.

ⓕ **도움말** : 도움말의 정보를 온라인에서 가져올지 로컬에서 가져오는지 지정합니다.

ⓖ **정보 센터** : 풍선 도움말을 클릭하면 정보 센터 설정 대화상자를 표시하며 응용프로그램 윈도우 오른쪽 위
  구석의 풍선 도움말 콘텐츠, 빈도 및 표시시간을 조정합니다.

ⓗ **보안** : 실행 코드가 포함된 파일의 로드 방법을 조정하기 위한 옵션을 제공하며 보안 옵션을 클릭하면 보안
  옵션 대화상자를 표시합니다.

ⓘ **데이터베이스 연결 옵션** : 데이터베이스 연결에 관련된 옵션을 조정합니다. 도면 파일에 링크 색인 지정을
  체크하면 도면 파일 내에 데이터베이스 색인을 저장하며, 읽기 전용 모드에서 테이블 열기를 체크하면 도면
  파일에서 데이터베이스 테이블 읽기 전용 모드로 열지 열부를 지정합니다.

(6) 사용자 기본 설정

마우스 선택 동작, 삽입축척, 좌표입력 방법 등의 사용자 기본 설정을 합니다.

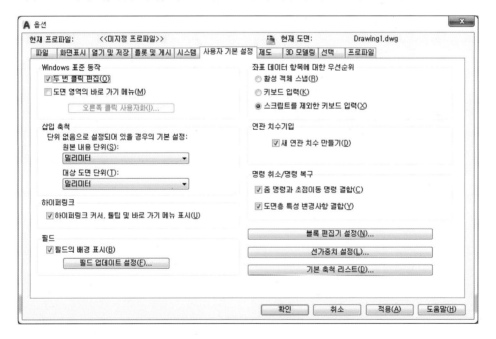

① Window 표준 동작

　　㉠ **두 번 클릭 편집** : 도면 영역에서 마우스를 두 번 클릭하여 편집할 수 있도록 합니다.

　　㉡ **도면 영역의 바로 가기 메뉴** : 이 옵션을 체크하지 않으면 마우스 오른쪽 버튼 클릭은 [Enter↵] 키의 기능을 가지며, 체크하면 마우스 오른쪽 버튼을 누르면 바로 가기 메뉴를 사용할 수 있습니다. 또한 오른쪽 클릭 사용자화를 누르면 오른쪽 클릭 사용자화 대화상자를 표시하며 이 대화상자에서 바로 가기 메뉴를 추가로 지정합니다.

② **삽입 축척** : 도면에 삽입되거나 부착된 블록, 이미지 또는 외부 참조의 자동축척에 대한 도면 단위 값을 지정합니다.

③ **하이퍼링크** : 하이퍼링크 커서, 툴팁 및 바로 가기 메뉴의 표시를 조정합니다.

④ **필드** : 필드에 관한 설정을 하며 필드의 배경 표시를 체크하면 필드가 회색 배경으로 표시되며, 체크하지 않으면 문자와 같은 배경으로 표시됩니다.

⑤ **좌표 데이터 항목에 대한 우선순위** : 명령행에 입력한 좌표로 활성 객체 스냅을 재지정할지 여부를 조정합니다.

　　㉠ **활성 객체 스냅** : 활성 객체 스냅 설정이 키보드 입력보다 우선입니다.

　　㉡ **키보드 입력** : 키보드 입력이 객체 스냅 설정보다 우선입니다.

　　㉢ **스크립트를 제외한 키보드 입력** : 스크립트를 제외한 키보드 입력이 객체 스냅 설정보다 우선입니다.

⑥ **연관 치수 기입** : 새 치수 연관 만들기에 체크하면 연관 치수가 작성되며 객체를 수정하면 연관 치수의 위치, 방향 및 측정값이 자동으로 조정됩니다.

　　새 치수 연관 만들기에 체크 해제 시　　　　　　　　새 치수 연관 만들기에 체크 시

⑦ **명령 취소 / 명령 복구** : 줌 및 초점이동에 대한 명령 취소 및 명령 복구를 조정합니다. 줌 명령과 초점이동 명령 결합에 체크하면 여러 번의 연속 줌 및 초점이동 명령을 단일 명령 취소 및 명령 복구 작업으로 그룹화하며, 도면층 특성 변경 사항 결합에 체크하면 도면층 특성 관리자에서 변경한 도면층 특성을 그룹화합니다.

⑧ **블록 편집기 설정** : 블록 편집기의 환경설정을 조정합니다.

⑨ **선 가중치 설정** : 특성 및 기본 값과 같은 선가중치 표시 옵션을 설정합니다.

⑩ **기본 축척 리스트** : 레지스트리에 저장되는 기본 축척 리스트를 조정합니다. 현재 도면의 축척 리스트를 조정하려면 SCALELISTEDIT 명령을 사용합니다.

(7) 제도

AutoSnap 표식기, 툴팁, 마그넷 표시 및 객체 스냅 추적에 대한 설정을 합니다.

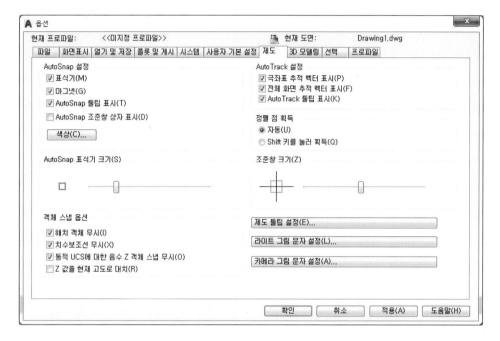

❶ **AutoSnap 설정** : AutoSnap 표식기, 툴팁 및 마그넷의 표시를 조정합니다.

　㉠ **표식기** : AutoSnap 표식기에 체크하고 십자 커서를 스냅점 위로 가져가면 해당 기호가 표시됩니다.

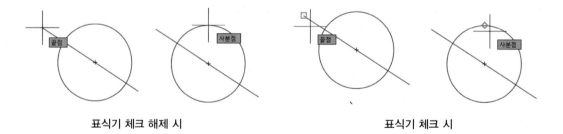

표식기 체크 해제 시　　　　　　　　　표식기 체크 시

　㉡ **마그넷** : 마그넷은 십자 커서가 가장 가까운 스냅점으로 왔을 때 십자 커서를 자동으로 그 스냅점 위로
　　움직이도록 합니다.

　㉢ **AutoSnap 툴팁 표시** : 마우스를 스냅점으로 가져가면 스냅점의 이름을 표시합니다.

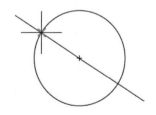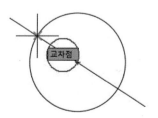

AutoSnap 툴팁 표시 체크 해제 시　　　　AutoSnap 툴팁 표시 체크 시

ㄹ AutoSnap 조준창 상자 표시 : 조준차 상자는 객체에 스냅할 때 십자 커서의 중심에 나타나는 상자입니다.

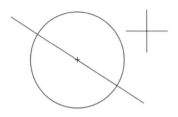

AutoSnap 조준창 상자 표시 체크 해제 시

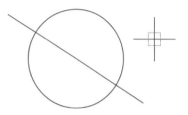

AutoSnap 조준창 상자 표시 체크 시

ㅁ 색상 : 도면 윈도우 색상 대화상자를 표시하며 응용프로그램의 인터페이스 요소의 표시 색상을 설정합니다.

❷ **AutoSnap 표식기 크기** : AutoSnap 표식기의 크기를 설정합니다.

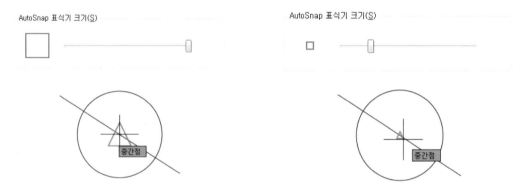

❸ **객체 스냅 옵션** : 활성 객체 스냅 모드를 설정합니다.

ㄱ 해치 객체 무시 : 해치 객체를 스냅할 수 있도록 하거나 또는 무시할 것인지를 지정합니다.

ㄴ 치수보조선 무시 : 치수 보조선을 스냅할 수 있도록 하거나 또는 무시할 것인지를 지정합니다.

ㄷ 동적 UCS에 대한 음수 Z 객체 스냅 무시 : 동적 UCS를 사용하는 동안 객체 스냅이 음수 Z값인 형상을
무시하도록 지정합니다.

❹ **AutoTrack 설정** : 극좌표 추적 또는 객체 스냅 추적이 켜져 있는 경우 사용할 수 있는 AutoTrack에 관한
설정을 조정합니다.

ㄱ 극좌표 추적 벡터 표시 : 극좌표 추적이 켜져 있는 경우 지정한 각도를 따라 벡터를
표시합니다.

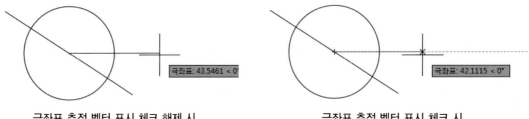

극좌표 추적 벡터 표시 체크 해제 시　　　　　　　극좌표 추적 벡터 표시 체크 시

ⓛ 전체 화면 추적 벡터 표시 : 전체 화면 극좌표 추적 경로를 표시합니다. 정렬 점 및 점에서 커서 위치까지 사이의 객체 스냅 추적 경로만 표시합니다.

ⓒ AutoTrack 툴팁 표시 : AutoTrack 툴팁 표시에 대한 설정을 지정합니다.

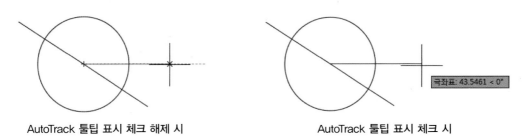

AutoTrack 툴팁 표시 체크 해제 시　　　　　　　AutoTrack 툴팁 표시 체크 시

❺ **정렬 점 획득** : 자동에 체크하면 조준창을 객체 스냅 위로 가져가면 추적 벡터를 자동으로 표시하며 [Shift] 키를 눌러 획득에 체크하면 [Shift] 키를 누른 채 조준창을 객체 스냅 위로 가져가면 추적 벡터가 표시됩니다.

❻ **조준창 크기** : AutoSnap 조준창 상자 크기를 설정합니다.

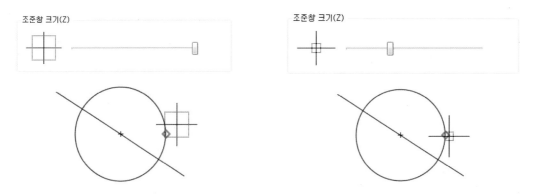

❼ **제도 툴팁 설정** : 툴팁 모양 대화상자가 표시되며 제도 툴팁의 색상, 크기, 투명도를 조절합니다.

❽ **라이트 그림 문자 설정** : 라이트 그림 문자 모양 대화상자가 표시되며 라이트 그림 문자 색상, 크기, 표시를 조절합니다.

❾ **카메라 그림 문자 설정** : 카메라 그림 문자 모양 대화상자가 표시되며 카메라 그림 문자 색상, 크기를 조절합니다.

(8) 선택

객체 선택, 그립 등을 설정합니다.

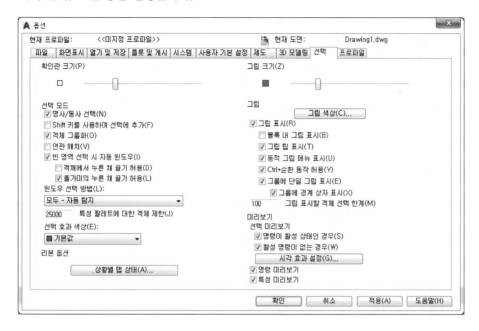

❶ **확인란 크기** : 편집 명령에서 나타나는 객체 선택 도구(확인란)의 크기를 조절합니다.

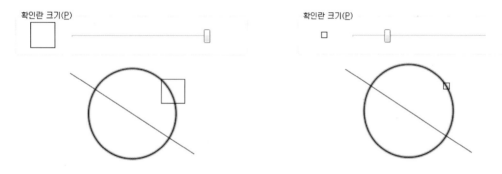

❷ **선택 모드** : 객체 선택 방법과 관련된 설정을 조절합니다.

ㄱ **명사/동사 선택** : 명령을 시작한 후에만 객체를 선택할 수 있는지 명령을 시작하기 전에(명사/동사 선택) 객체를 선택할 수 있는지 조절합니다.

ㄴ Shift 키를 사용하여 선택에 추가 : Shift 키를 사용하여 선택에 추가 체크 시 마지막으로 선택했던 객체가 선택되며 이전에 선택했던 객체들은 선택에서 자동으로 제거됩니다. 또한 Shift 키를 누른 상태에서 선택하면 선택 객체를 추가하거나 선택된 객체를 제거할 수 있습니다. Shift 키를 사용하여 선택에 추가에 체크하지 않으면 개별적으로 또는 윈도우 방식으로 여러 개의 객체를 선택할 수 있습니다.

ㄷ **객체 그룹화** : 그룹으로 작성된 객체를 그룹 내에서 한 객체를 선택하거나 그 그룹의 모든 객체를 선택합니다.

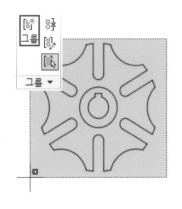
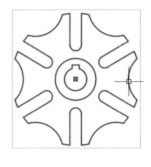
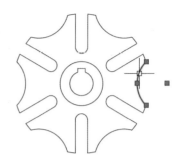

| 객체 그룹화 | 객체 그룹화에 체크하고 그룹
객체를 선택하였을 때 | 객체 그룹화에 체크를 해제하고
그룹 객체를 선택하였을 때 |

㉣ 연관 해치 : 연관 해치에 체크하고 연관 해치를 선택하는 경우 경계 객체도 선택이 되며 연관 해치에 체크 안하고 연관 해치를 선택하는 경우 연관 해치만 선택됩니다.

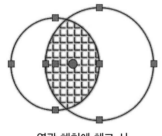
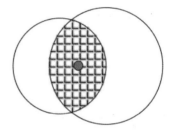

| 연관 해치에 체크 시 | 연관 해치에 체크 해제 시 |

㉤ 빈 영역 선택 시 자동 윈도우 : 빈 영역 선택 시 자동 윈도우에 체크하면 도면 영역에서 한 점을 지정하고 마우스를 움직이면 선택 윈도우가 그려집니다.

- 객체에서 누른 채 끌기 허용 : 객체에서 누른 채 끌기 허용에 체크하면 커서가 객체 바로 위에 있어도 윈도우 또는 교차 선택을 시작하나 체크를 하지 않으면 커서가 객체 바로 위에 있으면 윈도우 또는 교차 선택을 시작하지 않습니다.
- 올가미의 누른 채 끌기 허용 : 마우스 왼쪽 버튼을 누른 상태에서 드래그하여 올가미 선택상태가 되도록 합니다.

㉥ 윈도우 선택 방법 : 선택 윈도우를 그리는 방식을 설정합니다.

- 클릭 후 클릭 : 두 점을 지정하여 선택 윈도우를 지정합니다.
- 누른 채 끌기 : 선택 윈도우를 클릭 및 끌기로 지정합니다.
- 모두-자동탐지 : 클릭 후 클릭과 누른 채 끌기 방법 중 하나를 사용하여 선택 윈도우를 지정합니다.

㉦ 특성 팔레트에 대한 객체 : 특성 및 빠른 특성 팔레트를 사용하여 한 번에 변경할 수 있는 객체 수를 제한하며 유효한 개수는 0에서 32767까지입니다.

㉧ 선택 효과 색상 : 선택된 객체에 적용할 색상을 설정합니다.

❸ **리본 옵션** : 리본 상황별 탭의 표시를 위한 객체 선택 설정을 지정할 수 있는 리본 상황별 탭 상태 옵션 대화상 자를 표시합니다.

❹ **그립 크기** : 그립 상자의 크기를 설정합니다.

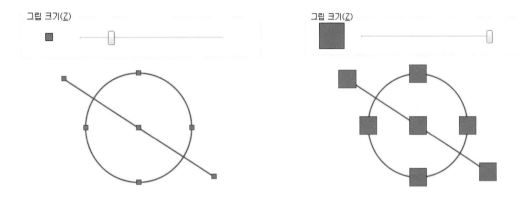

❺ **그립** : 선택한 객체의 그립의 표시를 설정합니다.

㉠ **그립 색상** : 선택 해제된 그립 색상, 선택된 그립 색상, 선택되지 않은 그립 위에서 커서가 잠깐 멈추는 경우 이 그립의 채우기 색상(호버 그립 색상), 그립 윤곽선 색상을 그립 색상 대화상자에서 지정합니다.

㉡ **그립 표시** : 선택한 객체에 그립의 표시를 조정합니다.

㉢ **블록 내 그립 표시** : 블록의 삽입점에만 그립을 표시할지 블록 내의 객체에 그립을 표시할지 지정합니다.

블록 내 그립 표시 체크 시　　　　　　**블록 내 그립 표시 체크 해제 시**

㉣ **동적 그립 메뉴 표시** : 동적 그립 메뉴를 사용하여 객체를 편집할 수 있습니다.

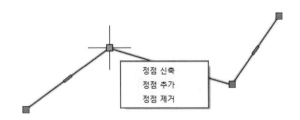

ⓜ Ctrl +순환 동작 허용 : Ctrl 키를 눌러 그립 동작을 변경하는 방법으로 다기능 그립 옵션에 액세스할 수 있습니다.

ⓗ 그룹에 단일 그립 표시 : 객체 그룹에 대해 단일 그립을 표시하며 그룹에 경계 상자 표시에 체크하면 그룹화된 객체의 범위 주위에 경계상지를 표시합니다.

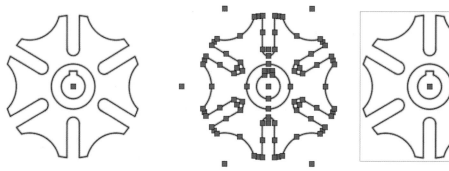

그룹에 단일 그립 표시 체크 시   그룹에 단일 그립 표시 체크 해제 시   그룹에 경계 상자 표시에 체크 시

ⓢ 그립 표시할 객체 선택 한계 : 선택된 객체 수가 지정된 객체 수보다 많은 객체를 포함할 때 그립의 표시를 억제합니다.

❻ 미리보기 : 커서를 객체 위로 움직여 객체를 강조 표시합니다.

ⓖ 명령이 활성 상태인 경우 : 명령이 활성 상태인 경우에 체크하면 명령이 활성화되고 객체 선택 프롬프트가 표시된 경우에만 선택 미리보기를 표시합니다.

ⓛ 활성 명령이 없는 경우 : 활성 명령이 없는 경우에 체크하면 모든 명령이 비활성화 상태에서 선택 미리보기를 표시합니다.

ⓒ 시각 효과 설정 : 시각 효과 설정을 클릭하면 시각 효과 설정 대화상자를 표시하며 선택 영역, 윈도우 선택 영역 색상 등을 설정할 수 있습니다.

ⓡ 명령 미리보기 : 활성 명령의 결과의 미리보기 여부를 조정합니다.

ⓜ 특성 미리보기 : 특성을 조정하는 드롭다운 리스트 및 갤러리를 롤오버할 때 현재 선택된 객체에 대한 변경 사항의 미리보기 여부를 조정합니다.

(9) 프로파일

기존 사용자 설정 프로파일을 새 프로파일로 작성하거나 선택한 프로파일을 현재 프로파일로 만들거나 저장합니다.

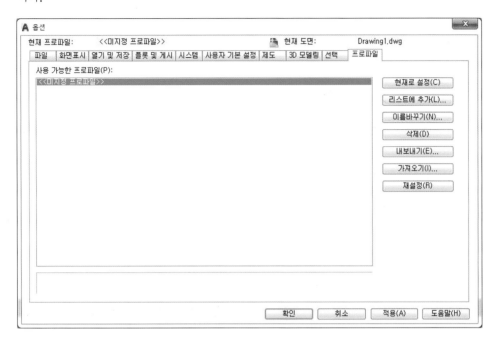

❶ **현재로 설정** : 선택한 프로파일을 현재 프로파일로 만듭니다.

❷ **리스트에 추가** : 선택한 프로파일을 다른 이름으로 저장할 수 있는 프로파일 추가 대화상자를 표시합니다.

❸ **이름 바꾸기** : 선택한 프로파일의 이름 및 설명을 변경하기 위한 프로파일 변경 대화상자를 표시합니다.

❹ **삭제** : 현재 프로파일을 제외한 선택한 프로파일을 삭제합니다.

❺ **내보내기** : 프로파일 확장자가 .org인 파일로 내보내 다른 사용자나 다른 컴퓨터에서 파일을 공유할 수 있습니다.

❻ **가져오기** : 내보내기 옵션을 사용하여 작성된 .org인 프로파일 파일을 가져옵니다.

❼ **재설정** : 선택한 프로파일의 값을 시스템 기본 설정으로 다시 설정합니다.

02 | 명령어 모음

명령	별칭	내용
3DARRAY	3A	3차원 배열을 작성합니다.
3DWALK	3DNavigate, 3DW	도면의 3D 뷰를 대화식으로 변경하여 모형을 통과하여 걷는 모양을 작성합니다.
3DORBIT	3DO, ORBIT	마우스를 통한 3D 대화식 보기 기능을 제공합니다.
3DPRINT	3DP, 3DPLOT	AutoCAD Print Studio로 3D 모형을 보냅니다.
3DFACE	3F	3D 공간에서 3면 또는 4면의 곡면을 작성합니다.
3DMOVE	3M	3D 뷰에서 3D 객체를 지정된 거리와 방향에 따라 이동하는 데 유용한 3D 이동 장치를 표시합니다.
3DPOLY	3P	3차원 공간에서 연속 선종류를 사용하여 직선 세그먼트가 있는 다각형을 작성합니다.
3DROTATE	3R	3D 뷰에서 3D 객체를 기준점에 따라 회전하는 데 유용한 3D 회전 장치를 표시합니다.
3DSCALE	3S	3D 뷰에서 3D 객체 크기를 조정하는 데 유용한 3D 축척 장치를 표시합니다.
3DALIGN	3AL	객체를 2D 및 3D의 다른 객체와 정렬합니다.

A		
ADCENTER	ADC, DC, DCENTER	콘텐츠를 관리합니다.
ARC	A	호를 작성합니다.
AREA	AA	객체나 정의된 영역의 면적과 둘레를 계산합니다.
ALIGN	AL	2D 및 3D에서 객체를 다른 객체와 정렬합니다.
APPLOAD	AP	응용 프로그램을 올리거나 내리며, 시작 시 올릴 응용프로그램을 정의합니다.
ARRAY	AR	한 패턴으로 객체의 다중 사본을 작성합니다.
ACTRECORD	ARR	동작 매크로 기록을 시작합니다.
ACTUSERMESSAGE	ARM	동작 매크로 사용자 메시지를 삽입합니다.
ACTUSERINPUT	ARU	사용자 입력을 위해 동작 매크로를 일시 중단합니다.
ACTSTOP	ARS	동작 리코더를 중지하고 동작 매크로 파일에 기록된 동작을 저장할 수 있는 옵션을 제공합니다.
ANALYSISCURVATURE	CURVATUREANALYSIS	곡면 곡률의 다른 측면을 계산하도록 곡면에 색상 그라데이션을 표시합니다.
ANALYSISZEBRA	ZEBRA	스트라이프를 3D 모형에 투영하여 곡면 연속성을 분석합니다.
ATTIPEDIT	ATI	블록 내 속성의 문자 내용을 변경합니다.
ATTDEF	ATT	속성 정의를 작성합니다.
ATTEDIT	ATE	속성 정보를 변경합니다.
ATTDISP	ATTDISP	속성의 가시성을 전체적으로 조정합니다.

B		
BACTION	AC	동적 블록 정의에 동작을 추가합니다.
BLOCK	B	선택한 객체로부터 블록 정의를 작성합니다.
BASE	BA	현재 도면에 대한 삽입 기준점을 설정합니다.
BCLOSE	BC	블록 편집기를 닫습니다.
BEDIT	BE	블록 편집기에서 블록 정의를 엽니다.
BOUNDARY	BO	닫힌 영역으로부터 영역 또는 폴리선을 작성합니다.
BREAK	BR	객체의 일부를 지우거나 한 객체를 둘로 분할합니다.
BSAVE	BS	현재 블록 정의를 저장합니다.
BVSTATE	BVS	동적 블록에서 가시성 상태를 작성, 설정 또는 삭제를 합니다.
BCPARAMETER	CPARAM	선택한 객체에 구속조건 매개변수를 적용하거나, 치수 구속조건을 매개변수 구속조건으로 변환합니다.
BPARAMETER	PARAM	그립이 있는 매개변수를 동적 블록 정의에 추가합니다.

C		
CAL	CA	수학 및 기하학적 표현식을 계산합니다.
CIRCLE	C	원을 작성합니다.
CAMERA	CAM	각각 다른 카메라와 대상의 위치를 설정합니다.
CONSTRAINTBAR	CBAR	객체에서 기하학적 구속조건을 표시하거나 숨깁니다.
CHAMFER	CHA	객체의 모서리를 비스듬하게 깎습니다.
CHECKSTANDARDS	CHK	현재 도면이 표준에 맞는지 검사합니다.
CENTERLINE	CL	선택한 선 및 선형 폴리선 세그먼트와 연관된 중심선 형상을 작성합니다.
COMMANDLINE	CLI	명령어 윈도를 표시합니다. Ctrl+9를 눌러 명령 윈도우 표시를 전환할 수도 있습니다.
CENTERMARK	CM	선택한 원이나 호의 중심에 십자 모양 연관 표식을 합니다.
COORDINATIONMODELATTACH	CMATTACH	조정 모형에 대한 참조를 삽입합니다.
COLOR	COL	새 객체에 대해 색상을 정의합니다.
COPY	CO, CP	객체를 복사합니다.
CONSTRAINTSETTINGS	CSETTINGS	구속조건 막대의 기하학적 구속조건 표시를 조정합니다.
CTABLESTYLE	CT	현재 테이블 스타일의 이름을 설정합니다.
CYLINDER	CYL	3차원 솔리드 원통을 작성합니다.
CVSHOW	POINTON	지정된 NURBS 곡면 또는 곡선의 조정 정점을 표시합니다.
CVHIDE	POINTOFF	모든 NURBS 곡면 또는 곡선에 대해 조정 정점 표시를 끕니다.
CVADD	INSERTCONTROLPOINT	조정 정점을 NURBS 곡면 및 스플라인에 추가합니다.
CVREBUILD	REBUILD	NURBS 곡면을 재생성할 때 U 방향 그리드선 수를 설정합니다.
CVREMOVE	REMOVECONTROLPOINT	조정 정점을 NURBS 곡면 및 곡선에서 제거합니다.

D

DIMSTYLE	D	치수 유형을 작성하고 수정합니다.
DIMALIGNED	DAL	정렬된 선형 치수를 작성합니다.
DIMANGULAR	DAN	삭노 치수를 작성합니다.
DIMARC	DAR	호 길이 치수를 작성합니다.
DIMJOGGED	JOG, DJO	원 또는 호의 꺾어진 치수를 작성합니다.
DIMBASELINE	DBA	이전 치수 또는 선택한 치수의 기준선으로부터 선형 치수, 각도치수 또는 세로좌표 치수를 작성합니다.
DBCONNECT	DBC	외부 데이터베이스 테이블에 대한 인터페이스를 제공합니다.
DIMCENTER	DCE	원과 호의 중심 표식 또는 중심선을 작성합니다.
DIMCONTINUE	DCO	이전 치수 또는 선택한 치수의 두 번째 치수보조선에서 선형 치수, 각도 치수, 또는 세로좌표 치수를 작성합니다.
DIMCONSTRAINT	DCON	선택한 객체 또는 객체의 점에 치수 구속조건을 적용하거나 연관 치수를 치수 구속조건으로 변환합니다.
DIMDISASSOCIATE	DDA	선택한 치수에서 연관성을 제거합니다.
DIMDIAMETER	DDI	원과 호의 지름 치수를 작성합니다.
DIMEDIT	DED	치수를 편집합니다.
DELCONSTRAINT	DELCON	객체의 선택 세트에서 기하학적 구속조건과 치수 구속조선을 모두 제거합니다.
DIST	DI	두 점 사이의 거리와 각도를 측정합니다.
DIVIDE	DIV	객체의 길이 또는 둘레를 따라 점 객체 또는 블록을 일정한 간격으로 배치합니다.
DIMJOGLINE	DJL	선형 또는 정렬치수에 꺾기 선을 추가하거나 제거합니다.
DATALINK	DL	데이터 링크 대화상자를 표시합니다.
DIMLINEAR	DLI	선형치수를 작성합니다.
DATALINKUPDATE	DLU	설정된 외부 데이터 링크로부터 데이터를 업데이트합니다.
DONUT	DO	채워진 원 또는 넓은 링을 작성합니다.
DIMORDINATE	DOR	세로좌표 치수를 작성합니다.
DIMOVERRIDE	DOV	치수 시스템 변수를 재지정합니다.
DRAWORDER	DR	이미지 및 다른 객체의 표시 순서를 변경합니다.
DIMRADIUS	DRA	원 또는 호의 반지름 치수를 작성합니다.
DIMREASSOCIATE	DRE	선택한 치수를 객체 또는 객체의 점에 연관시키거나 재연관시킵니다.
DRAWINGRECOVERY	DRM	프로그램 또는 시스템 오류 발생 후에 복구할 수 있는 도면 파일 리스트를 표시합니다.
DSETTINGS	DS, SE	스냅모드, 모눈 그리고 극좌표 및 객체 스냅 추적을 위한 설정값을 지정합니다.
DIMSTYLE	DST	치수 유형을 작성하고 수정합니다.
DVIEW	DV	평행 투영 또는 원근 뷰를 작성합니다.
DATAEXTRACTION	DX	도면 데이터를 추출하고 외부 소스의 데이터 추출 테이블 또는 외부 파일에 병합합니다.

E		
ExportToAutoCAD	AECTOACAD	AutoCAD와 같은 제품에서 열 수 있는 AEC 파일 버전을 작성합니다.
ERASE	E, DELETE	도면에서 객체를 제거합니다.
ELLIPSE	EL	타원이나 타원호를 작성합니다.
EXTERNALREFERENCES	ER	외부 참조 팔레트를 엽니다.
EDITSHOT	ESHOT	저장된 명명된 뷰를 편집합니다
EXTEND	EX	객체를 연장하여 다른 객체의 모서리와 만나도록 합니다.
EXPORT	EXP	도면의 객체를 다른 파일 형식으로 저장합니다.
EXTRUDE	EXT	한 영역을 둘러싸는 객체에서 3D SOLID를 끝이 열린 객체에서 3D SURFACE를 작성합니다
EXPLODE	X	복합 객체를 구성요소 객체로 분해합니다.

F		
FILLET	F	객체의 모서리를 둥글게 하고 모깎기를 합니다.
FILL	FILL	해치, 2D 솔리드, 굵은 폴리선과 같은 채워진 객체의 표시를 조정합니다.
FILTER	FI	특성을 기반으로 객체를 선택할 수 있는 재사용 기증 필터를 작성합니다.
FIND	FIND	지정한 문자를 찾고, 필요에 따라 다른 문자로 대치할 수 있습니다.
FLATSHOT	FSHOT	현재 뷰를 기준으로 모든 3D 객체의 2D 표현을 작성합니다.

G		
GROUP	G	객체의 명명된 선택 세트를 작성합니다.
GEOMCONSTRAINT	GCON	객체와 객체의 점 간에 기하학적 관계를 적용하거나 지속시킵니다.
GRADIENT	GD	닫힌 영역 또는 선택한 객체를 그라데이션 채우기로 채웁니다.
GEOGRAPHICLOCATION	GEO, NORTH, NORTHDIR	도면 파일에 지리적 위치 정보를 지정합니다.

H		
HATCH	H, BH	지정된 경계를 패턴으로 채웁니다.
HATCHEDIT	HE	기존의 해치 객체를 수정합니다.
HATCHTOBACK	HB	도면의 모든 해치에 대한 그리기 순서를 다른 모든 객체 뒤로 설정합니다.
HIDE	HI	2D 와이어 프레임 비주얼 스타일에 대해 은선이 억제된 3D 모형을 표시합니다.
HIDEPALETTES	POFF	현재 표시된 모든 팔레트를 숨깁니다.

I

INSERT	I	명명된 블록이나 도면을 현재 도면으로 배치합니다.
IMAGEADJUST	IAD	이미지의 광도, 대조 및 흐림 값의 표시를 조정합니다.
IMAGEATTACH	IAT	현재 노면에 새로운 이미지를 부착힙니다.
IMAGECLIP	ICL	선택한 이미지의 표시를 지정된 경계까지 자릅니다.
IMAGE	IM	이미지를 관리합니다.
IMPORT	IMP	다양한 형식의 파일을 AutoCAD로 가져옵니다.
INTERSECT	IN	겹치는 솔리드, 곡면 또는 영역으로부터 3D 솔리드, 곡면 또는 2D 영역을 작성합니다.
INTERFERE	INF	선택한 두 3D 솔리드 세트 사이의 간섭을 사용하여 임시 3D 솔리드를 작성합니다.
INSERTOBJ	IO	링크된 객체 또는 포함된 객체를 삽입합니다.
ISOLATEOBJECTS	ISOLATE	사용자가 선택하는 객체를 제외한 모든 객체를 일시적으로 숨깁니다.

J

JOIN	J	선형 및 곡선형 객체의 끝점을 결합하여 단일 객체를 작성합니다.

L

LINE	L	직선 세그먼트를 작성합니다.
LAYER	LA	도면층 및 도면층 특성을 관리합니다.
LAYERSTATE	LAS, LMAN	도면층 상태라고 불리는 도면층 설정 세트를 저장하고 복원과 관리를 합니다.
LIST	LI, LS	선택된 객체에 대한 데이터베이스 정보를 표시합니다.
LWEIGHT ·	LW, LINEWEIGHT	현재 선가중치, 선가중치 표시 옵션 및 선가중치 단위를 설정합니다.
LENGTHEN	LEN	객체의 길이를 조정합니다.
LINETYPE	LT, LTYPE	선종류를 로드, 설정, 수정합니다.
LTSCALE	LTS	전역 선종류 축척 비율을 설정합니다.

M

MIRROR3D	3DMIRROR	대칭 평면에서 선택한 3D 객체의 사본을 작성합니다.
MESHCREASE	CREASE	선택한 메시 하위 객체의 모서리를 날카롭게 합니다.
MESHSMOOTHLESS	LESS	메시 객체의 부드럽기 정도를 한 레벨 낮춥니다.
MOVE	M	객체를 지정한 방향으로 지정된 거리만큼 이동시킵니다.
MATCHPROP	MA	한 객체의 특성을 하나 이상의 객체로 복사합니다.
MATBROWSEROPEN	MAT	재료 검색기를 엽니다.
MEASURE	ME	객체상에 측정된 간격으로 점 객체 또는 블록을 놓습니다.

MEASUREGEOM	MEA	선택한 객체 또는 연속 점의 거리, 반지름, 각도, 면적 및 체적을 측정합니다.
MIRROR	MI	선택한 객체의 대칭 사본을 작성합니다.
MLINE	ML	여러 개의 평행선을 작성합니다.
MLEADERALIGN	MLA	선택한 다중 지시선 객체를 정렬하고 간격을 둡니다.
MLEADERCOLLECT	MLC	블록이 포함된 다중 지시선을 선택하여 행 또는 열로 구성하고 그 결과를 지시선 하나로 표시합니다.
MLEADER	MLD	다중 지시선 객체를 작성합니다.
MLEADEREDIT	MLE	다중 지시선 객체에 지시선을 추가하거나 지시선을 제거합니다.
MLEADERSTYLE	MLS	다중 지시선 스타일을 작성 및 수정합니다.
MESHSMOOTHMORE	MORE	메시 객체의 부드럽기 정도를 한 레벨 높입니다.
MSPACE	MS	도면 공간에서 모형 공간 뷰포트로 전환합니다.
MARKUP	MSM	표식 세트 관리자를 엽니다.
MTEXT	MT	다중행 문자를 작성합니다.
MVIEW	MV	부동 뷰포트를 작성하고 기존의 부동 뷰포트를 켭니다.
MESHREFINE	REFINE	선택한 메시 객체 또는 면의 면 수를 곱합니다.
MESHSMOOTH	SMOOTH	폴리곤 메시, 곡면, 솔리드 등의 3D 객체를 메시 객체로 변환합니다.
MESHSPLIT	SPLIT	메시 면을 두 개로 분할합니다.
MTEXT	T	다중행 문자를 작성합니다.
MESHUNCREASE	UNCREASE	선택한 메시의 면, 모서리 또는 정점에서 각진 부분을 제거합니다.
MIRROR3D	3DMIRROR	대칭 평면에서 선택한 3D 객체의 사본을 작성합니다.

N		
NAVVCUBE	CUBE	현재 뷰 방향을 나타냅니다.
NAVSMOTION	MOTION	설계 검토, 프레젠테이션 및 북마크 스타일 탐색을 위한 영화 카메라 애니메이션 작성/재생에 사용하도록 화면상 표시 기능을 제공합니다.
NAVSMOTIONCLOSE	MOTIONCLS	ShowMotion 인터페이스를 닫습니다.
NEWSHOT	NSHOT	ShowMotion으로 볼 때 재생되는 동작을 포함시켜 명명된 뷰를 작성합니다.
NEWVIEW	NVIEW	현재 뷰포트의 화면표시를 사용하거나 직사각형 윈도우를 정의하여 새 명명된 뷰를 지정합니다.
NAVSWHEEL	WHEEL	커서에서 빠르게 액세스가 가능한 고급 탐색 도구에 액세스할 수 있습니다.

O		
OFFSET	O	동심원, 평행선 및 평행 곡선을 작성합니다.
OPTIONS	OP	AutoCAD 설정 값을 사용자화합니다.
OSNAP	OS	객체 스냅 모드를 설정합니다.

P		
PTYPE	DDPTYPE	점 객체의 표시 스타일과 크기를 지정합니다.
POINTLIGHT	FREEPOINT	기준 위치에서 전방위적으로 빛을 방사하는 포인트 라이트를 작성합니다.
PROPERTIES	CH, PR, PROPS	기존 객체의 특성을 조정합니다.
PAN	P	현재 뷰포트에서 도면 표시를 이동합니다.
PASTESPEC	PA	클립보드의 데이터를 삽입하고 데이터 형식을 조정합니다.
PARAMETERS	PAR	현재 도면의 모든 치수 구속조건 매개변수, 참조 매개변수 및 사용자 변수를 포함하는 매개변수 관리자 팔레트를 엽니다.
POINTCLOUDATTACH	PCATTACH	점 구름 스캔(RCS) 또는 프로젝트 파일(RCP)을 현재 도면에 삽입합니다.
PEDIT	PE	폴리선, 폴리선에 결합할 객체 및 관련 객체를 편집합니다.
PLINE	PL	2차원 폴리선을 작성합니다.
POINT	PO	점 객체를 작성합니다.
POLYGON	POL	닫힌 정다각형 폴리선을 작성합니다.
PARTIALOPEN	PARTIALOPEN	선택한 뷰 또는 도면층의 형상 및 명명된 객체를 도면에 로드합니다.
PROPERTIESCLOSE	PRCLOSE	특성 윈도우를 닫습니다.
PREVIEW	PRE	플롯되었을 때의 모양으로 도면을 표시합니다.
PLOT	PRINT	도면을 플로팅 장치나 파일로 플롯합니다.
PSPACE	PS	모형 공간 뷰포트에서 도면 공간으로 전환합니다.
POLYSOLID	PSOLID	폴리선처럼 POLYSOLID를 사용하여 3D 솔리드를 작성할 수 있습니다.
PURGE	PU	블록 정의 및 도면층 등 사용하지 않은 항목을 도면에서 제거합니다.
PYRAMID	PYR	3D 솔리드 피라미드를 작성합니다.

Q		
QUIT	EXIT	프로그램을 종료합니다.
QVDRAWING	QVD	열려 있는 도면 및 해당 배치의 미리보기 이미지를 표시합니다.
QVDRAWINGCLOSE	QVDC	열려 있는 도면 및 해당 배치의 미리보기 이미지를 닫습니다.
QVLAYOUT	QVL	현재 도면 내 모형 공간 및 배치의 미리보기 이미지를 표시합니다.
QVLAYOUTCLOSE	QVLC	현재 도면 내 모형 공간 및 배치의 미리보기 이미지를 닫습니다.
QLEADER	LE	지시선 및 지시선 주석을 작성합니다.
QUICKCALC	QC	빠른 계산기를 표시합니다.
QUICKCUI	QCUI	사용자 인터페이스 사용자화 편집기를 축소된 상태로 표시합니다.
QUICKPROPERTIES	QP	선택한 객체의 빠른 특성 데이터를 표시합니다.

R		
REDRAW	R	현재 뷰포트에서 표시를 갱신합니다.
REDRAWALL	RA	전체 뷰포트에서 표시를 갱신합니다.
RENDERCROP	RC	뷰포트 내의 지정된 직사각형 영역을 렌더링합니다.
REGEN	RE	도면을 재생성하고 현재 뷰포트를 갱신합니다.
REGENALL	REA	도면을 재생성하고 전체 뷰포트를 갱신합니다.
RECTANG	REC	직사각형 폴리선을 그립니다.
REGION	REG	기존 객체의 선택 세트로부터 영역 객체를 작성합니다.
RENAME	REN	도면층 및 치수 스타일과 같은 항목에 지정된 이름을 변경합니다.
REVOLVE	REV	축의 중심으로 2차원 객체를 회전하여 솔리드를 작성합니다.
ROTATE	RO	기준점을 중심으로 객체를 회전합니다.
RENDERPRESETS	RP	이미지를 렌더링하기 위해 재사용 가능한 렌더링 매개변수인 렌더 사전 설정을 지정합니다.
RPREF	RPR	렌더링 선호사항을 설정합니다.
RENDER	RR	3D 솔리드 또는 곡면 모형의 사실적 이미지 또는 사실적으로 음영처리된 이미지를 작성합니다.
RENDERWINDOW	RW	렌더링 작업을 시작하지 않고 렌더 윈도우를 표시합니다.

S		
SURFBLEND	BLENDSRF	두 기존 곡면 사이에 연속 혼합 곡면을 작성합니다.
SURFSCULPT	CREATESOLID	체적을 완전히 둘러싸는 곡면 또는 메시 세트를 자르고 결합하여 3D 솔리드를 작성합니다.
SURFEXTEND	EXTENDSRF	지정한 거리만큼 곡면의 길이를 조정합니다.
SURFFILLET	FILLETSRF	다른 두 곡면 사이에 모깎기된 곡면을 작성합니다.
SECTIONPLANETOBLOCK	GENERATESECTION	선택한 단면 평면을 2D 또는 3D 블록으로 저장합니다.
SECTIONPLANEJOG	JOGSECTION	꺾어진 세그먼트를 단면 객체에 추가합니다.
SURFNETWORK	NETWORKSRF	U 및 V 방향의 여러 곡선 사이 공간에 곡면을 작성합니다.
SURFOFFSET	OFFSETSRF	원본 곡면에서 지정된 거리에 평행 곡면을 작성합니다.
SURFPATCH	PATCH	닫힌 루프를 형성하는 곡면 모서리 위에 캡을 맞춰 새 곡면을 작성합니다.
SHOWPALETTES	PON	숨겨진 팔레트를 다시 표시합니다.
STRETCH	S	선택 윈도우나 폴리곤과 교차하는 객체를 신축합니다.
SCALE	SC	기준점과 축척비율을 지정하여 선택한 객체를 확대 또는 축소합니다.
SCRIPT	SCR	스크립트 파일로 일련의 명령을 실행합니다.
SECTION	SEC	곡면과 3D 솔리드, 곡면 또는 메시의 교차점을 사용하여 2D 영역 객체를 작성합니다.
SETVAR	SET	시스템 변수의 값을 나열하거나 변경합니다.
SHADEMODE	SHA	3D 객체의 표시를 조정합니다.
SLICE	SL	솔리드 세트를 평면으로 자릅니다.
SNAP	SN	커서의 이동을 지정된 간격으로 제한합니다.

SOLID	SO	솔리드로 채워진 다각형을 작성합니다.
SPELL	SP	도면의 철자를 검사합니다.
SPLINE	SPL	2차원 또는 3차원 스플라인(NURBS) 곡선을 작성합니다.
SECTIONPLANE	SPLANE	3D 객체 및 점 구름에서 절단 곡면 기능을 하는 단면 객체를 작성합니다.
SPLINEDIT	SPE	스플라인의 매개변수를 수정하거나 스플라인 맞춤 폴리선을 스플라인으로 변환합니다.
SHEETSET	SSM	시트 세트 관리자를 엽니다.
STYLE	ST	문자 스타일을 작성, 수정 또는 지정합니다.
STANDARDS	STA	표준 파일과 도면의 연관성을 관리합니다.
SUBTRACT	SU	서로 겹치는 영역 또는 3D 솔리드에서 하나를 빼서 새 객체를 작성합니다.

T

TEXTEDIT	ED, DDEDIT, TEDIT	선택한 여러 줄 또는 한 줄 문자 객체나 치수 객체의 문자를 편집합니다.
TEXT	DT	단일 행 문자 객체를 작성합니다.
TEXTALIGN	TA	여러 문자 객체를 수직, 수평 또는 비스듬히 정렬합니다.
TABLE	TB	빈 테이블 객체를 작성합니다.
THICKNESS	TH	2D 기하학적 객체를 작성할 때 기본 3D 두께 특성을 설정합니다.
TILEMODE	TI	도면 공간에 액세스 여부를 조정합니다.
TOOLBAR	TO	도구막대를 표시하고 숨기며 사용자화합니다.
TOLERANCE	TOL	기하공차를 작성합니다.
TORUS	TOR	도넛형의 솔리드를 작성합니다.
TOOLPALETTES	TP	도구 팔레트 윈도우를 엽니다.
TRIM	TR	객체를 잘라 다른 객체의 모서리와 만나도록 합니다.
TABLESTYLE	TS	테이블 스타일을 작성, 수정 또는 지정합니다.

U

UCSMAN	UC	정의된 사용자 좌표계를 관리합니다.
UNITS	UN	좌표와 각도 표시 형식을 조정하고 정밀도를 결정합니다.
UNISOLATEOBJECTS	UNHIDE, UNISOLATE	이전에 ISOLATEOBJECTS 또는 HIDEOBJECTS 명령을 사용하여 숨겼던 객체를 표시합니다.
UNION	UNI	둘 이상의 3D솔리드, 곡면 또는 2D 영역을 복합 3D 솔리드, 곡면 또는 영역 하나로 결합합니다.

V		
VPOINT	VP, DDVPOINT	도면의 3차원 가시화를 위한 관측 방향을 설정합니다.
VIEW	V	명명된 모형 공간 뷰, 배치뷰 및 사전 설정 뷰를 저장하고 복원합니다.
VIEWGO	VGO	명명된 뷰를 복원합니다.
VIEWPLAY	VPLAY	명명된 뷰에 연관된 애니메이션을 재생합니다.
VSCURRENT	VS	현재 뷰포트의 비주얼 스타일을 설정합니다.
VISUALSTYLES	VSM	비주얼 스타일을 작성하고 수정한 다음 비주얼 스타일을 뷰포트에 적용합니다.

W		
WBLOCK	W	객체나 블록을 새 도면 파일에 작성합니다.
WEDGE	WE	3D 솔리드 쐐기를 작성합니다.

X		
XATTACH	XA	현재 도면에 외부 참조를 부착합니다.
XBIND	XB	도면에 외부 참조의 종속기호를 결합합니다.
XCLIP	XC	외부 참조의 자르기 경계를 정의하고 앞면 또는 뒷면의 자르기 평면을 설정합니다.
XLINE	XL	무한선을 작성합니다.
XREF	XR	외부 참조 팔레트가 표시됩니다.

Z		
ZOOM	Z	현재 뷰포트에 있는 뷰의 배율을 늘리거나 줄입니다.

MEMO
AutoCAD 2019

2D 도면 작성에 필요한 명령어와 실습예제

AutoCAD 2019 Ver. 이상

발행일 | 2020. 4. 30 초판발행

저 자 | 이 정 호
발행인 | 정 용 수
발행처 | 예문사

주 소 | 경기도 파주시 직지길 460(출판도시) 도서출판 예문사
T E L | 031) 955 – 0550
F A X | 031) 955 – 0660
등록번호 | 11 – 76호

정가 : 24,000원

ISBN 978–89–274–3592–1 13550

이 도서의 국립중앙도서관 출판예정도서목록(CIP)은 서지정보유통지원시
스템 홈페이지(http://seoji.nl.go.kr)와 국가자료공동목록시스템
(http://www.nl.go.kr/kolisnet)에서 이용하실 수 있습니다.
(CIP제어번호 : CIP2020014603)